U0720550

动机与人格

〔美〕亚伯拉罕·马斯洛◎著

李省时　马淑璇　于诗雯◎译

江苏人民出版社

图书在版编目（CIP）数据

动机与人格 /（美）亚伯拉罕·马斯洛著；李省时，马淑璇，于诗雯译. --南京：江苏人民出版社，2021.6

ISBN 978-7-214-25816-8

Ⅰ.①动… Ⅱ.①亚… ②李… ③马… ④于… Ⅲ.①人本心理学—研究 Ⅳ.①B84-067

中国版本图书馆CIP数据核字（2021）第016374号

书　　名	动机与人格
著　　者	［美］亚伯拉罕·马斯洛
译　　者	李省时　马淑璇　于诗雯
责任编辑	石　路
装帧设计	末末美书
版式设计	书情文化
出版发行	江苏人民出版社
出版社地址	南京市湖南路1号A楼，邮编：210009
出版社网址	http://www.jspph.com
印　　刷	天津旭非印刷有限公司
开　　本	880毫米×1230毫米　1/32
印　　张	16.5
字　　数	340千字
版　　次	2021年6月第1版　2021年6月第1次印刷
标准书号	ISBN 978-7-214-25816-8
定　　价	78.00元

目录

前言　/ 001

致谢　/ 001

第一章　用心理学的方法研究科学　/ 001

第二章　科学中的问题中心论和方法中心论　/ 017

第三章　动机理论引言　/ 029

第四章　人类动机理论　/ 053

第五章　基本需要的满足在心理学理论中的作用　/ 089

第六章　基本需要的类本能性质　/ 117

第七章　高级需要与低级需要　/ 147

第八章　精神病病因与威胁理论　/ 159

第九章　破坏性是类本能的吗？　/ 177

第十章　行为的表现部分　/ 197

第十一章　自我实现的人——关于心理健康的研究　/ 225

第十二章　自我实现者的爱情　/ 273

第十三章　对于个体和类属的认识　/ 307

第十四章　无动机和无目的反应　/ 349

第十五章　心理疗法、健康与动机　/ 367

第十六章　正常、健康与价值　/ 401

附录一　积极心理学所要研究的问题　/ 425

附录二　整体动力学、有机结构理论、症候群动力学　/ 445

前言

在这一修订本中，我尽力尝试将过去 16 年间的主要课程融入进来。这些课程值得仔细考量，因为从许多重要的方面来讲，它们为整本书的主旨带来了改变。因此，尽管此次重写的部分不多，我仍认为这是一次实质而全面的修订。

本书首次问世于 1954 年，其本质是为了在原有经典心理学派的基础上有所延伸，而非对它们加以批判或建立一个与之抗衡的新学派。通过探究人性的“更高”境界，本书力求拓展我们对人类个性的概念（我初拟的书名为《人性的更高层次》）。假设要将本书的主旨浓缩成简单的一句话，那当为：除当代心理学派对人性的解读外，人类还有一种更高的本性，叫“类本能（instinctoid）”，它是人类本质的一部分。如果可以再加一句，我还想重点指出：人性具有高度的整体性，这与行为主义和弗洛伊德精神分析法所推崇的“分析—解剖—原子论—牛顿式”的解读恰恰相反。

亦或这么说：我当然接受实验心理学和精神分析学的现有数

据，并以它们为基础做出发展，我也认同前者的经验主义和实验主义精神，以及后者的去伪存真和深度求索。但我同时反对它们所描绘的人类形象。所以，本书代表了一种不同的人性观和全新的人类形象。

但现在看来，我当时以为的心理学家内部的争论，在那之后已经演变为全新时代思潮的局部表现，一种崭新的更全面而完整的人生观。这种新的“人本主义”世界观似乎以一种更加充满希望、鼓舞人心的新方式，帮助我们构想人类知识的各个领域（例如经济学、社会学、生物学），理解人类的各个职业（例如法律界、政治界、医学界），审视所有社会制度（例如家庭、教育、宗教）等等。在修订的过程中，我在书中所讨论的心理学理论中写下了这样的想法：本书体现了一套更为广泛的世界观和更为全面的人生观中的一个侧面，尽管才完成了一部分，但至少已具备合理性，因此必须予以严肃对待。

我必须指出一个恼人的事实：尽管这是一场关于人类、社会、自然、科学、终极价值观、哲学等等领域的名副其实的革命，但它几乎没有得到知识界普遍的重视。尤其是其中控制着与有文化的大众和年轻人的沟通渠道之士，几乎仍对此全然不知。（正因如此，我将这场革命称为“未被察觉的革命”。）

许多知识界人士提出了一种极度绝望且愤世嫉俗的观点，这种观点有时会堕落为极具腐蚀性的恶毒和残酷。实际上，他们既不承认人类和社会做出进步的可能性，也不认可人类能够发现自身的内在价值或者对生活产生普遍的热爱。

他们怀疑诚实、仁慈、慷慨、柔情的真实性。一旦他们眼中所谓的傻瓜、"童子军"、老古板、笨蛋、空想家、乐天派们开始质疑他们，这些人便无法保持理性的怀疑主义，也无法继续持保留态度。相反，他们会立刻充满强烈的敌意。这种攻讦、憎恨和割裂的情绪要比轻蔑强烈得多。有时更像是他们因自以为受到了羞辱或愚弄而发起的义愤填膺的反击。我想，这也许就是精神分析学家所认为的，因对过去的失望和幻灭而引起了愤怒与复仇情绪的强烈激荡。

这种绝望的亚文化，这种"比坏"的态度，和这种只相信弱肉强食和灰心失望、不相信善良的反道德，受到了人本主义心理学的强烈反对，也与本书呈现的原始数据和参考文献中所列书籍的内容完全相悖。尽管我们仍需对于坚信人性本善的观点保持谨慎（详见第七、九、十一、十六章），但是，对认为人性本质是堕落和邪恶的说法，我们已经可以予以坚定的反对。这种说法已不单是个人品味的问题。现在仍持这种观点的人必定是死抱着盲目和愚昧不放，而拒不考虑事实。因此，这种说法因被视作个人观点的投射，而非秉持理性、哲学和科学立场的做法。

本书的前两章及附录二中所阐述的人本主义和整体论的科学观，已在过去十年间得到该领域研究进展的有力确证，其中迈克尔·波兰尼（Michael Polanyi）的重要著作《个人知识》就是一个例子。我的拙作《科学心理学》中也阐述了相似的论点。上述书籍的内容与现在仍占主流地位的古典、传统科学观相矛盾，但却可以为与人有关的科学研究提供更好的替代。

本书全盘采用整体论的方法，但附录二包含了一些更为深入、甚至有些深奥的论述。整体论显然是正确的，毕竟宇宙是一个互相关联的整体，任何社会、任何个人、任何事物也都是如此。但是，作为一种看待世界的方法，整体论的观点要在实施过程中得到正确的使用又是困难的。最近，我愈加倾向于认为，原子论的思维方式是某种轻度的精神机能障碍，或者说它至少是认知不成熟症候群的一种症状。对于相对健康和自我实现的人来说，整体论的思维及看待事物的方式似乎是自然而然、与生俱来的；反之，对于不那么开化、不那么成熟健康的人来说，要接受整体论的方式却又异常困难。当然，这只是我目前的一个印象，我并不想对其过度宣传。但我认为，如果在本书中将其作为有待证明的假设加以论证倒是无可非议，并且这样做更加容易一些。

本书的第三至第七章分析了动机理论，从某种程度上讲，该理论贯穿了全书的始终。而这一理论背后有一段有趣的历史。1942 年，我向一个精神分析学会提出了动机理论。而我当时的目的是为了将我在弗洛伊德（Freud）、阿德勒（Adler）、荣格（Jung）、D. M. 列维（D. M. Levy.）、弗洛姆（Fromm）、霍妮（Horney）、戈德斯坦（Goldstein）的理论中看到的部分真理融入到一个统一的理论框架中。我从零零星星的治疗经验中发现，这些作者的理论都有可取之处，可以在不同的时间和不同的病人身上得到印证。我的问题究其本质是临床方面的。哪些早期的剥夺造成了精神官能症？哪种心理疗法可以治疗精神官能症？哪种办法可以预防精神官能症？在治疗中，不同心理疗法的应用顺序是什么？哪种最有效？哪种是最基本的？

可以说，这一理论在临床方面、社会学方面和人格学方面都相当成功，但在实验室和实验的角度看却不尽然。它与大多数人的个人经验相吻合，并常常可以为他们提供程序化的理论，帮他们更好地理解自己的内心世界。对大多数人来说，这一理论在直接、个人和主观的层面貌似具有合理性，但却缺少实验层面的确证和支持。我还未能想到一个合适的方法使这一理论在实验室里得到检验。

曾将动机论应用在工业环境下的道斯·麦格里格（Douglas McGregor）部分解答了这一谜题。他不仅发现动机论对整理数据和观察结果方面十分有用，另一方面，这些数据还可以作为确证和核实该理论的佐证。现在，我们从这一领域——而不是实验室中——发现了实验性的支持。

从这里和生活其他领域的其他确证中发现，当我们讨论人类需求的时候，我们谈论的是人类生活的本质。既然如此，我又怎么能够想办法将生活的本质放到某种动物实验室的环境下，或者放到试管中加以检验呢？显然，该理论只有人类在他们所处社会环境下的现实场景中才能加以验证。只有在此场景下，我们才能证实或否定这一理论。

第四章没有从该理论本源的临床治疗角度出发，因为这一章没有讲述动机，而是强调精神官能症的产生原因，因而为心理治疗师省了不少麻烦。这些原因包括：惰性和懒惰，感官享受，对感官刺激和活动的需求，单纯的对生活的热情或对生活热情的缺乏，易于希望或失望，在恐惧、焦虑和匮乏的情况下更易于或不易于退化，等等。更不消说人类价值的最高追求，例如对美、真理、卓越、圆满、正义、秩序、一致性、和谐等等的追求。

作为对本书第三和第四章的补充，读者可见我的拙作《存在心理学探索》的第三、四、五章，《优化心理管理》中有关低级牢骚、高级牢骚和超级牢骚的章节，以及《超越动机理论——价值生活的生物学基础》。

如果不将人类的最高抱负考虑进来，我们就永远也无法理解人生。我们需要毫无疑问地承认：成长，自我实现，对健康的追求，对身份和意志自由的求索，以及对卓越的渴望（抑或说“追求向上”）是普遍、甚至放之四海而皆准的人类倾向。

但是人类也有退步、恐惧、自我贬低的倾向。尤其是缺乏经验的年轻人，他们在醉心于追求“个人成长”的过程中，很容易忘记这些倾向。我认为，针对这种错觉的必要的预防措施是要全面地了解精神病理学和深度心理学。我们必须承认，许多人选择坏的而不是好的；由于成长通常是个痛苦的过程，有些人会因此逃避成长；在热爱自己最好的机会的同时，我们可能也会害怕它们；我们对真理、美、美德的态度极其矛盾，对它们又爱又怕。对于人本主义心理学家来说，弗洛伊德的作品仍是必读书目（仅限他的事实，而不是他的形而上学）。我还乐于推荐霍加特的一本极为敏锐的著作，这本书必会帮助我们富有同情心地理解他所描述的文化水平较低的人，为什么他们会受低俗、琐碎、廉价和虚伪事物的吸引。

本书第四章和阐述“基本需求的类本能性质”的第六章，构成了人类内在价值和高尚性系统的基础。这些价值和高尚性可以自我验证，无需另外的证明，而且本质上是美好而理想的。这种价值层次理论可以在人性自身中完完全全地反映出来。这些价值不仅是全人类的渴望和需求，并且因其在防止疾病和精神疾病方面的作用而显得不可或缺。换言之，这些基本需求和超越性需求也是内在的强化因素和无条件的刺激因素，还可作为建立所有工具性学习和条件反射训练的基础。也就是说，想要获得这些内在价值，动物和人愿意学习可以帮助他们达到终极价值的任何事物。

尽管有限的篇幅不足以让我在此展开下述观点，但我仍想指出：要将类本能的需求和超越性需求既当权利看待，又当需求看待。这种做法既正当合理，又富有益处。人有权为人，就像猫有权为猫一样。要想成为完整的人，这些需求和超越性需求的满足就十分必要，且应被视作人的自然权利。

需求和超越性需求的层次理论也在另一方面对我有所帮助，因为我认为它犹如一张自助餐桌，人们可以根据各自的口味和需求做出选择。也就是说，在判断一个人行为背后的动机时，我们也需要考量判断者的性格。例如，他会根据被自身泛化的乐观或悲观主义来选择动机，并将行为归因于该动机。我发现，如今根据悲观主义选择动机的行为越来越普遍，以至于我将这种现象命名为“动机的降级”，即为了解释某种行为，人们宁愿选择低级需求而非中级需求，宁愿选择中级需求而非高级需求。人们宁愿选择纯物质主义动机，而不是社会性动机或超越需求性动机，甚至不愿选择三种动机的结合。这是一种近乎偏执的疑心和对人性的贬低。这种现象我屡见不鲜，但就我所知，它仍未得到较为充分的描述。我认为，任何完整的动机理论都必须加入这一额外变量。

当然，我相信研究思想史的历史学家可以在不同文化和不同时代轻而易举地找到许多例子，来展示贬低或抬高人类动机的普遍趋势。在我提笔写下本书时，我们文化的广泛趋势显然是倾向于贬低人类的动机。为解释某种现象，低级需求遭到严重的滥用，而高级需求则鲜有问津。在我看来，造成这种趋势的原因是人们先入为主的成见，而非基于经验性的事实。我发现，高级需求和超越性需求的决定性作用高于我的研究对象所认为的程度，也远远高于当代知识界敢于承认的程度。显然，这是个经验性和科学性的问题；同时，我们也要清楚地认识到，这个问题极为重要，绝不能留给某些小团体或小圈子自行解决。

本书的第五章讨论了满足理论，我在其中加入了关于满足的病理学的内容。当人们达成了一直以来想要达成的目标后，这理应带来幸福感，可它实际带来的可能是病理性的后果——这是 15 或 20 年前的我们所始料未及的。我们从王尔德身上学到，要警惕自己的愿望，因为愿望达成以后，往往会发生悲剧。这可能会发生在任何的动机层次上，包括物质、人际或超验的层次。

我们可以从这个出人意料的发现中发现，基本需求的满足并不会自动催生出一套令人信服且让人愿意为之献身的价值系统。相反，我们发现，基本需求得到满足后可能带来的无聊、目标的丧失、失落感等诸如此类的后果。显然，只有在奋力追求尚未拥有之物的时候，只有在倾尽全力以满足某个愿望的时候，我们才能把各种能力发挥到最佳水平。需求的满足并不能确保达到幸福快乐、心满意足的状态。它是一种未决的状态，既会提出问题，又可以解决问题。

这一发现说明，对于许多人来说，想要生活有意义，唯一的办法是他们心中得认为自己“缺失某种重要的东西，并得为之努力奋斗”。但我们知道，对于自我实现的人来说，当他们所有的基本需求均已得到满足之时，他们会认为人生愈加丰富、愈加充满意义。因为这种情况下，可以说，他们已经生活在存在的王国里。因此，关于富有意义的人生的普通而广为流传的说法其实是错误的——或者至少是不成熟的。

我所称的牢骚理论现在也得到了越来越多的认识，这于我而言也同样重要。简言之，据我观察，需求的满足只会带来短暂的快乐。快乐过后，人们往往会有其他的（希望是）更高的需求。这么看来，人类对永久快乐的追求似乎是永无止境的。快乐当然是真实且可实现的，但是我们必须要接受它转瞬即逝的特性，当我们关注于更强烈的快乐时尤为如此。高峰体验不会持久，也不可能持久。极度的快乐稍纵即逝，无法绵延不断。

但这相当于对统治了我们三千年的幸福理论进行了修订，而传统的幸福理论决定了我们对天堂、伊甸园、美满生活、美好社会和好人的概念。我们的爱情故事往往以“从那以后，他们一直幸福地生活在一起”为结局。这也对我们的社会改良理论和社会革命理论进行了修订。例如，确有其事但程度有限的社会改良往往遭到过度宣传，我们对此已不抱幻想。我们耳边持续不断地听到关于工会主义、妇女投票权、直选参议员、按收入征收个人所得税和其他已写入宪法修正案的社会改良措施。每项措施都理应带来永远的快乐，一劳永逸地解决所有问题。但结果往往是现实让我们幻想破灭。但是，幻想破灭意味着曾经有过幻想。这里可以澄清的一点是，我们可以对改良报以合理的期望值，但我们不能再期盼十全十美或永久的快乐。

我还想唤起大家注意的一点是，对于已经得到的好处，我们往往觉得理所当然，并将其抛诸脑后，渐渐从意识中消除，甚至最后不再加以珍惜——直到我们失去这些好处。尽管这个道理现在已经显而易见，但它却受到普遍的忽视。比如，正如我在 1970 年 1 月所写的前言中提到了美国文化的典型特征：在过去 150 年间，通过艰苦奋斗，我们毫无疑问取得了许多进步和改良，但很多头脑简单的浅薄之辈，仅因为社会还未达到尽善尽美，就选择对这些成绩全然不顾，并认为它们虚假，毫无价值，不值得为之而战，不值得捍卫，也不值得重视。

目前为妇女“解放”所进行的斗争（我也可以另举几十个同样的例子），就可以显示这既复杂又重要的一点。它同时还向我们证明，许多人倾向于采取一分为二的分割式的思考方式，而不是层层递进的整体式的思考方式。总的来说，我们的文化认为，一个年轻女孩的终极梦想通常是与一位男士坠入爱河，两人结成家庭，孕育孩子，然后永远幸福地生活在一起。但事实上，无论一个人如何渴望家庭、渴望孩子、渴望爱人，这些美好的事物一经获得，这个人迟早会对它们感到厌倦，并视它们为理所应当。然后，她会开始感到焦躁不安，不知餍足，怅然若失，仿佛还应该得到更多的东西。这时候，她往往会错误地将矛头对准家庭，对准孩子，对准丈夫，认为所得到的一切都是虚假的，是一个陷阱或一种奴役。随后，她开始采取非此即彼的态度，渴望更高级的需求和高级的满足，例如职业生涯、旅行的自由、个人的独立，等等。牢骚理论和需求层次理论的要点恰恰指出，认为这些事物是不可兼得的想法是既不成熟也不明智的。看待这个问题最好的方法是，其实这位心怀不满的女人内心深处渴望牢牢地抓住她所拥有的一切，同时还想要更多！（正如工会主义人士一样）也就是说，她既想留住既得利益，又想得到额外的好处。但哪怕在这一问题上，我们似乎仍然没学到这个永恒的教训：无论她渴望的是事业，还是什么其他事物，一旦愿望达成，整个过程又会重来一遍。在快乐、激动和满足感的情绪消退以后，人们会无可避免地觉得一切理所当然，然后再次焦躁不安、不知餍足地想要更多！

我想提出一种真实的可能性供大家思考：如果我们完全理解了人类的这些特性，如果我们可以放弃对永恒而不间断的快乐的幻想，如果我们能够接受狂喜不过是转瞬即逝的，随之而来的必然是不满足和渴求更多事物的牢骚，那么我们也许可以让普罗大众理解自我实现的人会怎么做。例如，细数自己生命中的幸运之事并心存感激，以及避免陷入“非此即彼”式选择题的陷阱。女性可以在拥有所有女性独有的成就（被爱、拥有家庭、抚育孩子）

之后，在无需放弃所得的一切的前提下，和男性一样，勇往直前地追求全面的人性，例如，全面发展她的智力，她的才干，她自身独一无二的天才，以达到她个人的自我实现。

第六章的主旨内容“基本需求的类本能性”发生了很大的改变。过去十年左右的时间里，基因科学取得了巨大的进展。因此，相比 15 年前，我们现在必须得更确切地承认基因的决定性力量。我认为，在这些发现中，对于心理学家来说最重要的一点是 X 和 Y 染色体可能会发生的变化，如一分为二,一分为三，或消失不见，等等。

第九章的宗旨“类本能是否具有破坏性？”，也因为这些新的科学发现发生了相当大的改变。

也许在基因学方面的进展可以让我的立场变得比之前更明晰且更易于传达。目前，关于遗传和环境所扮演的角色的讨论，几乎还和 15 年前一样简单化。要么是过度简单化的本能理论，即像动物一样的完全本能；要么是全盘否认本能的观点，完全偏向环境论。两种观点都可以被轻而易举地否定，而且在我看来都十分站不住脚，甚至称得上愚蠢。与以上两种两极分化的观点不同，本书从第六章开始到全书结束，给出了第三种立场，即人类仍保留着非常微弱的本能残迹，但完全不是动物意义上的纯粹本能。这些残存的本能和类本能倾向十分微弱，文化和教育可以轻而易举地将其压制，所以文化和教育的力量可以说更为强大。实际上，精神分析法的治疗方法和其他未被揭露的方法，以及“对身份的寻求”，都可以被看作是穿透教育、习惯、文化和我们的本能残迹及类本能倾向的表皮，去探寻我们隐约可见的本质究竟是什么，这是一项极为困难而微妙的任务。简言之，人类拥有生物本质，但这种本质的表现是十分隐晦和微妙的，需要特殊的探寻技巧才能将其发现。因此，我们必须逐个而主观地发现我们的动物性和我们的物种特性。

这相当于得出了如下结论，虽然自然和环境无法创造或增加人类的基因潜能，但它们可以轻易地抹杀或削弱这种潜能，因此，从这种意义上说，人性是极其可塑的。就社会而言，我认为这似乎是一个极为强有力的论点，它证明世上每个新生的婴儿都拥有绝对平等的机会。这个论点还可以强有力地证明建设健全社会的必要性，因为人类的潜能很容易由于恶劣的环境而遭到丧失或毁灭。这与此前一直存在的一个论点具有巨大的差别：只要身为人类的一员，就自然而然地拥有成为“完整的人”的权力，即实现所有人类潜能的权力。作为一个人类（即出生为人类这一物种）的说法需要同时被定义为成为一个人类。从这种意义上讲，新生婴儿只是潜在的人类，他必须经历在家庭、文化和社会中的成长才能真正地成为人类。

这个观点最终将敦促我们远比现在认真地对待个体差异以及作为人类的物种特性。我们需要学会用新的方式来看待个体差异和人类特性，认为它们：（1）富有可塑性、表面化、容易被改变、容易被消灭，但会因此产生各种不易察觉的病态。这就要求我们完成下列棘手的任务：（2）尽力发现每个个体的性情、素质和隐藏的天赋，以便他们可以按照自己的方式不受阻碍地成长起来。

否定个体真正的天赋和性情会导致他产生微妙的心理和生理上的代价和痛苦，但这些苦楚并不一定为其本人所自知，他人也未必可以轻易地从外部观察得到。而上述新的态度要求心理学家对这些代价和痛苦给予更大的关注。这也反过来要求我们对各年龄层“健康成长”的实效意义给予更多且更细致的关注。

最后我必须指出，摒弃社会不公的借口会带来天翻地覆的后果，我们必须对这些后果做好准备。随着社会不公的不断减少，我们会愈加发现它逐渐被“生理不公”所取代，我们会越来越多地看到出生在同一个世界的婴儿由于基因的影响有着不同的潜能。如果我们可以做到完全发挥每个婴儿优秀的潜能，那就意味着我们也接受了他们平庸的潜能。如果一个婴儿生来心脏有问题，或肾脏功能较弱，或神经缺损的话，我们要责怪谁呢？如果我们可以责怪自然的话，那对于遭到自然“不公对待”之人的自尊心来说，这又意味着什么呢？

在本章以及其他论文中，我提出了“主观生物学”的概念。我认为这对弥合主观和客观之间以及现象学和行为学之间的鸿沟大有帮助。我认为，“我们必须以自省和主观的方式审视自己的生物特征”的理论将会帮助其他人（尤其是生物学家）。第九章关于“毁灭性”的内容得到了全面的修订。我已经将其归入更广泛的邪恶心理学的范畴，并且希望通过详细地分析邪恶的一个方面，来证明整个问题在经验上和科学上是可以解决的。对我来说，将它纳入经验主义科学的范畴，意味着我们可以信心十足地期待我们对它的理解会稳步增长，也意味着我们将有能力在这一方面有所作为。

我们已经了解，进攻性既是由基因决定的又是由文化决定的。同时，我认为区分健康和不健康的进攻性是极为重要的。

进攻性既不能完全归咎于社会，也不能完全归咎于人的内在本性。就如同我们已经清楚地知道，整体而言，邪恶既不单单是社会产物，也不单单是心理产物。这点似乎是老生常谈，但如今仍有许多人相信那些站不住脚的理论并依据它们行事。

我在第十章中介绍了“行为的表达性成分”，以及和谐化控制（Apollonian controls）的概念，即不但不会阻碍需要的满足、并且还会增强满足的有益的控制。我认为这个概念对于纯粹心理学理论和应用心理学理论都具有深远的重要性。这个概念使我可以区分（病态的）冲动性和（健康的）自发性，而我们（尤其是年轻一代）如今亟需这种区分，因为许多人倾向于认为任何形式的控制都必定是压迫和邪恶的。我希望这个认识能如同帮助我一样帮助到别人。

我还未用这个概念性的工具来探究诸如自由、道德、政治、幸福等古老的问题。但我相信，对以上领域中任何严肃的思想家来说，它的相关性和威力都是显而易见的。精神分析学家会注意到，这种解释在某种程度上和弗洛伊德对快感原则和现实原则的整合相重合。在我看来，对心理动力学的理论学者来说，将两者的相似性和区别思考透彻将会是大有裨益的行为。

在第十一章有关自我实现的内容中，我非常明确地将自我实现的概念限制在年长者身上，以此去除了一个造成困惑的因素。

根据我的标准，自我实现不会发生在年轻人身上。至少在我们的文化中，年轻人还未达到个性或自主，也没有充足的时间来体验持久的、忠贞不渝的、超越浪漫激情的爱情关系。他们一般也还未找到个人使命，以及甘愿为之献身的祭坛。他们没有形成自己的价值系统，也没有充足的经验（对他人的责任、悲剧、失败、成就、成功）容许他们摒弃完美主义的幻想并变得脚踏实地。他们一般还没有与死亡和解；他们不懂得要如何变得有耐心；他们对自身和他人身上的邪恶的认识甚少，还不足以让他们形成慈悲心肠；他们所经历的成长还不足以使他们超越对父母、长辈、权势及权威的矛盾心理；他们的知识和受教育程度还不足以给他们提供获得智慧的可能性；他们还没有获得足够的勇气来拒绝随波逐流，或坦然而不羞怯地坚守道德等等。

有两种概念：一种是成熟、完全、达到自我实现的人，人类的潜能已经在他们身上得到实现和体现；另一种达到任何年龄阶段中该有的健康。无论如何，将这两种概念区分开来是更高明的心理学策略。我发现，这种区分将自动地转化成一个非常有意义且值得研究的概念，即“朝向自我实现的健康成长”。我对处于大学生年龄段的年轻人进行了足够的研究，结果可以让我心满意足地断定，我们能够区分“健康”和“不健康”。在我的印象里，健康的男女青年仍倾向于继续成长；他们让人喜爱，甚至非常可爱；他们没有恶意，心里暗藏着善良和无私奉献的精神（但他们对此羞于表达）；他们私下里对值得他们敬重的长辈充满爱意。年轻人对自己缺乏自信，没有定性，并且会因为和同龄人相比处于少数地位而感到不自在（他们私下的想法和品味更为中规中矩，直来直去，并受到超越性动机的促动，也就是说他们比普通大众更具美德），他们心里暗自对其他年轻人身上体现的残酷、卑劣和暴徒精神等等感到不安。

当然，我并不知道这些表现是否必然会成长为我所描述的年长者所达到的自我实现。只有纵向的研究才能对此得出结论。

我曾将达到自我实现的人描述为超越了民族主义的人，我还应该补充，他们也是超越了等级和阶级的人。我个人的经验已经验证了这点是正确无误的，尽管我认为财富和社会地位往往会带来更大的自我实现的可能性。

在我的第一份报告中没能提及的一个问题是：这些达到自我实现的人是否只能生存在健全的社会中，且只能与良善之人相处呢？通过内省，我得出了一个有待查验的印象，即达到自我实现的人在本质上有很强的灵活应变能力，他们可以根据实际情况对任何人和任何环境做出适应。我认为，对于良善之人和邪恶之人，他们都有相应的交往方式。

我进行了“牢骚”研究，并审视了人们的需求得到满足后，便普遍倾向于轻视或贬低这些满足甚至将它们抛诸脑后的现象，并由此得出了对自我实现之人的另一点补充描述。达到自我实现之人相对免于这种根深蒂固的人类不幸的困扰。简言之，他们“知足”的能力更强，并能一直为他们受到的恩惠和祝福感到庆幸。尽管奇迹一再发生，但它仍是奇迹。正是由于意识到好运并不是理所当然，并对上天的恩赐时刻怀着感恩之心，才使这些人的生活一直多姿多彩而不会变得沉闷乏味。

让我欣慰的是，我对达到自我实现之人的研究取得了令人满意的结果。这项研究犹如一场豪赌，它顽强地追求凭着直觉得到的信念，并且在这一过程中竟然公然反抗科研方法和哲学批评中的一些基本规则。毕竟我本人也曾笃信和接受这些规则，我也清楚地知道我如同在薄冰上起舞。正因如此，在从事该研究的过程中，我时常要与巨大的压力、冲突和自我怀疑作斗争。

在过去几十年间已经积累了足够的证实性资料，所以我的紧张情绪并不必要。尽管如此，我仍然清楚地知道我们还面临着这些基本的方法论和理论问题。已经完成的研究不过相当于开了一个头。我们现在可以运用更为客观的、公正的、得到大家一致赞同的方法来选择达到自我实现（健康、完整、自主）的个人作为研究对象。我们仍然需要进行跨文化的研究。至少在我看来，从摇篮到坟墓式的跟踪研究会为我们提供唯一令人满意的确证。除了我所做出的如同筛选奥运金牌得主一样选择自我实现的研究对象外，我们显然还需要从全部人口中抽取样本。而且，最优秀之人身上仍存在着“不可救药”的罪过的缺点，除非对这些罪过和缺点进行比我此前的研究还要详尽的探索，否则我们将永远无法理解人类身上最基本的恶。

我坚信，这样的研究将会改变我们的科学观，道德和价值观，宗教观，改变我们对工作、管理、人际关系和社会的看法，并为我们带来其他思想观念的改变。此外，我认为我们需要教导年轻人放弃他们不切实际的完美主义，放弃追求成为完美的人、建设完美的社会、拥有完美的父母和老师、出现完美的政客、拥有完美的婚姻、结交完美的朋友、建设完美的组织等等，因为这些完美的事物根本不存在，也不可能存在——除非是在高峰体验和完美融合的短暂片刻。一旦我们做到这一点，将会引起社会和教育的巨变。尽管我们的知识有限，但我们仍然知道尽善尽美的期望只是一种幻想，因此它必然会导致幻想的破灭，并随之带来厌恶、愤怒、沮丧和报复。我发现，“现在就要一个极乐世界！”的想法本身就是产生邪恶的根源。如果你要求出现一位完美无瑕的领导或者一个至善至美的社会，那么你就放弃了在更好与更坏之间做出选择。如果不完美被定义为邪恶，那么所有事物都是邪恶的，因为世上没有完美的事物。

从积极一面来看，我也相信这是一个具有开疆拓土意义的研究新领域，它很可能成为关于人性的内在价值方面的知识源泉。我们可以在这里找到似乎全人类都需要并渴望的价值系统、宗教替代品、理想主义的满足因子和标准的人生观，如果没有这些，人类就会变得讨厌且卑劣，粗鄙且渺小。

心理健康不仅主观上令人感到舒适，而且也是正确、真实和实际的。在这种意义上，心理健康要“优于”病态。它不仅是正确和真实的，而且更具洞察力，能看到更多真理和更高的真理。也就是说，缺乏健康不仅会带来糟糕的感受，也是一种形式的无知；它不仅是一种认知性病态，也是道德和情感的缺失。此外，它也是某种形式的残疾、能力的丧失、以及做事和取得成就的能力的降低。

尽管健康之人确实存在，但他们数量不多。既然健康和所有健康的价值观（包括真理、善良、美等）已被证明是可能存在的，那么从原则上看，他们就是可以获得的现实。对那些想要看见而不愿盲目的人，对于那些想要有良好的感觉而不是难受的感觉的人，对于那些想要健全而不是残疾的人，可以推荐他们追求心理的健康。想必大家还记得，曾有人问一个小女孩为什么善良比邪恶好，她回答说“因为善良更美好”。我想我们可以比这个小女孩解释得更好。同样的思路可以证明，生活在“健全的社会”（即兄弟情谊、齐心协力、相互信赖、Y 理论的社会）中要“优于”生活在丛林社会（即奉行 X 理论、专制、敌对、霍布斯式的社会）中。这既是由于生物学、医学和达尔文式的生存价值，也是由于成长价值；这既有主观因素，也有客观因素。同样的道理也适用于美满的婚姻、真挚的友谊和称职的父母。它们不仅被我们渴望（偏爱、选择），而且从某些意义上是“理想的”。我意识到，这对专业的哲学家来说会造成很大的麻烦，但我相信他们能够应对。

我们已经证明，优秀人物确实存在（虽然他们数量稀少，且有致命的弱点），但这足以给予我们鼓励、希望和奋斗的力量，和对自身以及自身成长的可能性的信念。同时，对人性的希望（无论这种希望多么清醒和理性）会帮助我们培养兄弟情谊和怜悯之心。

我决定删除本书第一版中的最后一章《迈向积极的心理学》，因为在 1954 年达到 98% 的正确性的内容，但如今只有三分之二是正确的了。如今积极心理学至少已经存在，尽管它还不广泛。至少在美国，人本主义心理学、新型的超验心理学、存在心理学、罗杰斯式心理学、实验性心理学、整体心理学、价值探索心理学等都已经出现，并且正在蓬勃发展。但不幸的是，它们都还未出现在各个高校的心理学课程中，因此对此感兴趣的学生必须特意寻找，或偶尔碰到相关的内容。对于想要亲自体会上述心理学理论的读者（我相信这样的读者应该为数不少），我想推荐穆斯塔卡斯（Moustakas）、塞弗恩（Severin）、布根塔尔（Bugental）以及苏蒂奇（Sutich）和维奇（Vich）的著作。读者可以很容易地在上述著作中找到关于这些理论的想法和资料。对于学者、记者和学会，我会推荐参考拙作《存在心理学》的一个附录中的关于良好精神系统（Eupsychian Network）的内容。

对于尚不满足的研究生们，我仍然会推荐参考本书初版中的最后一章，想必在各高校的图书馆中都能找到这本书。出于同样的原因，我还要推荐拙作《科学心理学》。对于那么想要严肃对待这些问题并就此作出研究的人来说，这个领域的优秀著作当属波兰尼（Polanyi）的《个人的知识》。

传统的价值中立的科学，或者说想要建立起价值中立性科学的徒劳努力，正受到越来越坚决的反对，而本书正是这种反对声音的一个例子。它显然比原来更加规范、也更有信心地确认，科学是寻求价值观的科学家在价值的激励下进行的研究；并且我可以断言，这些科学家可以在人性的结构中揭露人类物种内在的、终极的价值观。

对一些人来说，这似乎是对他们所热爱和敬重的科学的一种攻击（其实也是我本人所热爱和敬重的科学）。我承认，有时候他们的恐惧是合情合理的。尤其包括社会科学界在内的许多人认为，唯一能够取代价值中立科学并与之互相排斥的，只有旗帜鲜明的政治立场（所谓“政治立场”是在信息不明时下的定义）。对他们来说，接受一方必然意味着要反对另一方。

我们用一个简单的事实就可以证明这种二分法是肤浅幼稚的行为：哪怕与敌人搏斗时，哪怕作为一个公开的政客，我们都必须要获得正确的信息。

但如果我们跨越这种搬石砸脚的愚蠢行为，如果我们用自身最大的能力去研究这个严肃的问题，我相信我们会发现规范性的热情（如做好事、帮助他人、改善世界）其实与科学的客观性是相兼容的，并且它能够使更完善、更有力的科学变为可能（这种科学覆盖的范围会比如今试图做到价值中立的科学更广泛，而后者将价值问题让非科学家以不基于事实的方式武断地断定）。想要做到这一点，我们只需扩大客观性的概念，不仅要纳入“旁观者的认识”（即放任自流且涉及不到自身的认识、关于外界的认识和来源于外界的认识），还要加入经验上的认识，以及我称其为爱的认识和道家认识。

道家客观性最简单的模型来自于一种现象学，即对他人之存在给予公正无私的热爱与敬慕（存在之爱 B-Love）的现象学。例如，对自己的儿女、朋友、职业的热爱，甚至对自己的“问题”和科研领域的热爱。这些热爱之情如此的完整和包容，以至于这种爱变得没有干涉性和妨碍性，即：热爱事物本身的样子和它以后将成为的样子，且没有想要改变和改善它的冲动。我们需要抱有极大的热爱才能不去干扰被爱的对象，并让其顺其自然、自由发展。我们可以对孩子怀有纯粹的爱，并允许他成长为自己本来的模样。但是——这也是我所讨论的要点——我们也可以以同样的方式热爱真理。我们可以对真理怀有足够的爱，并信任它的发展。我们可以在婴儿还未降生时就爱着他，也可以怀着难以抑制的兴奋和极大的幸福来期待他长大成人的模样，并在现在就爱着他未来的样子。

为孩子做好规划，制订好他该有的雄心壮志，为他准备好未来的角色，甚至期望孩子变成这样或那样——这些都是与道家的爱格格不入的。这些行为代表了对孩子的要求，代表了父母已经为孩子制定好未来。这样的孩子相当于生来就穿着一件无形的束身衣。

同样的，我们可以在真理还未到来之时就相信它，并在真理揭示自身本质的过程中感到欣喜和惊奇。我们可以相信，未受污染、未受操控、未被强迫和未被强求的真理会更加美好、更加纯粹、更加真实；相比之下，如果我们强求它符合某些预定的期待、希望、计划或当下的政治需要，那么这样的真理便相形见绌了。真理也可能被套上隐形的束身衣。

规范性的热情可能会被误解，并可能会因为预定的要求对“还未到来的真相”造成扭曲。我担心这正是某些科学家的所作所为，他们实际上为了政治而放弃了科学。但这对道家式的科学家而言是完全不必要的，因为他们对即将诞生的真理抱有的热爱，足以让他们设想真理会发展出最好的结果。出于这个原因，他们会让真理顺其自然，而这也正是出于科学家们规范性的热情。

我还相信这一点：真理越纯粹，受到先入之见的教条主义影响的程度就越小，它对人类的未来也会越有益。我相信，对世界大有裨益的是未来的真理，而不是我当下的政治信念。我对未来知识的信任多于我对自己现有知识的信任。

这是“服从上帝的意愿，而不是我的意愿”的一种人本主义科学的翻版。我为人类感到的恐惧和抱有的希望，我对做善事的渴望、我对和平和兄弟情谊的愿望、我的规范性的热情——要使我这满腔的情感发挥最大的作用，我就必须对真理保持虚怀若谷的态度，必须本着道家客观和公正的精神拒绝预判和操控真理，并且必须一直坚信所知越多裨益越大。

在本书的许多章节中，在本书之后出版的许多书籍和论文中，我曾假设：一个人真实潜能的实现取决于他是否拥有满足他基本需要的父母和其他人，取决于现在所谓的“生态学”因素，取决于他所处文化的“健康”程度，取决于世界的情况等等。是否可以成长为自我实现和完整的人，依赖由诸多“良好先决条件”构成的复杂的层级体系。这些物理学、化学、生物学、人际交往和文化的条件对个人十分重要，以至于到达了是否能为个人提供基本需要的满足和基本“权利”的程度，而一个人只有获得了这些满足和权利才能拥有足够的力量和足够的人性，才能将自己的命运掌握在手中。

当研究这些先决条件的时候，我们会忧伤地发现，人类的潜能竟然可以如此轻而易举地被毁灭或被压抑。因此，一个拥有完整人性的人似乎是一个奇迹。这种人出现的是概率极小的事件，而且他的出现必然会引起人们的惊奇赞叹。但同时我们也感到欢欣鼓舞，因为达到个人实现的人确实存在，因此它是可以实现的目标。我们可以经受严峻的考验，也可以跨越终点线的限制。

这方面的研究者几乎必然会身陷种种责难的攻击。这些责难既是人与人之间的，也是心灵与心灵之间的；根据研究者重点关注的方面，旁人不是责怪他们“过于乐观”就是责怪他们“过于悲观”。同时，他们有时会被批评为太过偏重遗传，有时又会被批评为太多注重环境。政治群体也会根据当时的舆论需要，为这些研究者贴上这样或那样的标签。

科学家自然会抵制这些非此即彼和乱贴标签的走极端式的倾向，会继续按照层次和程度思考问题，并且会全面地考量同时发挥作用的诸多决定性因素。科学家会尽全力地接受各种数据和资料，并会尽全力将自己的意愿、希望和担忧与客观的数据和资料区分开。现在我们清楚地看到，“健全的人是什么”和“健全的社会是什么”这种问题完全属于经验主义科学的范畴，我们满怀信心地希望这些领域的知识可以获得进步。

本书更多着眼于第一个问题（即如何成为健全之人的问题），而不是第二个问题（即什么样的社会会成就健全之人的问题）。自1954 年本书出版之后，我曾就这一问题写下了大量的论文，但我并没有把这些论文纳入本次的修订本。相反，我想请读者参考我就这一问题写过的论文；并且我想重点强调，读者有必要熟悉关于规范性社会心理学方面的丰富的研究文献（有时它还被称为组织发展、组织理论、管理理论等等）。在我看来，这些理论、案例报告和研究的意义极其深远，例如，它在马克思主义、民主和专制理论以及其他现有的社会哲学理论的种种翻版之外，为人们提供了一种新的选择。许多心理学家甚至不知道诸如阿吉利斯（Argyris）、本尼斯（Bennis）、利克特（Likert）、麦格雷戈（McGregor）等人的研究著作的存在（而上述学者只是该领域众多著名学者中的少数几位），对此我每每感到震惊。无论如何，任何想要严肃地研究自我实现理论的人必须严肃地对待这种新型的社会心理学。如果让我选择一本期刊推荐给想要了解这个领域最新进展的人，我会推荐《应用行为科学学报》，尽管它的名字可能会给人造成误解。

最后，我想就本书作为人本主义心理学（已有人将它称为"第三种力量"）的过渡说几句话。尽管从科学的角度本书还不够成熟，但人本主义心理学已经为研究者打开了大门，使得他们能够对超验心理学现象和超越个人的心理学现象进行研究，而这些资料此前被行为主义和弗洛伊德主义内在的哲学限制封闭了起来。在这些现象中，我不仅囊括了意识和人格的各种更高级和更积极的状态（即对物质主义、紧绷的自我、原子—分割—割裂—敌对等观点的超越），还包括了价值观（永恒真理）作为扩大了的自我概念。一本叫作《超越个人心理学学报》的新刊物已经开始发表这一方面的文章了。

现在可能已经开始有关于超越人类（transhuman）的思考，即一种超越人类物种本身的心理学和哲学，尽管它尚未正式出现。

亚伯拉罕·哈罗德·马斯洛

W.P. 拉夫林慈善基金会

致 谢

首先，我要向比尔·拉夫林（Bill Laughlin）以及W.P. 拉夫林慈善基金会致以深深的感谢，他们所提供的固定研究资金为我重修此书提供了充分的时间和自由。像这样深度思考、层层剖析的理论性研究是一项需要全身心投入的全职工作。若非他们提供的宝贵资金，我将无法完成这项工作。同时，我还要感谢福特基金会下属的教育发展基金会。他们在1967—1968年间为我提供的资金，使我得以在那期间研究出人本主义教育的理论。

凯·庞修斯（Kay Pontius）女士不仅承担了修订此书所产生的所有秘书性工作，还帮助我编排了参考文献目录，并进行了编辑、校对和其他工作。她的工作总是富有效率，并且她本人聪颖过人，工作上愉快而热情。此外，我还要感谢我在布兰迪斯大学（Brandeis University）的前任秘书希尔达·史密斯（Hilda Smith）女士。在我离任之前，她帮助我启动了修订的工作。玛丽莲·莫莱尔（Marylyn Morrel）女士为本书参考目录的编排提供了慷慨的帮助。Harper&Row 出版公司的乔治·米登多夫（George Middendorf）建议了此次的修订，我对此也十分感激。

在我的其他作品和本书的参考文献中，我已经向为我提供参考与借鉴的来源致意谢意，所以在此就不再赘言了。我还希望感谢我的各位朋友，他们通过倾听、讨论和辩论的方式，对我助益良多。因为对理论难题的上下求索，离不开朋友间的相互切磋。由于他们人数众多，此处无法一一列举，但我对他们致以同样的谢意。在修订此书期间，我的妻子柏莎（Bertha）每日都要充当我的参谋，但她总是抱着十足的耐心，并为我提供了极大的帮助。在此，我要对她的帮助表示感谢，并对她的耐心加以称赞。

第一章

用心理学的方法研究科学

Motivation and Personality

从心理学的角度对科学的解读始于这样一种敏锐的认识：科学是人类创造出来的产物，它不是自发产生的、非人类的、拥有自身固有规律的纯粹“事物”。科学起源于人类的动机，科学的目标就是人类的目标。科学是由人类创造、更新并发展的。科学的定理、结构和表达不仅取决于它所发现的事实的性质，还取决于进行这些发现者的人性。心理学家，尤其是拥有一定临床经验的心理学家，会自然而然地亲自了解他的研究对象。他会通过研究人的方式，而不是通过自己创造的抽象概念去探究他的实验对象。科学家对于科学课题的研究方法也是如此。

有些人错误地认为事实却不尽然，他们坚持主张科学是完全自主并能自我调节的事物，并且认为科学是一场公平的游戏，像象棋一样遵循固有且专制的规则。心理学家必须认识到，这样的想法既不切实际又虚妄错误，甚至可谓与经验相悖。

在本章中，我会先明确一些十分重要的自明之理，它们是构成本书命题的依据。随后，我会讨论本书命题的一些含义和结果。

科学家的心理

科学家的动机

与构成人类物种的所有其他成员一样，科学家也是被需求所驱动的：科学家有对食物、安全、保护、关心、群居、情感关系、尊重、地位、身份、自尊、自我实现和发挥自身特有或人类共有的潜能的需要。心理学家对这些需要非常了解，因为一旦这些需要遭遇挫折就会滋生精神疾病。

人类还有对知识的需要（即好奇心）和对理解的需要（即对哲学、神学、构建价值系统解释的需要）。对于这些需要的研究不多，但是我们可以通过观察发现它们的存在。

最后，我们所知最少的是对美和对称的冲动，以及对简洁、完满和秩序的冲动。我们将这些冲动成为美学需要。对表达、表现和追求尽善尽美的需要可能也与美学需要相关。

目前看来，似乎所有其他的需要、欲望和内驱力要么是为了实现上述需要的手段，要么是神经症或者某种学习过程的产物。

显然，科学心理学家最关心的是认知需求。在科学的自然历

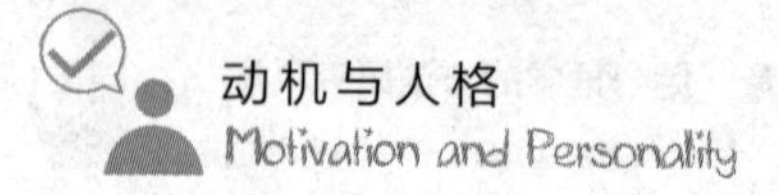

史阶段，正是人类持续不断的好奇心推动了科学的向前发展。同时，人类持续不断的对理解、解释和系统化的需求催生了更为理论化和抽象化的科学的产生。但是，只有后者提到的对理论化的需求才是科学产生的必要条件，因为单纯的好奇心在动物身上也十分常见。

但是科学发展的各个阶段也离不开其他动机的参与。人们经常忽视的一点是：最初将科学理论化的人认为，科学主要是帮助人类的工具。例如，培根（Bacon）曾期望通过科学来有效地治疗疾病和极大地减轻贫困。我们还可以看到，哪怕在古希腊科学中，尽管柏拉图式纯粹而非体力的沉思是一种牢固的传统，但当时注重现实和人本主义的那股力量也同样强大。我们常常看到，对人类的身份感和归属感以及对人类的强烈热爱，是许多科学工作者的主要动机。就如同全身投入的社会工作者或医学工作者一样，投身科学之人所抱的目的也是为了帮助人们。

最后，我们需要认识到的是一点是：任何其他的人类需要都可以成为投身科学，为科学奋斗，甚至为科学奉献一生的主要动机。当然，科学研究也可以作为一种谋生手段、一种威望的来源、一种自我表达的方式或一种满足神经症需要的方法。

大多数人一般不会只受某个最重要的动机的促动，而是不同程度地受到多种动机的同时促动。无论分析哪位科学家，我们最好这样假设：他的工作不仅受对科学的热爱的促动，也出于单纯的好奇心；不仅是为了获得名望，也为了谋得生计，等等。

理性与冲动的协同性

无论如何，将理性和动物性一分为二的做法显然已经过时了。因为对于人类动物来说，理性和进食一样，具有强烈的动物性。冲动与理性判断未必形成对立，因为理性本身也是一种冲动。总之，我们现在越来越清楚地看到，对于健康的人类而言，理性与冲动具有协同性，且两者强烈地倾向于异曲同工，而非背道而驰。非理性不一定是无理性或反理性，它往往是亲理性的。意动和认知长久以来的分歧和对立，通常是拜社会和个人的病态所赐。

人对爱与尊重的需求与对真相的需求同样“神圣”。“纯”科学的内在价值与“人本主义”科学相比，既没有胜过一筹，也没有相形失色。人类对两者有同等的需求，且并不需要将它们一分为二。我们在享受科学的同时，可以轻而易举地积德行善。古希腊人对理性的尊崇并没有错，只是过于排他。亚里士多德没能发现，其实爱与理性都是富有人性的。

偶然情况下，认知需求的满足和情感需求的满足之间会产生暂时性冲突。这些情况为我们提出的是整合与协调的问题，而非冲突和对抗的问题。有时，纯理论科学家的纯粹、客观、公正的非人本主义的好奇心可能会危害到其他同样重要的人类需求的满足，例如对安全需求的满足。我在这里所指的不仅是如原子弹般显而易见的例子，更是一个普遍的事实，即科学本身包含着一套价值体系。毕竟，“纯”科学家的研究方式并不能到达爱因斯坦或牛顿那样的高度；他们更像集中营里“纳粹”科学家，又或好莱坞电影中疯人科学家的样子。对于真理和科学更完整、更人本、更超验的定义也许可以被找到。“为科学而科学”可谓同“为艺术而艺术”一样病态。

科学的多元性

就像对待社交生活、职业和婚姻一样，在科学工作中，人们也寻求多种多样的满足感。无论是老人还是少年，无论英勇之人还是羞怯之辈，无论出于责任感还是为了找乐子，人们总能在科学的诸多方面里找到适合自己的一面。有些人希望直接在科学中寻求人道主义目标，而另一些人则看中科学超脱个人感情、非人类的特质。一些人注重科学中分明的条理和缜密的逻辑，而另一些人则更重视内容，精确和优美不是他们关注的重点，他们更希望了解的是形式背后更为重要的内容。一些人想扮演开路先锋的角色；而另一些人则更偏向定居者的角色，因为他们更愿意组织、整理并维护已赢得的领地。一些人在科学中寻求安全感，而另一些人则寻求冒险和刺激。正如我们无法给“理想的妻子”做出简单的定义，同样，我们也无法给理想的科学或科学家、理想的科学方法论、理想科研课题、理想的科学活动和科学研究等下出简单的定义。又如，我们认同一般的婚姻，但每个人对婚姻也有自己个人的选择和趣味。同样，我们对于科学也可以抱有多元论的态度。

对于科学，我们至少可以区分出如下几种功能：

1. 寻求问题、提出问题、鼓励直觉、提出假设的功能

2. 检验、检查、确认、否认和确证的功能；它可以试验和测试假设、重复和检查试验、收集事实并使事实更加可信

3. 条理化、理论化和结构化的功能，以及不断提炼总结的功能

4. 收集历史的博学功能

5. 工艺方面的功能，即工具、方法和技术方面的功能

6. 管理、执行和组织性的功能

7. 宣传和教育的功能

8. 可以为人类所用的应用性功能

9. 可以为人类提供欣赏、愉悦、欢庆的功能，以及给人带来光荣和荣耀的功能

科学功能的多重性必然要求我们有所分工，因为没有几个人能够凭一己之力兼顾以上所有的方面。分工劳动需要不同种类的人，不同的品味、能力和技术。

兴趣可以反映和表达不同的人格和性格，对科学不同领域的兴趣也是如此。例如，有人选择物理学而有人选择人类学。哪怕在同一科学领域，人们也会选择不同的细分方向，例如，有人选择鸟类学而有人选择基因学。在同一方向内对于主攻课题的不同选择也体现了兴趣对人格和性格的反映，只不过程度可能相对较

低。例如，有人选择倒摄抑制而有人选择顿悟。此外，对研究的方法、材料、精确程度、适用性和实用性、是否贴近目前人类的关切等方面的选择也可以作此体现。

在科学中，我们都相互补充并彼此需要。如果每个人都倾向研究物理学而不是生物学，科学就不可能实现进步。因此，科学研究方面人们存在着不同兴趣乃是一件幸事，就像每个人喜欢不同的气候或者不同的乐器一样。正因为有人喜欢小提琴而有人喜欢单簧管或鼓，交响乐才得以产生。而广义的科学之所以产生，就是因为人们存在不同的兴趣。同艺术、哲学、政治一样，科学需要各式各样的人才（或者我更愿意说“科学可以包容各式各样的人才”），因为不同的人可以提出不同的问题，用不同的角度观察世界。哪怕精神分裂症患者可能都有特别的用处，因为疾病可以赋予他不同的感知事物的方式。

对科学而言，一元论的压力是十分危险的。因为，在一元论的影响下，“关于人类的知识”通常会变成“关于自己的知识”。我们过度倾向于将自己的兴趣、成见和希望投射在整个宇宙上面去。比如，物理学家、生物学家和社会学家已经通过他们对不同领域的选择表明，他们在诸多重要的方面有着根本性的不同。正因为这种兴趣方面的差异，我们可以合情合理地预估，他们在对科学的定义、方法论以及对科学的目标和价值观方面都会有所不同。显然，正如在人类世界的其他领域一样，在科学的领域，我们也需要保持同样的包容度和接受度。

从心理学角度解读科学的含义

对科学家的研究

对科学家的研究显然是对科学的研究的一个基本——甚至是必要——的方面。因为科学作为一种制度，从某种程度讲，是人性某些方面的投射的放大，因此任何这些方面的知识的加增都会被自动地放大许多倍。例如，每门科学和每门科学包含的每个方面，都会随着如下领域知识的进步受到影响：（1）偏向性和客观性的性质，（2）抽象化过程的性质，（3）创造力的性质，（4）对社会文化的适应性以及科学家对这种适应性的反抗，（5）愿望、希望、焦虑、期待对感知造成的混淆，（6）科学家的角色和地位，（7）我们文化中的反智主义，（8）信仰、信念、信心、确信等的性质。当然，更重要的是我们早已提及的问题，尤其是科学家的动机和目标的问题。

科学和人类的价值

人类的价值是科学的基础，而科学本身是一套价值体系。人类对于情感、认知、表达和审美的需要既是科学的本源，也是科学的目标。对这些需要的满足是一种“价值”。对于安全的热爱是如此，对于真相和确信的热爱也是如此。就像对于能工巧匠、艺术家或哲学家一样，对于数学家和科学家而言，对于简洁明了、用语精炼、文笔优美、朴素易懂、严谨精确、干净利落的审美需要的满足代表了价值。

除此之外，还有这样一个事实，即：作为科学家，我们共同享有我们文化中的基本价值观，并且在某种程度上，这种价值观的共享可能会一直延续下去。这些价值观包括：诚实，人文主义，尊重个人，社会服务，民主地尊重个人做出选择的权力（即便是错误的选择），追求生命和健康，缓解痛苦，承认他人的功劳，分享荣誉，运动员精神，公平公正，等等。

显然，我们需要给“客观性”和“不偏不倚的观察”这两个术语重新下定义。“排除价值”的本意是排除神学和其他独裁势力的教条，因为这些教条会对事实过早地做出判断。这种做法如今依然很有必要，因为我们仍然希望事实尽可能地不受混淆。如果说有组织的宗教在今时今日对于科学的威胁已经微弱无力，但我们还要与强大的政治和经济教条作斗争。

理解的价值观

然而，我们现在已知的防止我们对自然、社会和我们自身的感知受到人类价值观混淆的唯一方法是，我们应该时时刻刻都清楚地意识到这些价值，理解它们对我们感知的影响，并基于这种理解作出必要的纠正。（所谓混淆，我指的是混淆精神性的决定因素和现实性的决定因素，同时我们要对后者进行保留。）对价值观、需要和愿望、偏见、恐惧、兴趣、以及精神症的研究必须成为所有科学研究的基本方面。

这个论点必须还要包含全人类所共有的倾向，即抽象化，分类，发现相同点和不同点，以及总体上有选择性地关注现实并按照人类自己的兴趣、需要、愿望和恐惧来改组和重组现实。以这种方式将我们的感知分为不同的类别在有些方面是可取和有用的，但在另一些方面又是不利和有害的。因为，虽然这种做法可以将现实的一些方面鲜明地凸显，但同时也会使现实的另一些方面陷入晦暗不明的状态。我们必须知道，尽管自然会给予我们分类的线索，并且它有时还存在“天然”的分界线。但这些线索只能最低限度地给我们提供帮助，并且往往是模棱两可的。很多时候，我们必须需要创造某种分类，或者把某种分类强行加诸于自然。在如此做时，我们不仅要遵循自然界提供的线索，还要遵循我们的自己的人性，以及我们自己无意识的价值观、偏见和兴趣。科学的目的是要将人类的决定因素对理论的影响降到最低，而我们只能通过很好地了解这些因素来达到科学的目的，而不是否定这些因素的影响。

那些惴惴不安的纯粹的科学家听到这点应该感到宽心，因为关于价值观的所有令人不安的讨论的宗旨，都在于更好地达到这些科学家的目标，即精进我们对于自然的知识，并通过研究探索知识之人，来去除我们现有知识中的杂质。

人类和非人类的规律

人类心理学的规律和非人类的自然的规律在某些方面如出一辙，但在另一些方面又大相径庭。虽然人类生活在自然世界中，但并不意味着人类和自然界的规则与规律必须完全一致。生活在真实世界中的人类当然需要对前者作出让步，但这种让步并不能否定这样一个事实，即人类拥有与自然界不同的内在规律。诸如愿望、恐惧、梦想、希望的人类情感与鹅卵石、金属丝线、温度、原子所代表的自然事物有着截然不同的运行规律；哲学构建的方式与桥梁构件的方式不同；对于家庭和晶体的研究要采取不同的角度。我们对动机和价值观的讨论不是为了要将非人类的自然主观化或心理学化，但我们必须将人性心理学化。

非人类的自然独立于人类的愿望和需要而存在，既不会心怀仁慈，也不会心怀恶毒。自然没有意图、目的、目标或功能（只有生物才有意图），也没有意动或情感的倾向。哪怕有一天人类全部消失（这并非是不可能的），这种自然界的现实也会一直持续下去。

按照现实本来的样子——而不是我们希望的样子——去认识事实的做法，从任何角度而言都是可取的：无论对“纯粹”而不偏不倚的好奇心的角度，还是从通过预测和控制现实以立刻达到人类目的的角度，这种做法都是恰当的。康德曾无比正确地主张：我们永远也无法完全理解非人类的现实，但我们可以尽量地、或多或少地接近完全程度的理解。

科学社会学

关于科学和科学家的社会学研究需要得到人们更多的重视。如果科学家在某些方面是由文化变量决定的，那么他们的成果也会如此。在何种程度上科学需要来自其他文化背景之人的贡献?在何种程度上科学家必须摆脱自己的文化背景，以便更真实地感知?在何种程度上科学家必须成为一个国际主义者，而不仅是一个美国人?在何种程度上科学家的成果是由他们的所属的阶级和等级决定的?想要更好地理解文化对于感知自然的干扰作用，我们就必须要提出并回答这些问题。

认识现实的各种方法

科学仅仅是认识自然、社会和心理学现实的一种方法。有创造力的艺术家、哲学家、人道主义作家、甚至是挖沟渠的工人，都可以成为真理的发现者。他们需要受到与科学家们一样程度的鼓励。这些身份不应当被视作是相互排斥的，更不应当被视作是应当分离开来的。如果一位科学家同时身兼诗人、哲学家甚至梦想家的身份，那么与拘泥于一种身份的其他科学家相比，他无疑是更为进步的。

如果我们本着这种心理学多元论的方法，将科学视作由不同才能、动机和兴趣组成的交响乐，科学家与非科学家的界限就变得模糊不清了。专攻批判和分析科学概念的科学哲学家与研究纯理论的科学家之间的差别，要小于后者与纯粹技术型科学家的差别。提出系统性的人性理论的剧作家或诗人与心理学家的差别，肯定要小于后者与工程师之间的差别。科学历史学家可能是科学家也可能是历史学家，不拘哪个。仔细研究小说个案情节的临床心理学家或医生从小说家那里得到的收益，可能比从事抽象研究或实验的同事那里得到的收益更多。

我认为，没有必要将科学家和非科学家泾渭分明地区分开来。我们甚至无法以是否进行科学实验为标准来定义科学家，因为有太多顶着科学家的头衔谋生的人，可能从未进行过任何真正的科学实验。初中化学老师自认为是名化学家，可他从未在化学领域有过任何新的发现。他所做的仅仅是阅读化学期刊，并照本宣科地重复他人的实验而已。相比而言，一名心怀好奇地在自家地下室里鼓捣实验的 12 岁的中学生，或者一名对广告内容存疑并想办法核实其功效的家庭主妇，都比这位化学老师更像是一位科学家。

研究中心的主任还可以继续被称为科学家吗？他的时间可能已完全用于行政管理和组织性工作，但是他仍然愿意自称为科学家。

如果说，理想的科学家汇集创造性的假设者、细心的检验者和实验者、哲学体系的建设者、历史学者、技术专家、组织者、教育写作宣传家、应用者和鉴赏者于一身，我们可以轻而易举地看到这绝非一人之功，而是需要一支至少由九个人组成的团队来完成上述的功能，并且这九个人都不必是全知全能的科学家！

尽管上述例子证明科学家—非科学家的二分法过于简单化了，但是我们必须考虑到一个普遍的发现，即从长远来看，过于专精一个领域的人通常不会有太高的建树，因为一个完整的人会因过于狭隘而受苦。普通且全面的健康之人在大多数事情上都比普通的残疾人做得更好。例如，如果一个人过度执着于成为纯粹的思想家，并且遏制自己的冲动和情感，最后他往往会变成一个只能用病态的方式思考的病人，这与他成为优秀思想家的目标背道而驰。简言之，如果一名科学家兼有一些艺术家的气质，那么比起缺乏这种气质的单纯的科学家而言，他在科学研究方面的成绩可能会更好。

如果我们使用研究个案史的方法，这点会变得非常清晰。伟大的科学家往往兴趣广泛，全然不是狭隘的技术专家而已。从亚里士多德到爱因斯坦，从达芬奇到弗洛伊德，这些伟大的发现者都是多才多艺的多面手，在人文主义、哲学、社会学、美学方面都拥有广泛的兴趣。

我们必须认识到，科学中的心理学多元论告诉我们，通往知识和真相的路径有许多条。有创造力的艺术家、哲学家、人道主义作家，无论是作为个人还是个体的某一方面，都可以成为真相的发现者。

精神病理学和科学家

在同等条件下，我们会认为，快乐的、有安全感的、平和的、健康的科学家（或艺术家、机械师、高管）会比愁苦的、心神不宁的、不安的、不健康的科学家（或艺术家、机械师、高管）要更为成功。患有神经症的人会扭曲事实，苛求事实，将不成熟的概念强加于事实，对未知和新奇的事物抱有恐惧，过度执拗于成为优秀的现实记录者，过度易于受到惊吓，并太渴望得到别人的认可。

上述事实至少包含三重含义。首先，与心理不健康的科学家相比，只有心理健康的科学家（抑或说所有真理的探寻者）才能最好地完成他的工作。第二，我们可以认为，随着文化进步，所有公民的健康水平会得到改善，进而提高我们探索真理的水平。第三，我们应该要求心理疗法帮助科学家，使其在专攻的领域有更好的表现。

我们有一个公认的事实，即：通过要求学术自由、终身聘用制、更高的薪酬等方式可以改善社会条件，而社会条件的改善会服务于知识的探索者。①

---

① 如果有些读者认为这是个具有革命性的说法，并想要进一步阅读相关内容，我呼吁他们阅读这一领域最伟大的著作——迈克尔·波兰尼（Michael Polanyi）所写的《个人知识》(Personal Knowledge)。如果你还未读过这本书，那你就不能说自己已做好迎接新世纪的准备。如果你没有足够的时间、意愿或精力去阅读本部巨作,那么我就要推荐本人的拙作《科学心理学的复兴》,这本书贵在精简易读，同时与前者表达的观点相似。本章内容，这两本书，以及它们引用目录中所提及的其他书籍，足以很好地代表在这一科学领域中新的人本主义时代精神。

第二章

科学中的问题中心论和方法中心论

Motivation and Personality

在过去十到二十年间，人们开始愈加关注“官方”科学的缺陷和罪过。然而，除了林德（Lynd）才华横溢的分析外，人们几乎全然忽视了对这些缺陷的讨论。本章会试图说明传统科学——特别是传统心理学——的许多弱点正是由于方法中心论和技术中心论的研究方式造成的。

方法中心论所指的是这样的思维倾向性：认为科学的精髓在于其工具、技巧、程序、仪器和方法，而不在于科学想要解决的难题、提出的疑问、发挥的作用以及实现的目标。从较为简单的角度看，这种思维体现在我们如今将科学家与工程师、内科医生、牙科医生、实验室技术员、吹玻璃工、尿液分析员、机械操作工等相混淆。从知识最高级和最抽象的层次看，方法中心论的思维方式体现在将科学和科学的方法混为一谈。

对技术的过分强调

过于强调优美、改进、技术和仪器通常会导致我们整体上降低了科学问题以及创造力的深远意义和重要性。几乎所有攻读心理学的博士生都明白这句话在实际操作中含义。无论是多么微不足道的实验，只要方法论方面令人满意，就很少会受到批评。而一个大胆的、具有突破性的问题，在试验还未开始前就往往因为可能遭遇“失败”，而被批评所扼杀。确实，科学文献中的批判内容通常仅仅批判研究方法、技术、逻辑等。在我熟悉的文献中，我还从未见过哪篇论文批评另一篇论文的内容无关紧要、微不足道或无足轻重[①]。

因此助长了如下的风气和说法：论文的课题并不重要，只要采用精巧的研究方法即可。换句话说，论文是否为人类知识添砖加瓦已经不再重要。博士生需要了解的只是他所在领域的研究技巧，并用这些技巧来分析该领域现成的数据，而优秀的研究方向的重要性通常不受太多强调。正因如此，完全没有创造力的人也有机会成为“科学家”。

我们在比较低的层面（例如高中或大学的科学课堂里）可以看到同样的结论。学生被教授的内容是，操纵仪器和生搬硬套教

---

① 但哪怕学者们也可能会在专题巨著中研究微不足道的课题。他们会把这种研究称为原始研究。这种研究的重点在于他们发现了此前人们不了解的东西，而不在于这些东西是否值得人们了解。可能之后他们的研究发现会为其他一些专家所用。所有大学里的专家所写的论文不过是一种内部消化，他们互相援引对方的作品，就像耐心的堤坝工人一样，没人知道他们究竟想建成什么东西。（引自 C. 范·多伦的《三个世界》，107 页）

“或者说，他们就仿佛每天坐在沼泽地旁边钓鱼、却觉得自己在思考深奥的问题的人一样。但这种在没有鱼的地方假装垂钓的行为，在我看来，来肤浅都算不上。”（尼采，《查拉图斯特拉如是说》，117 页）

“运动爱好者”指每天坐在沙发上看真正的运动员运动的人。

材里的程序就是科学。简言之，科学就是遵从别人的指引并重复其他人早已发现的内容。并没有人告诉学生，科学家不同于技术员或科学文献的阅读者。

这些辩论的宗旨很容易遭到误解。我并非要贬低科研方法，我只是想指出，哪怕在科学领域，人们也很容易把方法和目的弄混。只有达到研究的目标和目的，才能确证某种研究方法的价值。当然，从事研究的科学家必须关注他的研究技巧，但技巧的目的是为了帮助科学家达成他真正的目标——解答重要的科学问题。一旦科学家忘记这一点，他就变成了弗洛伊德所描述的那个不断擦拭眼镜却从不戴上眼镜看东西的人。

本应处于科学中主导地位的是“疑问的提出者”和“难题的解决者”。但方法中心论却倾向于舍本逐末地将技术员和“仪器操作工”放在这个重要的位置。在此我并不希望创造一个过于极端或不真实的二元论，但我们还是可以看出，只熟知研究方法之人与知道选择何种研究内容之人是有区别的。前者数量庞大，并且往往会成为科学领域的说教者，或者成为礼节、程序、惯例和仪式方面的权威人士。在过去，这些人只不过被视作讨厌鬼；但在科学被奉为国家或国际政策的今天，他们可能会成为有影响力的危险因子。这种趋势十分危险，因为相比艰深的科学开创者和理论家，操作者的内容更容易被门外汉所理解。

方法中心论强烈地倾向于不加分别地高估量化的作用，并本末倒置地把量化当做科学研究的目的。这点千真万确，因为方法中心论的科学研究极其强调表达方式，而不是表达内容。于是，表达形式的优美和精确与研究内容的相关性和丰富性被对立起来。

方法中心论的科学家会不由自主地用他们的科研问题去适应他们的研究方法，而不是用研究方法去适应科研问题。他们在选定科研问题的过程中往往会自问："我现有的研究方法和设备足以让我研究和攻克什么问题？"但科学家正确的自问方式应该是："我有限的时间应该用来研究哪些最迫切最紧要的问题？"否则我们要如何解释这样的现象呢：大多是平庸的科学家花费毕生精力研究某个狭小的领域，这个领域的边界并不是由有关这个世界的基本性问题来划定的，而是由一台研究设备或一项研究方法划定的。[①] 在心理学中，很少有人能意识到"动物心理学家"和"统计心理学家"的概念的可笑之处，即只要这些研究者能够使用他们的动物实验对象或统计学数据，他们就根本不在意自己研究的是哪个问题。这使我们想起那个著名的醉汉的例子：醉汉在路灯下——而不是丢了东西的地方——到处寻找他丢失的钱包，因为"路灯下比较亮堂"。又或是那个让所有病人都大为光火的医生，因为他只懂得治疗一种疾病。

方法中心论强烈地倾向于将科学划为三六九等，这其实是一种非常有害的做法。在这个等级体系下，物理学比生物学更"科学"，生物学比心理学更"科学"，心理学比社会学更"科学"。只有划分标准在于研究技术的精巧、成功和准确，才能设想出这样的等级体系。如果从问题中心论的角度，这样的等级体系边永远

① "我们倾向于做我们知道如何做的事物，而不是努力去做那些我们应该做的事物。"（R. 安申等，《科学与人》，466 页）

不会被提出来，因为没有谁能坚持认为，从本质的角度上，研究失业、种族偏见或爱的问题不如研究星体、钠或肾功能的问题来的重要。

方法中心论倾向于将各科学学科过于严格地划分开来，在它们之前筑起高墙，把它们分隔为完全独立的疆域。当人们问及雅克·洛布（Jacques Loeb）到底认为自己是神经学家、化学家、物理学家、心理学家还是哲学家时，他仅答道："我解决问题。"较为通常的回答确实应该是这样的，而且如果有更多像洛布这样的人，科学会变得更好。但是我们迫切需要的思维方式却遇到如今的科学研究观念的阻挠，正是这种观念使科学家变成了技术工人或专家，而不是富有冒险精神的真理探索者，使本应怀有困惑的人变成了只注重自己了解什么的人。

如果科学家都把自己视作疑问的提出者和难题的解决者，而不是专业技术员，那么我们会看到大家蜂拥涌向科学最新领域，竞相研究心理学和社会学的问题。我们本应该最了解这些问题，但实际却知之最少。为什么鲜少有人从事这些科学领域的研究呢？为什么每十个从事物理学或化学研究的科学家仅对应一名从事心理学研究的科学家呢？到底哪种情况对人类最有益：是让一千个最聪明的头脑研究如何制造攻击力更强的炸弹（或功效更佳的盘尼西林）？还是让这些人研究民族主义、心理疗法或剥削的问题？

科学研究的方法中心论在科学家和其他真理探索者之间构建了一条巨大的鸿沟，也将两者探寻真理和理解问题的方式割裂开来。如果我们将科学定义为对真理、顿悟和理解的追寻，以及对重要问题的思考，那么我们一定很难区分科学家与诗人、艺术家和哲学家之间的区别，因为他们关注的问题可能是相同的。[①] 追根究底，我们确实应该在语意上对两者加以区分，而区分的标准应该主要基于他们预防错误的方式方法上的不同。如果科学家和诗人及哲学家的差别不像如今这样不可逾越，那么科学显然会发展得更好。方法中心论简单粗暴地将这些角色划分到截然不同的领域，而问题中心论则认为他们是相辅相成的合作者。大多数伟大的科学家的自传向我们表明，问题中心论所描述的情况比方法中心论描述的更贴近事实。许多伟大的科学家兼有艺术家和哲学家的身份，并且他们在其他哲学家身上获得的营养往往比在其他科学家身上获得的更多。

方法中心论和科学上的正统

方法中心论会不可避免地产生一种科学上的正统，科学上的正统随后又制造出一种异端。科学中的疑问和难题很少能被公式

① “你必须热爱问题本身。”

——里尔克

“我们已经学会所有的答案，全部的答案：但我们还不了解面前的问题。”

——A. 麦克利什，《A. 麦克利什的哈姆雷特》

化，也不可能被分门别类，或放入任何档案系统。过去的问题已不再是问题，而是答案。未来的问题还尚未出现。但我们确实可以将过去的研究方法和研究技术公式化并分类，随后它们变成了所谓的“科学方法的规则”。它们被奉入神龛，并冠以传统、忠实和历史的美名，并且时至今日仍有强大的约束力（而不是仅仅作为参考和辅助的角色）。在创造力相对匮乏之辈的手中，在谨小慎微和墨守成规之辈的手中，这些规则实际上要求我们以父辈解决他们问题的方式来解决如今的问题。

这样的态度对于心理学家和社会学家来说尤其危险，因为它会把“做到完全科学”的要求解读为“应该采取物理学或生命科学的技术”。因此我们看到，许多心理学家和社会科学家模仿原来的研究而不是创造和发明新的研究方法。但是新方法为我们所必须，因为这些学科的发展程度以及它们面临的问题和收集的数据，是与物理科学有着本质差别的。科学中的传统可能是危险的恩赐，科学中的忠实可能是绝对的祸害。

科学正统的危险

科学正统论的一个主要危害是，它可能会阻塞新技术的发展。如果科学方法的原则已经被公式化，那么就只能应用它们了。从事研究的新方式方法难免会被人质疑，甚至常常受到敌意。精神分析法、格式塔心理学、罗夏测验等都是这样的例子。之所以会遭到敌意的一部分原因是这样的：我们还未发明出新的心理学和社会科学需要的相关联而全面的逻辑、数据和运算方法。

通常，科学的进步是合作的成果。否则，力量有限的个人如何能做出重大——甚至伟大——的发现呢？一旦没有合作，科学的进步难免会停滞不前，直到出现某个不需要帮助的巨人。正统观点意味着否定对异端给予帮助。既然（无论是异端还是正统的）天才十分稀有，这就说明只有正统科学才能得到持续而顺利的发展。我们可以认为，异端的观点可能在很长一段时间都因为受到忽视和反对而遭遇停滞。如果它们是正确的话，它们在某个时间点会突然取得突破，然后转变为正统。

方法中心论培植的正统还有另一个也许更为重要的危险，即它会越来越多地限制科学的权限。它不仅妨碍了许多新技术的发展，还阻塞了许多疑问的提出。其中的理由想必各位读者已经猜到了，就是这样的疑问不能通过现有的方法和技术来解答。例如，关于主观性的问题，关于价值的问题，关于宗教的问题，等等。正是由于这些愚蠢的理由导致了没有必要的认输、互相矛盾的术语和“非科学的问题”这种概念，就仿佛有些科学问题我们既不敢提出也不敢试图解答。当然，任何读过并理解科学史的人都不会说有“解决不了的问题”，他只会说有“尚未解决的问题”。后者的说法让我们有更清晰的动力去采取行动，去更大地发挥我们的聪明才智和创造精神。但现在科学正统的说法——通过当前的科研方法（和我们对这些方法的了解），我们能够做些什么？——却让我们走向反面，即主动限制自我，并退出人类兴趣的诸多重要领域。这种趋势可能会走向最令人不可想象的危险的极端。最近在国会针对设立国家科研基金会的讨论中，甚至有些物理学家建议心理学和社会科学不应该享受基金会的福利，理由是这些学科不够“科学”。这些说法之所以能被提出，正是由于科学界只尊重完美和成功的研究方法，同时完全没有意识到科学的本质就是发问，且这种本质是深深根植于人类价值和动机中的。作为心理学家，我要如何解读上述说法和其他来自物理学朋友的嘲弄？难道我需要采用他们的研究方法？但他们的方法对于解决我的问题毫无用武之地。那到底要怎么解决心理学的问题呢？难道它们就应该被置之不理？难道科学家们就应该完全退出这一领域，然后把这个问题还给空头理论家？或者这是一种人身攻击性质的冷嘲热讽？也许这种说法暗指心理学家是愚蠢的而物理学家是聪明的？但是这种不可能的说法是基于什么理由产生的？是印象吗？那么我必须得说说我自己的印象：我认为在任何科学团体中都有同样多的笨蛋。到底哪种印象更正确？

恐怕对上述说法唯一可能的解释是，研究方法和研究技术被偷偷摸摸地摆在了——可能是唯一的——最重要的位置。除此之外，我认为没有其他合理的解释了。

方法中心论下的科学正统鼓励科学家们“稳扎稳打”，而不是大胆无畏。这种说法使得科学家的工作似乎是在铺得平平整整的路上小步前进，而不是在探索未知领域的路上独辟蹊径。它迫使人们用保守而非激进的方式去探索未知的事物。它倾向于将科学家变成既得疆土的守护者，而不是探索未知疆土的先驱。[①]

科学家真正的位置——至少时不时会如此——是处于未知、混乱、晦暗不明、不可控制、神秘、以尚待指明的事物之中。这是问题中心论下，科学家通常会处于的状态。这同时阻止了科学家采取方法中心论的方式去研究问题。

过分强调研究方法和技术会使科学家认为：（1）他们比实际情况更具客观性，更少主观性；（2）他们不需要考虑价值观的问题。方法在价值观方面具有中立性，但疑问和问题不见得如此，因为他们早晚都会触及到价值观方面的棘手的争论。避免价值问题的一个方法是强调科学的技术而不是科学的目标。的确，科学中的方法中心论的一个主要的根基就是用尽一切艰苦卓绝的努力，以便做到尽可能的客观（价值中立）。

但就像第一章我们所讨论的，无论是过去、现在、还是未来，科学都无法做到完全的客观，或完全不受人类价值观的影响。此外，科学到底应不应该做到完全的客观（而不是人类所能达到的客观）仍然有待商榷。本章和第一章所列的所有错误都是要证明试图忽视人性弱点的行为会带来的危险。神经症患者将会为他徒劳的努力付出巨大的主观上的代价，而且极具讽刺意味的是，他也会逐步变成越来越糟糕的思想家。

正因为这种想要独立于价值观之外的幻想，价值标准正变得愈加模糊。如果方法中心论的哲学走向极端（实际上它们很少如

① “天才是装甲车先遣部队，哪怕他们的侧翼没有保护，但他们仍以雷霆之势冲入无人之境。”（亚瑟·库斯勒，《瑜伽信徒和人民委员》，241 页）

此）并且始终如一（实际它们很少这样，因为担心带来十分愚蠢的后果），那么我们将无法将重要的实验和不重要的实验区分开来，我们能看到的将只有技术高超和技术糟糕的实验[①]。如果仅仅采取用以研究方法定高低的标准，最微不足道的研究和最成果丰硕的研究将会得到同等的尊重。当然，实际情况不会发生得这么极端，但这也只是因为人们在看中方法论的是同时，更加看中准则和标准。然而，尽管这些错误很少明目张胆地出现，但我们常常可以看到它们不那么明显的形式。在科学期刊中有很多例子可以证明这一点，即不值得做的东西也不值得做好。

如果科学不过是一套规则和程序，那么科学与象棋、炼丹术或者牙科医生又有什么分别呢？[②]

① “科学家之所以称其‘伟大’，与其说是因为他们解决了某个问题，不如说是因为他们提出的问题一旦被解决，将会给人类带来真正的进步。”（H. 坎特里尔，《关于人类特点的探究》，《变态心理学期刊》，1950 年 45 期，491–503 页）

“问题的形成比问题的解决要关键得多，因为后者不过是数学和实验技巧而已。我们需要极具创造性和想象力的头脑，才能够提出新问题和新的可能性，或者用全新的角度去审视旧闻题。如果能做到这一点，将会为科学带来真正的进步。”（A. 爱因斯坦、L · 英菲尔德，《物理学的进化》）

② 牛津大学基督圣体学院的理查德·利文斯通爵士为技术员给出了如下定义：“除了他工作的终极目标和他工作在宇宙中的位置外，技术员对他工作中的一切了如指掌。”另一个人也曾给“专家”下过类似的定义，即专家是一个在研究大谬误中避免小错误的人。

第三章

动机理论引言

Motivation and Personality

本章将会论述关于动机理论的16个命题，任何一套健全合理的动机理论都应该包含这些命题。其中的一些命题十分准确，已经成为了老生常谈，但我仍然觉得必须要再次强调。相比之下，另外一些命题的接受程度还不够高，仍然有待大家讨论。

个人作为一个完整的整体

我们的第一个命题指出，个人是完整且有组织的整体。心理学家通常虔诚地笃信这一理论，但在现实的实验中却理所当然地对其不甚在意。只有我们充分意识到上述命题在实验和理论层面的准确性，可靠的实验和理论才能成为可能。在动机理论中，这一命题有许多层具体的含义。例如，受到促动的是个人的整体而不是部分。在优秀的理论中，不存在单单肚子、嘴巴或生殖器的需要。而且，需要的满足会影响整个个体，而不是个体的一部分。是约翰·史密斯想吃东西，而不是约翰·史密斯的肚子想吃东西。食物消除了约翰·史密斯的饥饿感，而不是他的肚子的饥饿感。

以饥饿作为动机状态的范例

无论在理论层面还是实际层面，在所有的动机状态里选择饥饿作为动机状态的范例既不明智也不妥当。经过更为仔细的分析，我们可以发现，饥饿驱力和普通驱力相比是各种动机中的特例。它比其他动机更孤立（此处的“孤立”是格式塔心理学以及戈德斯坦心理学中所谓的“孤立”），且不如其他动机那么常见。最后，饥饿驱力和其他动机还有一点不同的在于，我们已知它拥有躯体基础，这对其他动机状态来说并不常见。那么哪些动机更常见、更直接呢？当我们审视平时的日常生活时，可以轻而易举地找出很多例子。对服装、汽车、友谊、陪伴、赞扬、威望等类似事物的渴望，是最常在我们的意识中闪现的欲望。通常，这些欲望被称作次级驱力或文化驱力，并且人们认为它们与那些真正“值得尊敬的”驱力或原始驱力（即生理学驱力）属于不同的等级。实际上，它们对我们而言更为重要，也更为常见。因此，在它们之中选择一种作为动机状态的范例要比选择饥饿驱力更合适。

通常人们会假设所有驱力都会遵从生理学驱力的规律。但现在我们有理由断言这种说法不是正确的。大多数驱力是无法被孤立的，且不能被认为是由某个身体部位主导的。我们也不能将它们仅仅视作机体一时所发生的反应。无论现在还是未来，这种典型的驱力、需要或欲望永远不会仅与某个具体的、孤立的身体部位产生关联。典型的欲望显然是整个的人的欲望。如果选择这样的驱力作为研究模型要好得多。比方说，选择对金钱的欲望或者选择更为根本的对于爱的欲望，要比选择单纯的饥饿或者局部的目标更为适宜。综合考虑所有已知的证据，无论我们对饥饿驱力有着多么深入的了解，我们可能永远也无法完全理解对于爱的需要。或者我们可以做出更为有力的断言，即：与完全理解饥饿驱力相比，完全理解对爱的需要能跟深入地帮助我们研究包括饥饿驱力在内的一般的人类动机。

在这里我们很容里联想到格式塔心理学家经常对单一性的概念进行批判性的分析。饥饿驱力与爱的驱力相比看似简单，但从长远来看并不见得如此。有些事例和活动对整个集体而言相对独立，而我们可以通过孤立这一类事例或活动的方式制造出单一性的表象。但我们可以轻而易举地发现，一项重要的活动与一个人所有其他的重要的方面都有动态的关系。那么我们为什么要选取一个不具有普遍性的活动进行研究呢？仅仅是因为我们常规的（但不一定是正确的）孤立、简化、分离的实验技术可以让我们比较容易地应付它？如果我们面前有两个选择：（1）实验方法简单，但却微不足道或没有价值的问题，或者（2）非常困难但又极其重要的实验性的问题，那么我们应该毫不犹豫地选择后者。

手段与目的

如果我们仔细审视日常生活中一般性的欲望，我们会发现它们至少有一个重要的特征，即它们通常是达到目的的手段，而不是目的本身。我们渴望金钱，这样就可以购买汽车。我们想要购买汽车，是因为其他邻居拥有汽车，而我们不希望感到自己低人一等。有了汽车，我们就可以维护自己的自尊心，还可以赢得他人的爱戴与尊重。通常，在分析有意识的欲望的时候，我们可以进一步追根溯源，探索这个人更深层次、更根本性的目标。换言之，这与心理学中的症状拥有异曲同工之妙。这些症状本身并不十分重要，但它们的终极含义（即它们的终极目标或效果可能是什么）却非常重要。对症状本身的研究无关紧要，但是对症状背后的动态的意义的研究却举足轻重，因为后者可以带来丰硕的成果。其中一个例子就是精神疗法的产生。每日在我们脑海中数十次闪过的欲望本身并不重要，重要的是它们代表的含义，它们引导的结果，以及经过更深层分析以后它们体现的终极的含义。

这种更深层的分析的一个特点，即经过层层分析之后，它最终总会将我们引向特定的目标或需要，这些需要的满足似乎本身就是目的，不再需要我们进一步的辨明或论证。这些需要在普通人身上拥有特定的体现，它们不会被直观地发现，但经常作为多重特定且有意识的欲望的一种概念性的延伸。换句话说，从某种程度上讲，关于动机的研究必须是对于人类终极目标、欲望和需要的研究。

这些事实向我们证明合理的动机理论的另一个必要性。因为我们不常在意识中直接发现这些目的，所以我们不得不立刻解决无意识的动机的问题。仅仅对有意识的动机的生活加以研究会使我们遗漏许多与直观可见的意识同等重要甚至更为重要的方面。精神分析总能向我们证明，有意识的欲望和无意识的终极目标之间的关系并不总是直观明了的。确实，这种关系与反应形成一样可能是消极的。因此，我们可以断言，合理的动机理论可能无法忽视无意识生活。

欲望与文化

现在有足够的人类学研究证据表明，所有人类最基本或最终极的欲望与他们日常有意识的欲望相比，并那没有后者那么多种多样。其主要原因在于，不同的文化对同一种具体欲望的满足有着不同的方法。以满足自尊心为例，在一个社会中，人们满足自尊心的方法是成为一名优秀的猎人，而在另一个社会中，满足自尊心的方式可能是成为伟大的医学家，或者骁勇的战士，又或是冷酷无情的人等等。尽管表象多种多样，但当我们思考这些欲望背后的终极目标，我们会发现想要成为优秀的猎人的欲望与想要成为伟大的医学家的欲望的背后是同样的动机。然后，我们就可以断定，心理学家应该把这两种看似毫不相干的有意识的欲望划分在同一个类别里，而不是仅仅根据行为将它们划分到完全不同的类别里。人类的目标大抵相同且放之四海而皆准，但达到这些目标的路径又各不相同，因为这些路径是由当地的特定文化决定的。人类的共性可能比我们想象的要更强烈。

多种多样的动机

通过精神病理学的研究，我们可以发现有意识的欲望和受促动的行为还有另一个特征是与我们刚刚讨论的命题相关联的，即这样的欲望和行为可以作为其他意图表达自我的渠道。我们可以从很多方面来证明这一点。举例来说，众所周知，性行为和有意识的性欲背后包含的无意识意图可能是极其复杂的。在一些人身上，表面的性欲背后可能暗含着想证明自己男子气概的实际意图。在另一些人身上，性欲代表的根本目的可能是想要赢得他人钦佩的欲望，或对亲密、友谊、安全、爱情的渴望，或以上任何几种目的的组合。在意识里，所有这些人的性欲可能有着相同的内容，但也许他们所有人都会错误地以为自己寻求的仅仅是性满足。但现在我们意识到这种想法是错误的。我们已经意识到，想要更好地了解这些人，我们需要理解他们性欲和性行为所代表的根本性的意图，而不是这些人意识中认为的它们所代表的意图。（这点对于预备性行为和完成性行为而言都成立。）

另一组支撑同一个论点的证据是，我们发现单个精神病理学的症状可能同时代表着多个不同——甚至是相反的——欲望。一条癔病性麻痹的胳膊可能代表多个愿望的同时满足，包括对复仇、同情、爱慕、尊敬的愿望。如果我们仅仅从行为的层面分析第一个例子中有意识的愿望或第二个例子中的表面症状，那么我们就会武断地排除完全理解某种行为或某个人的动机状态的可能性。此处我想再次强调，一个有意识的愿望背后只有一种动机的情况是不同寻常的，而不是司空见惯的。

促动状态

在某种程度上，几乎所有的有机体的事态本身就是一种促动状态。当我们说一个人遭遇失恋是指什么意思呢？静态心理学看到这个陈述可能就心满意足的到此为止了。但动态心理学可能会从这个陈述引申出许多不同的东西，并且都能得到充分的经验验证。这样的情绪对整个机体——包括身体部分和心理部分——都会造成多重影响。例如，它还会给当事人带来紧张、疲劳和忧伤的情绪。此外，除了现有的对机体造成的影响外，这种情绪还必然会自动地导致许多其他情况的发生，例如想要赢回感情的冲动欲望、各种各样的自卫行为、不断累积的敌意，等等。

那么很明显，我们想要解释“这个人遭遇失恋”这句话背后隐含的各种状态，就必须要添加许多其他的状态来描述由于失恋这个人遭遇了哪些事情。换句话说，失恋这种感觉本身是一种促动状态。当前关于动机理论的概念一般是出于如下的假设：动机状态是一种特殊的独一无二的状态，与机体内发生的其他事物完全不同。但合理的动机理论却应该与之相反，合理的理论应该假设动机是永恒不断、持续波动且错综复杂的，并且这个特点应该普遍适用于几乎所有的机体状态。

动机之间的关系

人类是不断需求的动物，除了短暂的时间外，很少能达到完全满足的状态。一旦他的欲望得到满足，其他欲望会作为替代品立刻出现。作为替代的欲望得到实现以后，又会再次出现新的欲望。人类的需求迭代的这一特点会纵贯我们一生。如此一来，我们就必须研究所有动机之间的关系。这也进而要求我们，如果想要真正而广泛地理解我们所探寻的领域，就必须放弃将不同动机孤立起来的做法。动机或欲望的出现，它们所引起的行动，以及达到目标所带来的满足感——这些因素加在一起给予我们的也不过是所有动机单位组成的复杂的综合体中人为的、孤立的、单一的例子。动机的出现往往取决于有机体所有其他动机的满足或不满足的状态。换言之，它取决于这样或那样的优势欲望是否达到了相对满足的状态。对任何事物的渴求本身就意味着很多其他的愿望已经得到满足。如果我们食不果腹、或不断地受到因干渴而死的威胁、或一直被某个即将到来的灾难困扰、又或遭到所有人的憎恨，我们就不会有创作音乐、创造数学系统、装饰房间或穿衣打扮的需要。

动机理论的构建者们从来没有完全注意到以下的事实：首先，人类只会有相对的满足感，或者在短短一瞬间感到满足，但是人类永远不会感到完全而真正的满足；其次，各种需求会自动将它们自己按照某种等级制度或优先次序排列。

内驱力一览表

我们应该干脆而彻底地放弃列出一个原子论式的需求一览表的想法。有多种不同的原因可以解释为什么这样的列表在理论上是不合理的。首先，这样的一览表意味着，表内所列的所有内驱力在力量的强度和出现的可能性方面都是均等的。这点并不正确，因为任何欲望在意识中出现的可能性取决于其他优势欲望得到满足或未得到满足的状态。不同内驱力出现的可能性大为不同。

第二，这样的一览表暗指所有的内驱力都是与其他内驱力孤立而存在的，但实际它们却是不可分割的。

第三，因为列举出这样的内驱力一览表是基于行为方式，它完全忽视了我们对内驱力动态性质的了解。内驱力的动态性质包括：它们有意识和无意识的方面可能不同，某个特定的需求可能是若干其他需求表达自己的渠道，等等。

这样的一览表之所以荒谬也是因为各种内驱力并不会将自己看作是独立而分散的数字的算数之和，它们应该按照具体程度的等级分类。制作内驱力一览表的做法相当于完全依据自己定下的具体的程度将不同的内驱力分类，但各种内驱力的实际情况并不是许多木棍并排而放，而像是一组套盒：一个大号盒子里套着三个中号盒子，一个中号盒子里又套着十个小号的盒子，而一个小盒子里又套着五十个更小的盒子，以此类推。另一个类比是将组织学的截面进行不同倍数的放大。比如说，我们说到对满足和平衡的需要，更具体一点，我们可以说对吃的需要；更具体一点，我们可以说对填饱肚子的需要；更具体一点，我们可以说对蛋白质的需要；更具体一点，我们可以说对某种蛋白质的需要，等等。现在，我们有太多的一览表不分青红皂白地将不同重要程度的需要混在一起。正因为这样的混淆，难怪有些一览表包含三到四种需求，而有些一览表则包含几百种需求。按照他们的方式，我们可以按照研究的具体程度轻易列出含有少则一个、多则一百万个的需求一览表。此外，我们应该意识到，在研究根本性需求的时候，我们应该清晰地将它们理解为代表不同系列、不同基本类别或组群的需求范畴。换言之，这些基本需求的列举应该遵循抽象的分类而不是目录式的列表。

此外，所有现已公布的内驱力一览表似乎都含有这样的意味：不同的内驱力之间是相互排斥的。但事实并不是这样。通常各种内驱力之间会相互重叠，并且几乎不可能将它们泾渭分明地彼此分开。在任何评判内驱力理论的文章中我们都要指出，内驱力这个概念本身很可能来自对生理需求的过度关注。在处理这些需求时，我们可以轻易地将刺激源、受促动的行为和目标物分开。但是在讨论对爱的需求时，想要区分动机和目标物就不那么容易了。因为在这里，动机、欲望、目标物和行为看起来似乎都是一回事。

动机生活的分类

在我看来，现有的证据似乎表明任何为动机生活分类的唯一合理且根本性的依据，是根本性的目标和需求，而不是任何通常意义上根据刺激物列出的内驱力清单（是“拉力”而不是“推力”）。动态的研究方法为心理学的理论建设带来不断的变化，但只有根本性需求能在千变万化的环境中保持不变。前文中我们所讨论的种种考量无需任何其他证据就可以证明上述说法。毫无疑问，受促动的行为并不是动机生活分类的合适的基础，因为我们知道这些行为可以表达多种含义。出于同样的原因，具体的目标物也不是合理的分类基础。一个人有对食物的需求，然后做出合适的行为来得到食物，并通过咀嚼将其吃掉，这个过程可能是在寻求安全感而不是食物本身。一个人经过产生性欲——求爱——完成性行为的全过程可能是在寻求自尊心的满足，而不是性满足。在有意识的内省中出现的动机、受促动的行为、明显的目标物、以及想达到的效果都不能作为对人类动机生活的动态分类的合理基础。经过逻辑性排除的过程，最终仅留下大部分无意识的根本性目标来作为动机理论分类的唯一合理的基础。[①]

动机和动物实验数据

从事动机理论研究的学院派心理学家大部分依赖动物实验获取资料。虽然动物不同于人类这点是不言自明的真理，但不幸还得在此重申一遍。因为我们通常认为动物实验的结果是我们的人性理论建设必须依照的基本数据[②]。动物实验确实可以发挥很大的用处，但前提是我们要谨慎而明智地使用它们。

① 关于这些论点更详细讨论，可参考默里（Murray）所著《人格的探索》及其他心理学家的著作。

② 例如，P.T. 杨（Young）在他对动机理论的研究中专门去掉了目的和目标的感念，因为——在这里必须指出——我们可以询问人类有什么目的，却无法询问小白鼠有什么目的。然而，与其因为无法询问小白鼠而放弃目的和目标的概念，不如放弃以小白鼠作为实验对象来得更合理。

还有一些其他的考量也与“动机理论必须是以人类为中心而不是以动物为中心”的论点相关。首先我们需要讨论本能的概念，我们可以将本能确定为一个动机单位。这个单位中，内驱力、受促动的行为、目标物及目标效果都明显是由遗传决定的。随着物种等级的升高，我们可以看到上述定义的“本能”呈现逐渐消失的趋势。比如，根据这个定义，我们可以毫无疑问地在小白鼠身上发现饥饿本能、性本能和母性本能。在猴子身上，性本能确已消失，而饥饿本能也显然在很多方面被削弱，只有母性本能仍继续存在。在人类身上，所有三个本能都已经消失，取而代之的是遗留下来的遗传性反射、遗传性内驱力、自发学习、动机行为中的文化学习、以及目标物的选择（详见第六章）。因此，如果我们检视人类的性行为，我们可以发现，虽然纯粹的内驱力本身是遗传下来的，但对对象和行为的选择必然是在生活的历史过程中获得或习得的。

随着观察的物种越来越高级，我们可以看到口味变得越来越重要而饥饿感变得越来越次要。也就是说，小白鼠对食物选择的变量要比猴子对食物选择的变量少，而猴子对食物选择的变量比人类对食物选择的变量少。

最后，随着观察的物种等级的升高，随着本能的力量的减弱，我们会发现对文化和适应性工具的依赖程度逐渐升高。因此，如果不得不使用动物数据，我们需要牢记到这些事实。比如，在动机实验中，我们应该更倾向于使用猴子而不是小白鼠，原因很简单：因为人类与猴子的相似程度要远高于人类与小白鼠的相似程度。哈洛（Harlow）和许多其他的灵长类动物研究学家对此已经给出了充分的证明。

环　境

到目前为止，我们仅讨论了机体本身的性质。现在我们需要再谈谈机体所处的位置和环境。我们必须毫不犹豫地承认，行为本身不足以让人类的动机自我实现，只有通过行为与环境和其他人相互作用才能使动机自我实现。任何动机理论都要将这一点纳入考量，而且不仅要考虑环境，也要考虑在机体中文化的决定作用。

除了承认环境的影响，还要警示理论家不能过度关注外部、文化、环境或情境，因为我们在这里研究的重点毕竟还是有机体和性格结构。情境理论很容易走向这样的极端：将有机体看作其所处环境的附属物，大概相当于一个障碍物，或者某个他希望获得的物品。我们需要记住，个人在一定程度上创造了他自己的障碍物和他认为有价值的对象，并且他某种程度上必然是被这个环境中的某个机体所提出的条件定义的。据我所知，我还不知道哪一个对环境的定义或描述可以脱离在这个环境中运行的某个特定有机体。假设一个孩子在达成某个目标或者获得某个对他有价值的物品时遭遇了某种障碍，在这里我们需要指出，这个孩子不仅是那个有价值的物品定义者，也是那个障碍物的定义者。在心理学中，没有所谓的障碍物。障碍物之所以称为障碍物，是因为某个人在试图达到既定目标时，这个事物对他造成了阻碍。

在我的印象里，不充分的动机理论是极端或排他的情境理论滋生发展的最佳土壤。例如，任何纯粹的行为理论都需要情境理论才能变得有意义。如果一个动机理论是基于现有的内驱力而不是基于目标或需要的话，这个动机理论需要强有力的情境理论的支撑才不至于失败。但是，一个强调永恒的根本性需求的理论家会认为，这些需求的永恒性是相对的，并且独立于这个机体所处的特定情境。因为需求不仅会以可行范围内最高效的方式组织自己活动的可能性，而且还可以组织和创造外部现实。换句话说，如果我们接受考夫卡（Koffka）对地理学环境和心理学环境的区分，那么理解地理学环境是如何成为心理学环境的唯一符合要求的方式是要明白：心理学环境的组织原则是处在这个特定环境中的机体的现有目标。

合理的动机理论必须对情境做出考虑，但也绝不能成为纯粹的情境理论。除非我们明确希望放弃探索机体的永恒性，并转而研究机体所生活的世界。

为了避免不必要的争论，我要在这里强调我们现在研究的不是行为理论，而是动机理论。行为是由多种因素决定的，动机和环境只是其中的两种因素而已。对动机的研究并不是要取消或否定对情境性因素的研究，它的存在是作为对后者的补充。在更大的结构中，它们都有各自的位置。

整　合

任何动机理论必须考虑到以下这点：机体通常表现为一个协调的整体，但有时则不是如此。我们要考虑有一些特殊而孤立的条件作用和习惯和各式各样的片段性回应，以及我们已知的一系列分裂和缺乏整合性的现象。此外，就像我们可以同时做许多事情一样，机体甚至还可以以非一元化的方式做出反应。

显然，当机体在经历极大地愉悦或有创造性的时刻，或在应对一个巨大的威胁或迫切的紧急情况时，它的整合性会达到最为统一的状态。但如果威胁的压迫性过强，或机体过于弱小或无助而无法一致应对这一困难时，它便倾向于分裂。整体而言，当生活轻松愉快或一帆风顺时，机体可以同时处理很多事务，并关注多个方向。

我认为，很多看似特殊且孤立的现象实际并非如此。很多时候，通过深层分析，我们可以看出这些看似特殊而孤立的现象在整个结构中各自占据着有意义的位置，转换型癔症就是一个例子。这种表面上缺乏整合性的现象有时候仅仅是我们自身无知的反射，但我们现在已经了解的内容可以让我们确信，在某些特定情况下，确实会存在孤立、碎片化或分裂的回应。现在我们越来越确定地知道，这样的现象不一定要被视作虚弱、不好或者病态的体现。

相反，这些现象现在常常被用来证明机体最为重要的一项能力，即用部分、特定或碎片化的方式来处理比较容易解决的问题，如此一来，机体便可以利用主要的精力来对付它面前更重要和更艰难的挑战。

无动机的行为

并非所有的行为或反应都是受促动的，至少它们并不是普通意义上对需求满足的追求，即对所缺乏和需要之物的追求。尽管几乎世界上所有的心理学家都不认同这点，但是在我看来这是再清楚不过的了。成熟、表现、成长或自我实现都是普遍动机论的例外，我们应该把它们看作表达性的而不是应对性的。下文——尤其是第十章和第十四章——将会对它们有详尽的描述。

此外，诺尔曼·迈尔（Norman Maier）有力地唤起了我们对一种区别的注意。弗洛伊德学派的研究者常常提及这种区别，但他们从未将它清楚明白地表述出来。许多神经症或神经症倾向都相当于：对基本需求的满足的冲动——出于某种原因——遭到阻挠或误导，或者与其他的需求相混淆，或是过度沉湎于错误的方法。另一些症状则不是为了满足基本需求，而单纯是保护性或防御性的。它们没有目标，只是为了防止受到更多的伤害、威胁或挫折。两种症状之间的区别是两名拳击手，一名仍希望赢得比赛，而另一名显然胜利无望，只想把痛苦和伤害尽量降低。

因为放弃和绝望都与治疗的预后效果、学习的预期甚至长寿高度相关，因此，任何明确的动机理论都需要讨论迈尔（Maier）的区分和克利（Klee）对这种区分的解读。

达到目的的可能性

杜威（Dewey）和桑代克（Thorndike）都曾强调过动机的一个重要的方面，即可能性。但这一方面却完全被大多数心理学家所忽略。总体而言，我们会有意识地渴望在我们认知范围中可能达到的目标。也就是说，我们比心理学家预想的要现实得多。

随着一个人收入的增加，他会积极地期盼或争取几年前他做梦都没想到有朝一日能够得到的东西。普通美国人渴望汽车、冰箱和电视机，因为这些愿望对他们而言是现实的。普通美国人并不会渴望拥有游艇或私人飞机，因为这些东西并不是一般人的能力范围可及的事物。他们在无意识的状态下大概率也不会渴望这些东西。

我们需要关注达到目的的可能性这一因素，因为它对于理解本国不同社会阶级和等级之间需求的差别以及理解美国和其他贫穷国家之间需求的差别至关重要。

现实的影响

与这个问题相关的是现实对无意识的冲动的影响。对于弗洛伊德而言，本我的冲动是独立的整体，这个整体与世界上任何其他事物（包括其他的本我冲动）都没有内在的关联。

我们可以近似地用一些形象来比喻本我，并将其称作一种混乱的状态，或一个装满沸腾的兴奋感的熔炉。根据享乐原则，这些本能为本我注入能量，但本我并没有组织性，也不由一个统一的意志来统领，它只是一种想要让本能需求获得满足感的冲动。根据逻辑定律——尤其是矛盾定律——不适合本我的进程。相互矛盾的冲动同时存在，并不会相互抵消或分离，它们至多用折衷和妥协的方式结合在一起，并在强大的经济压力下释放它们的能量。本我绝不能被比作虚无。哲学家们断言，时间和空间是我们心理活动的必要形式，但我们在本我中震惊地发现关于这个断言的一个例外。

当然，本我不懂得价值，不懂得善恶，也不懂得道德。经济——又或说——量化的因素与享乐原则紧密相连，并且主导本我的一切进程。本能全神贯注地寻求发泄——这在我们看来，就是本我包含的全部内涵。[①]

由于现实条件不同程度的变化，这个冲动受到控制、减弱、或无法得到发泄，它们就会变成自我的一部分，而非本我的一部分了。

我们可以将自我视作本我的一部分，它因接近外部世界且受到外部世界的影响而减弱。它还发挥着接收刺激物并保护机体不受刺激物影响的作用，就如同包裹微小生命物质的外皮层。与外部世界的这种关系对本我起决定性作用。自我代表了本我的外部世界，并承担了保护本我的作用。自我会不顾外部的一切强大力量，不计一切地满足本我的本能，这样才能避免遭到被毁灭的命运。在实现这一功能的过程中，自我需要观察外部世界，并通过会议中自身感知留下的记忆痕迹来保留外部世界的真实形象。它必须通过现实的检验，来排除这幅形象中源自内部刺激的因素所带来的影响。作为本我的代表，自我控制着通往道德的路径，但它在欲望和行动之间插入了一个延迟性因素，即思考，并在思考的过程中将记忆力存储的经验残余加以利用。通过这种方法，它将对本我过程有着无可置疑的影响的享乐原则赶下神坛，取而代之的是可以带来更大安全性和更高成功率的现实原则。[②]

然而，约翰·杜威认为，所有成年人的冲动——至少是典型冲动——是与现实结合并受现实影响的。简言之，这相当于认为不存在本我冲动；或者其字里行间透露的意思是，就算存在本我

① 西格蒙德·弗洛伊德，《新精神分析引论》，103–105 页。

② 西格蒙德·弗洛伊德，《新精神分析引论》，106 页。

冲动，它们在本质上是病态的，而不是健康的。

尽管还没有经验上的解决方法，但我们还是要在这里提到这对矛盾，因为它是一对非常关键且正面相对的矛盾。

正如我们看到的，问题并不在于是否存在弗洛伊德描述的那种本我冲动。任何精神分析学家都可以证明，与现实、常识、逻辑甚至个人利益没有关联的幻想冲动有可能出现。那么问题是：这些幻想到底是疾病或退化的表现，还是健康人类内心最深处的显现？婴儿时期的幻想会在生命的哪个阶段对应现实的感知而被重塑？精神症病人和健康人在这方面是否相同？高效而健全的人类可以完全摆脱其冲动生活中隐秘的角落所造成的此类影响吗？或者说，如果我们发现此类冲动完全是由机体内部产生的且存在于所有人之中，那么我们必须提出这些疑问：它们会在何时出现？出现的条件是什么？它们必然会是弗洛伊德所假设的麻烦制造者吗？它们一定会与现实相对立吗？

健康的动机

我们已知的大部分关于人类动机的知识不是来自心理学家，而是来自治疗病人的心理治疗师。这些病人会带来很多错误，同时也会带来很多有用的数据，毕竟他们只是所有人口中的质量较低的样本。遭受神经病折磨的病人所提供的有关动机生活的资料，在原则上和实际上，都不应该作为健康人群动机的范本。健康不仅代表没有疾病，甚至可以说是疾病的反面。任何值得我们关注的动机理论必须既可以处理健康、强壮之人的最高能力，又可以处理精神残疾之人的防御性行为。人类历史上最伟大最杰出人物的最重要的思虑必须都被囊括进来，并加以解释。

我们不能仅仅从病人身上得到这种认识，我们必须同时关注健康人。动机理论学家必须采取更积极的研究方向。

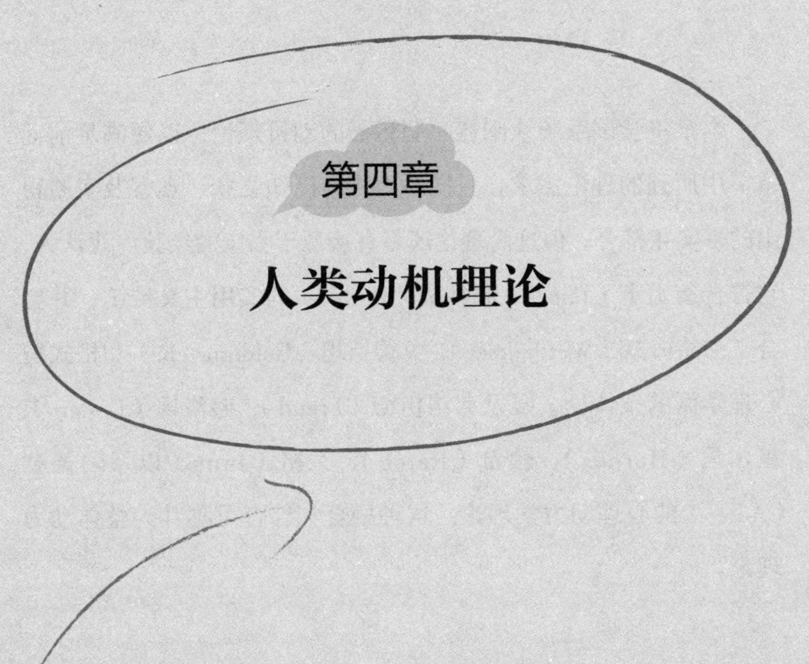

第四章

人类动机理论

Motivation and Personality

本章将尝试系统地阐述一套积极的动机理论，以便满足前面章节中所列的理论需求，且同时力图与已知临床、观察及实验得出的事实相符合。但这套理论还是直接源于临床的经验。我认为，它符合詹姆士（James）和杜威（Dewey）的实用主义传统，并融合了韦特海默（Wertheimer）、戈德斯坦（Goldernstein）和格式塔心理学派的整体论，以及弗洛伊德（Freud）、弗洛姆（Fromm）、霍尔尼（Horney）、赖希（Reich）、荣格（Jung）以及阿德勒（Adler）的心理动力学理论。这种融合和综合可称其为整体动力理论。

基本需要

生理需要

通常被视作动机理论起始点的需要是所谓的生理需要。最近的两项研究要求我们对这些需要的传统定义做出修正：一是体内平衡这一概念的发展，二是口味（即对食物的偏好性选择）可以有效地反映出身体实际需要或缺乏的物质。

体内平衡指的是身体为维持恒定且正常的血液流动状态作出的一种无意识的努力。坎农（Cannon）描述了这个过程，包括：（1）血液中的水含量，（2）盐含量，（3）糖含量，（4）蛋白质含量，（5）脂肪含量，（6）钙含量，（7）氧气含量，（8）恒定的氢离子水平（即酸碱平衡），和（9）恒定的血液温度。显然，这个清单还可以包括其他无机物、荷尔蒙、维生素等内容。

杨（Young）对有关口味与身体需要之间的关系的研究做出了总结。如果身体缺乏某种化学物质，人体就会趋向于（以一种不完善的方式）发展出对具体食物的口味偏好，以满足身体对所缺乏的食物元素的渴求。

因此，制作任何根本性生理需要的一览表都是无法实现且徒劳无用的，因为根据描述的具体程度的不同，这些需求的数目既可以很大也可以很小。我们也不能将所有生理需要的存在视作是为了达到体内平衡的目的。性欲、睡意、纯粹的活动和运动、动物身上的母性行为都还未被证明是为了达到体内平衡的需要。此外，这样的一览表也无法包含各式各样的感官愉悦（味觉、嗅觉、呵痒、抚摸）。这些愉悦感可能是生理性的，并可能成为动机行为的目标。再者，机体会同时拥有惰性、懒散和懈怠的趋势以及对活跃、刺激和激动的需要。关于这点我们也不知道要如何解释。

在前一章我们指出，这些生理内驱力或需要应该被视作独特的而不是典型的，因为它们可以被孤立，且可以在身体上被部位化。也就说，它们彼此之间与其他动机之间、与机体的整体之间都较为独立。其次，我们可以为这些内驱力找到局部的根本性的躯体基础。这不如我们以为的那样具有普遍准确性（疲劳、困倦、母性反应），但在诸如饥饿、性和口渴的例子上仍然准确。

我们需要再次指出，任何生理需要和与之对应的完成性行为都可以作为满足各种其他需要的渠道。也就是说，一个认为自己饥饿的人不一定是在寻求维生素或蛋白质，他实际寻求的可能更多是舒适和依赖感。反过来，喝水、吸烟等其他活动或许也可以部分满足这种饥饿需要。换言之，这些生理需要是相对孤立的，而不是完全孤立的。

毫无疑问，这些生理需要在所有需要中具有最高的优势地位。具体而言，如果一个人极端匮乏所有事物，那他的主要动机极可能是生理需要。如果一个人同时缺乏食物、安全、爱和尊重，那对食物的渴望应该比对任何其他事物的渴望都更强烈。

如果所有需要都未得到满足，那么机体会受到生理需要的主导，所有其他需要要么相当于不存在，要么退居到次要的位置。因此，我们可以说整个机体的特点是由饥饿驱动的，因为意识几乎完全受饥饿控制。机体调动所有能力来满足饥饿，这些能力的组织几乎全然都是为了一个需要，即满足饥饿。感受器和效应器、智慧、记忆及习惯都可以被简单地定义为满足饥饿的工具。对于达到这一目的没有用处的能力将处于休眠状态，或退居到不重要的位置。在极端情况下，创作诗歌的需求和购买新鞋子的愿望会被遗忘，或者它们的重要性会被降级。因为，人在面临极端或危及生命的饥饿时，他的注意力会全部集中在食物上。他会梦到食物，他的记忆里是食物，他的所思所想全是食物，只有食物会引起他情感的共鸣，他只能感知到食物，他想要的只有食物。哪怕是通常为进食、饮水或性行为等生理需要服务的、更为微妙的决定性因素，也会受到压倒性的忽视，才得以使我们能够在此时（但也仅限此时）本着绝对的解除痛苦的目标来讨论纯粹的饥饿驱力和行为。

当人类的整个机体受到某一需要的主导时，还会出现一个奇异的特点，即他的未来观也会趋于改变。对于长期处于极端饥荒的人来说，乌托邦可以简单地定义为一个食物极度丰富的地方。他会倾向于认为，如果他的余生都能保证充足的食物来源，那么他会感到绝对的幸福，且不会再有任何其他的愿望。对他来说，生活的定义可能只是为了吃饱而已，任何其他事物都变得无关紧要。自由、爱情、社群感、尊重及哲学都会因它们无法满足填饱肚子的需要，而被当做花哨无用的东西并遭到抛弃。可以说，这种状态的人只为一口面包而活。

无可否认，这样的情况确实存在，但并不普遍。在正常运行的和平社会里，紧急情况十分罕见。但这个不言自明的真理却常常遭人遗忘，主要有两点原因：第一，除了生理需求外，小白鼠很少有其他动机。但关于动机的实验主要在小白鼠身上进行，所以我们很容易将小白鼠的情况直接移植到人类身上。其次，我们常常忽视社会的适应性作用。社会的一个主要功能就是减少生理紧急情况的发生。在大多数已知的社会中，可称其为紧急情况的长期极端饥荒现象是罕见的，而不是普遍的。至少在美国的情况是如此。如果一个普通的美国公民表示“我饿了”，那么他经历的是口味的需要而不是饥饿的需要。在他的一生中，除偶然情况外，他几乎不会体验攸关生死的饥饿。

若想要遮盖人的高等动机，并取得对人类能力和本性的片面的观点，最好的办法就是让人长期处于极度饥饿和干渴的状态。如果有人将紧急状况典型化，并通过研究处于极度的生理匮乏的情况下的人类行为来评估人的目标和欲望，那么他一定对许多事实视而不见。人们确实是为面包而活——但这只是在缺乏面包的情况下。然而，如果在食物非常丰富且人们不需要再为填饱肚子而活的时候，他们的欲望又会变成什么呢？

其他（更高级的）需要会立刻出现，并且这些除了生理饥饿之外的需要会主导整个机体。当这些需要得到满足后，会有更新（和更高级）的需要出现，以此往复。这就是我们所说的，人类的基本需要都是按照相对的优势层次而排列的。

这种说法的主要意义在于：在动机理论中，需要的满足和需要的匮乏成为了同样重要的两个概念。因为需要的满足可以将机体从以生理性需要为主导的状态中解放出来，进而促使更为社会性的目标出现。一旦生理性需要和与之相关的局部需要得到长期的满足，它们便不再作为行为的有效决定性因素和组织因素了。它们现在仅处于潜伏状态，一旦条件适宜，它们会再次活跃起来，成为主导机体的力量。需要一旦得到满足便不再称其为需要。能主导机体并组织其行为的只有未被满足的需要。一旦饥饿感得到满足，它就会在个人动态中变得无足轻重。

对安全的需要

如果生理需要处于相对满足的状态，则会出现一系列的新的需要，我们可以大致将其划为对安全的需要（寻求安全、寻求稳定、寻求依赖、寻求保护、免于恐惧、免于焦虑和混乱、对体制的需要、对秩序的需要、对法律需要、对界限的需要、寻求保护者的力量，等等）。对于生理需要的描述放在安全需要上同样准确，只不过程度较低。安全需要同样可以完全地支配机体，它们几乎可以成为机体行为的唯一组织者，调动所有机体的能力任由其差遣。我们可以将这样的机体称为寻求安全的机制。像之前一样，我们可以说感受器、效应器、智力及其他能力几乎都是寻求安全的工具。我们可以看到，就像饥饿之人一样，对于寻求安全的人来说，他的主要目标是一个强有力的决定性因素，不仅可以决定他现在的世界前景和世界观，还可以影响他的未来观和价值观。可以说，所有事物与获得安全和保护相比都变得不那么重要了（甚至包括生理需要，因为生理需要一经满足，就会遭到忽视）。如果一个人长期处于对安全的极度渴望，那么我们可以说他完全是为了安全而活。

尽管本章我们主要讨论的是成年人的需要，但通过对婴儿和孩童的观察，我们也许可以更有效地理解成年人的安全需要，因为婴儿和孩童的需要更为简单和直观。婴儿对威胁或危险的反应之所以更加明显，其中一个原因是他们根本不会抑制自己的反应，但我们的社会要求成年人不计代价地抑制这种反应。因此，哪怕成年人确实感到自己的安全受到威胁，我们可能也无法从表面的观察中得知。在某些情况下，婴儿会全力以赴地作出反应，仿佛自己身处危险一样。这些情况包括：他们被打扰或被突然地放下，或者受到高音量噪音、闪烁的光源或其他异常的感官刺激的惊吓，或者被人粗暴地对待，或者失去母亲怀抱的支撑，或者感到支撑不足，等等。①

在婴儿身上我们可以观察到，他们对各种身体病症的反应要明显得多。有时，这些病症似乎立刻具有本质的威胁，并且似乎会让婴儿感到不安全。例如，呕吐、腹部绞痛、或者其他急性的疼痛会立刻改变婴儿看待整个世界的方式。我们可以这么假设：在受疼痛困扰时，孩子的世界似乎突然从阳光明媚变得阴云密布。似乎在这个漆黑的世界中，任何坏事都可能会发生，之前稳定的事物突然间变得不稳定起来。所以，因为吃掉不好的食物而生病的孩子会在身体不适的一两天里感到恐惧，甚至做噩梦。他对保护和安慰的需要远高于生病之前的水平。最近，关于外科手术对儿童造成的心理影响的各项研究也充分地证明了这一点。

儿童对安全的需要还有另一点体现，即他会倾向于某种不受干扰的例行程序和节奏。儿童似乎更喜欢一个可预见的、有规律

---

① 随着幼儿长大，知识的增长和运动能力的发育让这些情况的危险性逐渐减弱，并变得越来越容易掌控。纵观人的一生，我们可以说，教育的主要意动功能之一就是通过知识消除表面上的危险。例如，我们不畏惧打雷，因为我们知道关于雷的知识。

的、有秩序的世界。例如，父母不公平的对待和反复无常的行为似乎会让孩子感到焦虑和不安全，而孩子之所以产生这种态度，并不是由于遭到不公本身或由于不公的对待造成的痛苦，而是由于这种的对待威胁到世界的可靠性、安全性和可预见性。如果想要年幼的孩子得到更好的成长，他们的环境就需要一个拥有相对严格的框架。在这个环境中，孩子需要遵循某种时间表和某些例行程序，它们不仅约束孩子当下的行为，也可以对孩子的未来产生深远的影响。儿童心理学家、教师和心理治疗师发现，孩子更需要有限度的宽松教育，而不是无限度的纵容散养。或许我们还可以这样说：孩子需要有组织有条理的世界，而不是无序而松散的世界。

毋庸置疑，父母和正常的家庭环境具有中心地位。争吵、肢体伤害、离婚、家庭成员的死亡对孩子而言尤为可怕。父母对孩子大发脾气、威胁说要惩罚他、对他进行谩骂、对他粗声粗气地说话或实施体罚，有时会在孩子心中激起极大的惊慌和恐惧，以至于我们必须认识到上述行为除了造成身体上的痛楚之外还会带来其他的影响。在一些孩子身上，这种恐惧可能是他们害怕失去父母之爱的表现。而在另一些完全遭到父母厌弃的孩子身上，我们也会发现这样的恐惧。这些孩子看似依附于憎恨他们的父母身边，但他们寻求的仅仅是父母提供的安全与保护，而不是希望得到父母的疼爱。

让普通孩子突然面对新鲜的、陌生的、奇异的、不可掌控的刺激物或环境常常会激发孩子的危险或恐惧反应，例如，短暂地走失或与父母分离，遇见陌生的面孔，陷入陌生的环境，被安排不熟悉的任务，看到奇异、陌生和不好对付的事物，面对疾病或死亡等。尤其在这种时候，孩子发狂般地黏在父母身边的行为再次证明父母是保护者的角色（不同于他们食物的提供者和疼爱的给予者的角色）。[①]

通过这些类似的观察我们可以概括出，我们社会中的孩子和成年人（尽管后者表现得很不那么明显）更向往安全的、有序的、可预测的、有规律且有组织的世界。他可以对这种世界有所指望。在这种世界里，出乎意料、难以对付、混乱不堪以及其他危险的事物不会出现；而且在这个世界里，无论发生什么情况，他都有强有力的父母或保护者可以保护他免受伤害。

在儿童身上很容易观察到这样的反应。这从某种方面证明，我们社会中的孩子过于缺乏安全感（或者说，他们未被抚养好）。在不具威胁性且有爱的家庭中长大的孩子，通常不会做出我们所描述的反应。这些孩子大多只会在碰到大人也认为危险的事物和情况时，才会出现我们所描述的反应。

在我们的文化中，健康幸运的成年人大抵都能满足他们的安全需要。在和平、运行平稳、稳定、健全的社会中，社会成员通常有足够的安全感，不会感到来自野生动物、极端天气、犯罪攻

---

① 在关于安全的测验中，研究人员的测试方法可能是：在孩子面前放一个小爆竹、摆一副胡子拉碴的面孔、为他进行皮下注射、让母亲离开房间、将他放到高高的梯子上、让老鼠爬向他，等等。但我当然不会真的建议故意在孩子身上做这些实验，因为它们可能会伤害到作为实验对象的孩子们。但相似的情境会在孩子的日常生活中经常出现，对此我们可以加以观察。

击、谋杀、混乱、暴政等事物的威胁。因此，对安全的需要已经从真正意义上不再是对他产生影响的有效（active）动机了。正如吃饱喝足的人不再感到饥饿，安全的人也不会感到受威胁。如果我们希望更加直观和清晰地观察到这些需要，我们可以转向精神病患者或接近精神病的人，或者转向经济社会地位低下的个人，或者那些处于社会动荡、革命或政权崩溃的环境下的个人。通过对比这些极端情况，我们可以感知到人们对安全的表达存在于下列现象中：人们普遍倾向于一份终身聘用制且可以提供保障的工作、希望拥有一个储蓄账户以及各种各样的保险（包括医疗保险、牙医保险、失业保险、残疾保险、退休保险等）。

人们试图在世界中寻求安全与稳定的另一些更广泛的例子体现在，人们普遍倾向于熟悉且已知的事物而非陌生而未知的事物。人类普遍希望依附于某种宗教或世界观，因为它们能以连贯的、有意义且令人满意的方式将宇宙和处在宇宙中的人类组织成一个整体。这种倾向也部分地受安全需要的促动。在这里，我们也可以将科学和哲学多多少少地看作是由安全需要促动的。（我们在后文也可以看到人们在科学、哲学或宗教作出努力的其他动机。）

否则，只有当机体处在真正的紧急状态下（例如，战争、疾病、自然灾害、犯罪潮、社会解体、精神症、脑损伤、政权瓦解或其他长期的恶劣环境等），对安全的需要才会成为调动机体资源的主要而活跃的因素。

在我们的社会中，一些患有精神症的成年人表达他们对安全的需要的方式和一个没有安全感的儿童在很多方面非常相似。但是前者会采取更为特殊的表现形式。他们的反应通常是由未知的心理威胁所引起，但这些威胁只存在于一般人看来的充满敌意和压倒性威胁的世界中。这种人的行为似乎随时要应对大祸临头的灾难一般，即他好像总是在对紧急情况作出反应。他的安全需要的具体表现为，他会寻找一个保护者，或一位他可以依赖的强大的人物，或一个搞独裁的“元首”。

我们能够以非常有用的方式描述精神症患者：他们虽然是成年人，但却保留了孩童时期看待世界的态度。也就是说，一个患有精神症的成年人表现得似乎他真的害怕被打屁股、惹母亲生气、被父母抛弃或食物被从眼前夺走。似乎他在孩童时期对恐惧的惧怕心理和对充满危险的世界的恐惧反应已经转入地下，没有受到成长过程中学习进程的影响，现在随时可能被任何会使孩子感到危险和威胁的刺激物重新激发出来。[①] 在这一方面，霍尔尼（Horney）对“基本焦虑”的著作有着尤为优秀的阐述。

对安全的追求体现得最为明显的精神症当数强迫性精神官能症。强迫性精神官能症的患者发疯般地想要使世界秩序化和稳定化，这样就不会出现不可控制、出乎意料、且不熟悉的危险情况。他们给自己立下各种仪式、规矩和程式，像修建篱笆一样用它们将自己框定起来。如此一来，所有不确定的事件都有应对措施，而且新的紧急状况也不会出现。他们如同戈德斯坦（Goldstein）所描述的脑损伤的病例一样，小心翼翼地维持着自我世界的平衡，

① 并非所有精神症患者都会感到不安全。也许精神症在本质上是安全感大体得到满足的个人，却在情感和尊重的需要上受到了挫折。

尽力避免所有不熟悉和奇怪的事物，并通过有板有眼、纪律严明、秩序井然的方式维护着他们处处受到限制的世界。在这个世界中，一切事物都安全可靠，并且任何出乎意料的事情（危险）都绝无可能发生。如果确实发生了意料之外的事情，哪怕不是由于他们自己的责任，这些人也会出现惊恐反应，仿佛这件出乎意料的事情已经构成了极大的危险。我们在健康的人身上看到的并不十分强烈的偏好（例如对熟悉事物的偏好），在这些病态的人身上就变成了生死攸关的必需品。在一般的神经症患者身上，对新鲜和未知事物的正常程度的趣味，要么完全不存在，要么被降到了最低水平。

在社会环境中，如果法律、制度或社会权威受到威胁，安全需要就会升级为非常迫切的需要。在大多数人类身上，混乱和毁灭的威胁会导致高级需要的退化，并使安全需要成为优势需要。一个最为普遍且几乎完全在意料之中的反应是人们很容易接受独裁统治或军事统治。这似乎适用于所有人类，包括健康的人类。因为在面对危险时，他们也会出于现实主义将高级需要退化为安全需要，并随时准备自我防御。对于生活在安全线边缘的人来说，这点尤为准确。在权威、合法性和法律的象征受到威胁时，他们尤其容易受到侵扰。

对归属感和爱的需要

一旦生理需要和安全需要得到很好的满足，我们就会出现对爱、情感和归属感的需要，并且它会成为新的中心，前文所描述的过程会围绕它开始新的循环。现在，这个人开始感到从未有过的对朋友、恋人、妻子或孩子的强烈需要。他热切地期盼与人建立情感关系，即他希望在所处团体或家庭中建立自己的位置。他会尽一切努力来达到这一目标。他对这种关系的渴望超越了对世界上所有其他事物的渴望，并已经全然不记得，之前自己饥肠辘辘的时候，曾轻蔑地认为爱是虚无缥缈、无足轻重且没有必要的。现在，孑然一身、排斥拒绝、无依无靠、无所寄托的感觉深深刺痛了他。

尽管归属需要是小说、自传、诗歌、戏剧以及最新的一些社会学文献的常见主题，但我们却没有太多与之相关的科学资料。从文学作品中，我们了解缺乏归属感对儿童造成的毁灭性影响，造成归属感缺乏的原因包括：工业化造成的儿童过度迁徙，迷失方向和流动性过大，他们变得没有根基，或鄙视自己的出身和所属的团体。儿童被迫离开故乡、家人、朋友和邻居，变成了过客或初来乍到者，而无法感受到作为本地人的滋味。我们仍然没有意识到邻里、故土、部族、同类人、阶级、团体、熟人和同事等关系所具有的深刻意义。我希望推荐一本对这个问题拥有辛辣见解的书籍，它可以帮助我们更深刻地理解人类根深蒂固的结群、聚集、群居和归属的动物本能。阿德利（Ardrey）的《领地行为的规律》（Territorial Imperative）会帮助我们提升对这一问题的意识。这本书率直的风格对我大有裨益，因为过去我对这个问题并不十分在意，但是书中对该问题关键性的强调迫使我展开了认真而深入的思考。也许其他读者也能从中获益。

如今，训练小组、个人成长组织及其他专门性小组大范围出现且快速增加。我相信，造成这一现象的部分原因可能在于我们对人际接触、亲密关系、归属感的需要没有得到满足，也可能是因为我们需要克服普遍的陌生感和孤独感。当代社会的流动性不断加强，传统的社群分组被打破，家庭分裂的现象普遍化，代沟加剧，城市化程度加深，原有的村落中面对面的交往消失，以及美国人的友谊日益肤浅化。这些因素加剧了我们的陌生感和孤独感。此外，我深深感到，一些年轻人的叛逆团体（我不确定这些团体的数量）的出现，正是由于他们的一些渴望没能得到满足，比如对集群和交往的渴望，对一起对抗共同敌人时产生的真正亲密感的渴望。这并不一定是真正意义上的敌人，只要能够造成外部威胁的因素都可以起到效果。在同一伙士兵中我们可以观察到同样的情况：共同的外敌促使他们产生坚固的兄弟般的亲密情谊，并且他们可能一生都紧紧团结在一起。如果一个好的社会希望得到健全的发展，就必须用各种方式来满足人们的这种需要。

我们社会中的适应不良和更为严重的病理案例中，我们可以发现，通常问题的根源在于爱和归属的需要受到了挫折。对待爱和情感以及它们在性关系中的表达，我们的态度通常是充满矛盾，并且受到很多约束和禁忌的限制。几乎所有的精神病理理论学家都强调，对爱的需求遭遇挫折是适应不良的基本性原因，我们为此进行了许多临床研究。可以说，除生理性需要之外，我们对爱和归属感的需要的了解最为透彻。苏蒂（Suttie）就我们“柔情的禁忌”曾写过一篇极为出色的分析。

在这里必须强调的一点是，爱并不等同于性。我们应该从生理需要的角度来研究性。通常而言，性行为受多重因素影响。也就是说，性不仅由性需要决定，还由以爱和感情需要为主导的其他需要决定。另一个不容我们忽视的事实是，爱的需要既包括给予爱也包括接受爱。

自尊需要

除少数病态的人之外，我们社会中的所有人都会需要或渴望获得对自己稳定、坚实且通常较高的评价，即对自尊、自重、和尊重他人的需要或渴望。这些需要可以被划分为两个更小的类别：第一，对力量、成就、充足、优势、能力、面对世界的信心以及独立和自由的需要。[①]第二，对名誉和声望（我们将其定义为来自他人的尊重和敬重）、地位、美名和荣誉、主导地位、认同、关注、重要性、尊严和欣赏的需要。这些需要受到阿尔弗雷德·阿德勒（Alfred Adler）及他的追随者的强调，却受到弗洛伊德（Freud）的忽视。但在今天，精神分析学家和临床心理学家似

---

① 这种需要是否具有普遍性，我们尚不清楚。如今尤为重要的一个关键的问题是，受到奴役或不可避免地受到控制的人会感到不满或产生反叛心理吗？我们可以基于众所周知的临床数据做出这样的假设：如果一个人体验过真正的自由（不是以牺牲安全感为代价换取的自由，而是建立在充分的安全感基础上的自由），他便不会愿意放弃自由，或轻易地让人剥夺他身上的自由。但我们还尚不明确对于从出生开始就做奴隶的人是否也是如此。

乎越来越重视自尊需要的突出重要性。

自尊需要的满足可以为人们带来自信，让人们觉得自己在这个世界上有价值、有力量、有能力、有用处并占据着必不可少的位置。但如果这些需要遭遇挫折，就会使人产生自卑、弱小和无助的情绪。反过来，这些情绪会让人感到灰心丧气，或者要求补偿或产生精神症的倾向。通过对严重的创伤性精神症的研究，我们可以很容易地评估基本自尊的重要性并理解无助的人是如何失去自尊心的。[①]

从神学家有关傲慢和狂妄的讨论中，从弗洛姆关于一个人对自己天性的虚假的自我感知理论中，从罗杰斯关于自我的研究中，从像安·兰德（Ayn Rand）这样的评论家的作品中，以及其他来源那里，我们越来越多地了解到，与基于自己的对工作的真实能力和胜任水平建立自尊心相比，基于他人的观点建立自尊心具有危险性。最稳定、最健康的自尊心的建立方式是依靠自己当之无愧地受到的尊重，而不是依靠外部的虚名和名不副实的奉承。在这里，我们需要区分两种不同的能力和成就，因为这种区分对我们很有帮助：一种是基于纯粹的意志力、决心、责任心而取得的成就，另一种是通过人真正的内在天性、身体素质、遗传基因和命运取得的成就。正如霍尔尼（Horney）所说，一种成就是源于自己“真实自我”，另一种是源于理想化的虚假自我。

① 对于正常的自尊心更为广泛的讨论，以及各种研究报告，请参阅第五章所列的书目。同时还可参考麦克利兰（McClelland）及其同事的研究。

自我实现的需要

尽管所有上述的需要都得到了满足，我们还是会感到，新的不满足和焦躁不安的情绪会很快再次出现，除非这个人所做的是真正适合他的事情。如果想要获得内心终极的平和感，那么音乐家就必须要作曲，画家就必须要绘画，诗人就必须要写诗。总之，他必须得忠于自己的本性。我们将这种需要称为自我实现的需要。第十一章对这一内容有着更为详尽的描述。

这个说法是由柯特·戈德斯坦（Kurt Goldstein）首创的，但这个概念在本书所指的内容更具体，涵盖的范围也更小一些。本书中的自我实现是人对实现个人抱负的欲望，即实现自身所有潜力的倾向。也可以说，这种倾向性是越来越成为具有鲜明个人特点的独特之人的愿望，是成为他可能成为的一切的愿望。

这些需要的具体实现形式当然会极大地因人而异。在一个人身上，它的表现形式是成为理想的母亲；在另一个人身上，它的表现形式是成为优秀的运动员；而再换一个人，它可能变为作画或进行发明创造[①]。在这个需求的层面人，个人之间的区别最为

---

① 显然，包括绘画在内的创造性行为与其他行为，是由多重因素决定的。在天生具有创造性的人身上，我们可以看出他们是否满意、是否快乐、是饥饿还是满足。同时，我们明确地知道，创造性活动是可以有报酬的，有改善作用的，或者纯粹是经济性行为。在我的印象里（通过非正式的实验），单单通过观察，我们就可以区分某个艺术或智力的成果是否是由基本需要得到满足的人创造的。无论如何，在这里我们必须以动态的方式区分表面的行为，以及它背后不同的动机和目的。

明显。

这些需要之所以出现，是由于一些更优先需要——包括生理、安全、爱与自尊的需要——得到了满足。

基本需要满足的先决条件

基本需要的满足存在一些直接的先决条件。这些条件一旦受到威胁，就仿佛基本需要本身受到了直接的威胁。这些基本需要得到满足的先决条件包括：在不伤害他人前提下的行动自由、言论自由、自我表达的自由、调查和取得信息的自由、自我防卫的自由以及集体那里的公平、公正、诚信和秩序，等等。这些自由一旦受到阻碍，就会引起威胁或应急反应。这些条件本身并不是目的，但它们接近于目的。这是由于它们与基本需要紧密相连，而基本需要本身就是目的。我们要捍卫这些先决条件，因为如果没有它们，基本需要的满足就几乎是不可能的，或至少是受到严重危害的。

在前文中我们曾提到，认知能力（包括感知、智力和学习的能力）是一套适应性工具，并且它们的功能之一就是满足我们的基本需要。因此，如果它们受到任何威胁，或者自由使用这些能力的权利受到剥夺或阻碍，就相当于间接地威胁到基本需要本身。这个说法部分解决了一些普遍的问题，如好奇心，对知识、真理和智慧的探索，以及人类自古以来想要解决宇宙奥秘的欲望。保密、审查制度、欺骗、阻碍通信等行为都会威胁到所有的基本需要。

因此，我们必须引入另一个假设，来讨论与基本需要的亲疏程度，因为我们早已指出，任何有意识的欲望（部分目标）都有着或高或低的重要性，这是由它们与基本需要有着或远或近的关系所决定的。同样的说法也适用于各种各样的行为举止（behaviour acts）。如果一个举止直接有助于基本需要的满足，那么它在心理学上就是重要的；如果一个举止不能直接有助于基本需要的满足，或者它作出的贡献较弱，那么从动态心理学的角度上讲，这一举止就不那么重要。对于不同种类的防御或处理机制，我们也可以使用同样的说法。一些机制与基本需要的保护和达成有直接的关系，另一些则只有微弱或疏远的关系。如果我们愿意，我们可以说防御机制有更为根本和没那么根本之分，而且我们可以断言，危及更为根本的防御机制比危及没那么根本的防御机制更具威胁性（但我们要牢记于心的是，上述事实之所以成立是因为它们与基本需要的关系）。

认识和理解的欲望

我们对认知冲动及它们的动力和病理学所知甚少，主要原因在于它们在临床上不重要，并且在由医学治疗传统（即祛除疾病）所主导的诊所中也不受重视。在这里没有传统精神症中繁杂的、令人激动的、神秘的症状。认知心理学是暗淡而微妙的，容易遭人忽视，或被人认为是稀松平常的。认知心理学并不过分引人注意。因此，在创造心理疗法和心理动力学的伟大先驱（弗洛伊德、阿德勒、荣格等）的著作中，我们并没有找到对这一话题的描述。

据我所知，希尔德（Schilder）是唯一在其著作里从心理动力学角度讨论好奇心和理解力的一位主要心理学家。① 在学术派心理学家中，只有墨菲（Murphy）、韦特海默（Wertheimer）和阿希（Asch）曾研究过这个问题。到目前为止，我们只顺便提及过认知需要。获取知识和使宇宙的系统化，从某种程度上被看作是在世界中获取基本安全感的技术，或者是有智慧之人自我实现的表达方式。同时前文曾讨论过，探索和表达的自由是满足基本需要的先决条件。尽管这些系统的阐述十分有用，它们还不能确切地回答好奇心、学习、哲学思维、实验等行为的动机作用是什么。它们至多只能部分地回答这些问题。

获取知识要面对一些消极的决定性因素，例如焦虑、害怕等。此外，我们也有合理的依据做出这样的假设：获取知识也受积极冲动影响，例如满足好奇心、知晓、解释、理解等。

1. 我们可以在较高级的动物身上观察到类似人类好奇心的现象。猴子会挑拣东西，会将手指探入洞中，并会在饥饿、恐惧、性和舒适程度的需要被满足后探索各种各样的情境。哈洛

① “然而，人类对世界、行动和实验有着与生俱来的兴趣。当人类探索世界时，这些兴趣会带来深层的满足。它们认为对现实的体验并不会对自身存在带来威胁。机体——尤其是人类机体——在这个世界中有着实实在在的安全与安定感，他们只会在特定的情境下或受到剥夺时感到威胁。尽管如此，不适和危险的感觉不过转瞬即逝，且最终会带来与世界相连的新的安全与安定感。（希尔德，《人的目标与欲望》，第220页）

（Harlow）的实验通过可以让人接受的方式充分证明了这一点。

2. 人类历史中有大量的例子可以向我们证明，哪怕面临极大的危险，甚至在生命都受到威胁的情况下，人类仍会寻找真相并作出解释。像伽利略这样的例子不胜枚举，只是很多人都默默无名罢了。

3. 对心理健康之人的研究显示，他们有一个鲜明的特点，即会受到神秘的、未知的、混乱的、无序的和未被解释的事物所吸引。这点本身就非常引人入胜，而这些领域本身也十分有趣。相比一下，对于已知事物最常见的反应就是无聊感。

4. 从精神病理学的角度出发进行外推是可行的。对强迫性精神官能症患者（以及所有精神症患者）的研究，戈德斯坦对脑损伤的士兵的研究，以及迈尔（Maier）对有痴迷行为的老鼠的研究都是临床层面的观察，它们都显示了对熟悉事物的强迫性和带有焦虑感的依赖，以及对陌生、混乱、出乎意料及未驯化的事物的恐惧。另一方面，还有一些现象也许会推翻这种可能性，包括被迫的离经叛道、长期对权威的反抗、波西米亚式的玩世不恭、想要惊吓别人的欲望等等。我们可以在一些患有神经症的个人，以及处于文化脱离的过程中的个人身上观察到上述行为。也许，还有一点与此相关的理论，即第十章所论述的保护性脱瘾。从行为层面看，保护性脱瘾是指受可怕的、未被理解的和神秘的事物的吸引。

5. 可能在认知需要受到挫折时，会产生真正的精神病理性结果。下文中的临床证据也同样具有相关性。

6. 我曾见到若干病例，在他们身上我清楚地发现，从事乏味的工作或过着乏味的生活的智者会产生一些病态，如无聊、对生活失去热情、自我憎恨、身体功能整体的衰退、智力活动以及品味的逐步退化等。[①] 我曾见过至少一个病例在接受合适的认知疗法后（包括恢复业余学习、跳槽到智力上更有难度的岗位、进行观察思考等），这些症状也随之消失了。

我还曾见过很多聪慧富裕、但无所事事的妇女渐渐出现了和智力营养不良（intellectual inanition）相同的症状。听从了我的建议后，她们投入到能实现价值的事情中，随后她们症状得到了缓解甚至痊愈。这种现象经常发生，让我意识到认知需要的存在。在人们无法获取新闻、信息及事实，并且官方说辞与实际情况明显相悖的国家，我们会看到民众以下的反应：至少有一些人产生了普遍的愤世嫉俗思想，不信任任何价值观，对明显的事物也产生怀疑，正常的人际关系遭到严重颠覆，感到无望，道德败坏，等等；另一些人则会出现较为被动状态，如无聊、屈从、丧失能力、封闭、丧失主动性等等。

7. 对了解和理解的需要从婴儿晚期和儿童时期就能体现出来，且比成年时期更为明显。此外，这种需要似乎是在成熟过程中自发产生的结果，而不是由学习获得的产物。孩子不需要别人教他如何好奇，但他们可能会因制度化的教育变得不再好奇。戈德法布（Goldfarb）的研究就是一个例子。

---

① 这种综合症与里博（Ribot）和迈尔森（Myerson）所称的“快感缺乏”十分相似，但他们将这一综合症归结于其他原因。

8. 最后，认知冲动的满足会在主观上令人满意并带来终极体验（end experience）。尽管这方面的研究和理解远不如取得的结果和收获受到人们的重视，但无论如何，在任何人的生活里，洞察都是一件明快、愉悦和令人激动的方面，甚至可能是人一生之中的亮点。

对障碍的克服、需求受挫时产生的病态、广泛发生的（跨种族、跨文化的）事件，从未消失（却比较微弱）的持续性的压力，满足作为人类充分发挥全部潜能的前提条件的必要性、在人生早期自发出现的各种事件，都是基本认知需要存在的证据。

然而，这个假定并不充分。哪怕我们已经认识到了，我们仍然受驱使：一方面，我们想认识得更仔细更微观，另一方面，我们想在世界观、神学等的方向上让我们的认识更广泛。如果我们已得到的事实是孤立和原子化的，那么我们难免会想将其以分析、整理或两者兼有的方式使其理论化。一些人称其为追寻意义的过程。那么我们再来假定一些欲望：理解的欲望、系统化的欲望、整理的欲望、分析的欲望、寻找关系和意义的欲望和建立价值系统的欲望。

一旦这些欲望加入了讨论范围，我们会发现，它们自身也会形成一个小的等级体系。在这个体系中，了解的欲望比理解的欲望更具优势地位。我们上文所描述的优势欲望的等级体系的特点，在这里同样适用。

我们必须告诫自己不要轻易地将这些需要同上文所述的基本需要割裂开来。也就是说，我们不能用绝对的二分法来看待认知需要和意动需要的关系。了解和理解的需要本身是意动需要，因为它们具有力争（striving）的特点，并且它们既是人格需要，又是前文中讨论的基本需要。此外，正如我们所见，这两个等级体系是相互关联的，而不是相互独立的。在下文的讨论中，我们也可以看到，两者是相互协同的而不是彼此对抗的。关于这一部分更加深入的讨论，请参见拙作《存在心理学》和《超越性动机理论：价值生活的生物学基础》。

审美需要

我们对审美需要的了解比对其他需要的了解还要少，但是历史、人性和美学家的证据不容许我们绕过这个（对科学家们而言）令人不安的领域。我曾通过临床——人格学的方法观察过一些个人，并试图以此研究这一现象。至少我自己已经确信，一些个人确实有基本的审美需要。他们会（以一种特殊的方式）因丑陋而出现病态，并会被美丽的环境治愈。他们有着热切的渴望，而且只有美才能满足他们的渴望。几乎在所有健康的儿童身上我们都能看到这一点。我们可以在任何时期的任何文化中（包括石器时代的穴居人身上）发现这种对美的冲动。

审美需要与意动需要和认知需要有很多重叠，因此我们不太可能将它们完全分开。诸如对秩序的需要、对对称的需要、对闭合的需要、对行为完满的需要、对系统的需要和对结构的需要——我们无法明确地将它们归类为认知需要、意动需要还是审美需要，我们甚至无法确定它们是不是神经症的需要。例如，如果一个人看到墙上挂歪了的画而感到强烈而有意识的冲动想要将其摆正，那这到底代表了什么呢？

基本需要的其他特点

基本需要等级体系的固定性

在目前为止的讨论中，我们将基本需要的等级体系描述为似乎拥有固定顺序的体系，但它实际完全没有我们所表达的那么固化。我们的大多数研究对象确实显示出，他们的基本需要似乎遵循着上文所描述的顺序。但是，我们也能看到许多例外。

1. 例如在一些人身上，自尊似乎比爱更为重要。这个最常见的顺序颠倒通常是由于这一概念的产生：最值得被爱的人通常是强壮且有势力之人，他可以激发别人的尊敬和畏惧，并且充满自信或气势逼人。因此，在抱有这种想法的人寻求爱的时候会努力摆出一副有进攻性和充满自信的面孔。但就其本质，这些人寻求的是高度自尊，而具体的行为表现更像是达成目的的手段，而不是为了自尊本身。他们对自尊的追求是为了获得爱，而不是为了获得自尊。

2. 在一些显然天生具有创造性的人身上，创造的内驱力似乎比其他任何反向决定因素都重要。他们的创造力看起来不像是基本需要满足后产生的自我实现，而是无论基本需要是否满足都会存在自我实现。

3. 一些人的志向水平可能被永久地抑制或降低。也就是说，在需求层次中优势地位较弱的目标可能被丢失，或永久地消失了。因此，这些人在一个较低的水平上生活度日。例如，如果长期失业的人能获得充足的食物，那么他会持续地感到心满意足，且余生都别无所求了。

4. 再举一个例子：所谓的心理变态人格是永久性地丧失对爱的需要。根据现有的最有力的资料，这些人在他们生命的前几个月中极度渴望爱而不得，于是干脆永远地丧失了给予和接受感情的欲望及能力（就如出生后没有马上练习进食的动物也会丧失吮吸和啄食的反应能力）。

5. 另一个造成需求层次顺序颠倒的原因是，当某个需要得到长期满足时，这个需要就会被低估。从未经历过长期饥饿的人易于低估饥饿的影响，并认为食物是一个相当不重要的事物。如果他们被一个更高级的需要支配，那么这个更高级的需要就仿佛是所有需要里最为重要的。然后便可能——也的确发生过——这样的情况，即：一些人为了更高级的需要，将自己陷入了更为基本的需要被剥夺的处境。我们可以认为，在更为基本的需要经历了长期的剥夺之后，人们倾向于重新评估两种需要，这样人们会有意识地认识到，他们此前轻易放弃的优势需要确实在需求层次中占据更优势的地位。因此，一个人为了维护尊严而选择辞职，经历了六个月的食不果腹后，哪怕代价是失去自己的尊严，他可能也希望找回工作。

6. 另一个可以部分解释需要次序颠倒的原因在于，我们对于优势需要的层次的讨论一直是基于从意识中感受到的需要和欲望，而不是基于行为。观察行为会给我们造成错误的印象。我们主张的是，在两种需要同时被剥夺的情况下，人们会优先满足两者中更为基本的需要。这并不意味着他会按照自己的愿望行事。我们要再次强调，除了需要和欲望，行为还有很多其他的决定性因素。

7. 也许比这些例外更重要的是那些涉及理想、高尚的社会准则、高尚的价值观等类似理念的例外。人们会为了这样的价值观成为殉道者，他们会为某种理想或价值放弃一切。也许一个基本概念（或假说）能够一定程度上帮助我们了解这些人，即因早年的需要得到了充分的满足，而带来的更高水平的挫折承受能力。那些一生中（尤其是年幼时）基本需要得到充分满足的人，似乎形成了极其出色的能力，可以抵御当下或未来基本需要遇到挫折的情况。这是因为早期基本需要的满足帮助他们建立起强大而健康的性格基础。他们心理十分强大，可以从容面对分歧和反对意见，可以抵御公众舆论的潮流，并且可以为维护真理付出巨大的个人代价。能做到这一点的人，必定曾经给予爱并充分地接受爱，而且与许多人有着坚固的友谊，来帮助其抵御憎恨、排斥和迫害。

对上述内容的讨论还需补充这样一个事实，即任何关于挫折承受能力的讨论还应该包含一定程度的习惯问题。例如，习惯长期处于相对饥饿状态的人抵御食物匮乏的能力相对更强。因此挫折承受能力的形成包含两个倾向性：一方面是习惯性，另一方面是过去基本需要的满足带来现在承受能力的增强。这两种倾向性要达到怎样的平衡还有待进一步研究。同时我们可以假设，两种倾向都可以发挥作用，并处于并行状态。关于挫折承受能力增加的现象，可能的解释是，人最重要的满足在于他生命前几年间基本需要的满足。也就是说，在早年期间培养出的安全感和坚强的性格，会在之后遇到任何威胁的时候仍旧保持这样的性格特征。

相对满足的程度

目前，我们的理论讨论给人留下了这样的印象：这五组需要是按照顺序排列的，一组需要得到满足后，下一组需要随之出现。这种说法给人一种错误的印象，似乎一个需要必须达到100%的满足后，下一个需要才会出现。但实际上，对于我们社会中大部分正常的成员来说，他们的基本需要在一定程度上得到了满足，但在一定程度上又没有得到满足。对于需求层次更加真实的描述是，随着需求层次逐渐升高，需求得到满足的程度会逐渐降低。为了更方便大家理解上面的描述，请容许我随意假定几个数字：假设普通公民的生理需要得到了85%的满足，那么他安全需要的满足程度就在70%，爱的需要在50%，自尊需要在40%，自我实现的需要在10%。

至于“优势需要得到满足后会出现新的需要”这一概念，需要澄清的是，新需要的出现不是突然性和跳跃性的现象，而是从无到有、逐渐浮现的缓慢过程。例如，如果优势需要 A 只得到 10% 的满足时，需要 B 还无迹可寻；然而，当需要 A 得到 25% 的满足，需要 B 可能显露出 5%；当需要 A 得到 75% 的满足时，需要 B 可能显露出 50%，以此类推。

需要的无意识特征

这些需要既不一定是有意识的，也不一定是无意识的。然而，整体而言，普通人的需要通常是无意识的。我们现在不必列举出大量的证据，来证明无意识动机具有的关键重要性。我们所说的基本需要大部分是无意识的，尽管对于经验更为丰富的人来说，适用恰当的方法可以使这些需要变为有意识的。

需要的文化特性和普遍性

有关基本需要的分类的章节曾试图解释在不同文化下，某种具体需要的表现有所差异，但内在是相对统一的。当然，一种文化中个人有意识的动机内容，通常与另一种文化中个人有意识的动机内容极为不同。但是，人类学家共同的经验是，人类——哪怕是来自不同社会的人——之间的相似程度比我们最初接触他们时留下的第一印象要高得多。并且，随着我们对他们了解的深入，我们会发现人类之间的相似之处越来越多。我们随后会认识到，人类之间冲击性最大的不是根本性差异，而往往是表面差异，例如：发型、衣着、饮食口味等方面的差异。我们对基本需要的分类，从一定程度上讲，是为了解释这种文化间显而易见的差异背后所隐藏的人类共性。我从未声称这种分类是对于所有文化而言是终极和绝对的，我只是认为，这种基本需要的分类比表面意识中的需要更深入、更普遍、更根本，并且能帮助我们更好地研究人类特性。对人类而言，基本需要比表面的欲望和行为更具共同性。

行为的多重动机

并非所有行为都是由基本需要决定的。我们甚至可以说，并不是所有行为都是有动机的。除了动机外，行为还有很多其他的决定因素。例如，另一类重要的决定因素是所谓的外部环境。至少从理论上讲，可以完全决定行为的因素包括：外部环境，或者特定的、孤立的、外部的刺激物，或者某些条件反射。面对单词“桌子”这个刺激物，我马上会在记忆中调动出桌子的图片或联想到椅子的形象。这些反应与我的基本需要毫无关联。

其次，我们需要再次强调“与基本需要的相关程度”和“动机的程度”这些概念。一些行为具有强烈的动机，而另一些行为只有微弱的动机。还有一些行为是根本不具备动机的（但所有行为都是有倾向性的）。

另外一个重要的论点是表达性行为和对应性行为（机能性努力和对目标的明确追求）之间的根本性区别。一个表达性行为并没有任何目的，它只是人格的反应。一个愚蠢的人做出愚蠢的行为，不是因为他想要或试图表现得愚蠢，也不是因为他有这样做的动机，而单纯是因为他就是这样的人罢了。再如，我讲话的声音是男低音而不是男中音或高音；一个健康的儿童会做出随机的动作；快乐的人独处时脸上会浮现出笑容；健康的人走路时脚步轻快，站立时身型笔直等等。这些都是表达性和非机能性的行为。另外，一个人的一举一动中展现的风度也是表达性而非机能性的行为。

那么人们可能会发问：是否所有的行为都是为了表达或反映他的性格结构呢？答案是否定的。生搬硬套的、习惯成自然的或约定俗成的行为可能是也可能不是表达性的。这点也适用于大多数由刺激引发的反应。

最后，我们需要强调，行为的表达性和行为的目标导向性不是两个相互排斥的类别。一般的行为同时兼有两种特性。第十章对此有更为详尽的描述。

以动物为中心和以人类为中心

这一理论的出发点是人类，而不是任何比人类低级且可能比人类更简单的动物。由太多例子证明，在动物身上得到的研究发现只适用于动物而不适用于人。因此，我们没有任何理由以动物为出发点去研究人类动机理论。这种虚假的简单化造成的普遍谬论背后隐含的逻辑——或者说不合逻辑之处——常常受到哲学家、逻辑学家以及来自各个领域的科学家的批判。我们不需要先研究动物再研究人类，就如同我们不需要先学习数学，再学习地理学、心理学、或生物学一样。

动机和精神症的发病机制

根据前文的讨论，在我们看来，日常生活中有意识的动机内容是否重要，或多或少地与它们和基本目标的接近程度有关。对冰淇淋的渴望可能实际上间接表达了对爱的渴望。然而，如果对冰淇淋的渴望只是为了爽口或是只是一种偶然的食欲反应，那么这种渴望就是无关紧要的。日常的有意识的欲望应该被看作是症状，即更为基本的需要的表面指示物。如果不深挖这些表面欲望的内涵，那么我们会发现自己永远处于无法解释的困惑之中，因为我们只会认真研究表面症状，而不是表面背后的深层内容。

次要需要的受挫不会引发精神病理后果，但挫伤更根本更重要的需要则会引发这种后果。任何关于精神症发病机制的理论都必须以完善的动机理论作为基础。需要的冲突和受挫并不一定会引起发病。只有威胁到基本需要或与基本需要紧密相关的局部需要时，才会引发精神病理后果。

满足需要的作用

前面已经多次指出，只有更具优势性的需要得到满足后，我们才会出现新的需要。因此，满足的问题在动机理论中扮演着重要的角色。我们还要指出，一旦某种需要得到满足，它就不再拥有活跃的决定性或组织性作用。

这句话的意思是什么呢？举例来说，一个基本需要都得到满足的人便不再感到自尊、爱、安全等需要。如果一定要说他还有这样的需要，就相当于从玄学的角度说“一个吃饱喝足的人仍感到饥饿”或“装满水的瓶子仍有空虚”。如果想要知道我们真正的动机，而不是我们过去、未来或可能的动机，那么已被满足的需要则不再作为动机因素。出于实际的考虑，我们必须认为它已经不复存在或消失不见了。之所以要强调这点，是因为在我所知道的所有动机理论中，它要么遭到忽视，要么遭到反对。完全健康的、正常的、幸运的人没有对性欲、安全、爱、威望和自尊的需要，除非他们遇见了偶然且短暂的威胁。如果我们一定要说有，那么我们也要承认每个人都有全部的病理反应的能力，就像巴宾斯基（Babinski）的研究所显示的那样。因为一旦某人的神经系统遭到破坏，这些反应就会出现。

正是出于这种考虑，我才提出了这个大胆的假设：任何一种基本需要受到挫折的人都相当于一个病人或不完整的人。这相当于我们将缺乏维生素或矿物质的人称为病人。有谁会认为缺乏爱不如缺乏维生素重要呢？就如同内科医生诊断并治疗糙皮病或坏血症一样，既然我们了解了爱的匮乏会引起的发病机制，那么我们提出的这些价值问题就不可谓不科学或不合理。如果可以，我应该更简单明了地指出，一个健康的人，会被发展并实现自身最大潜能的需要所促动。如果一个人长期受到除此之外的基本需要所促动，那么他便不是一位健康的人，就如同一个人突然产生了严重的缺盐或缺钙的症状一样。[①]

如果这个论点看起来不同寻常或似乎是个悖论，那么读者要做好心理准备，因为在我们不断订正对人类深层动机的看法的过程中，还会有更多类似的悖论出现。当探索人类对生活的追求时，我们实际在研究人的本质。

功能自主

戈登·奥尔波特（Gordon Allport）曾详细阐述并总结了这个原理：达到目的的手段可能会成为终极满足本身，并只与本源有着历史性的关系。它们本身可能会成为人类的需要。有关学习和变化对动机生活的重要性的观点，使所有前文所讨论的内容变得更为复杂。但这两套心理学原理并不是互相矛盾的，而是相辅相成的。某种需要的获得是否可以用目前的标准评判为基本需要的出现，这一问题需要我们进一步的研究。

无论如何，我们已经看到，较高级的基本需要得到长期的满足后，可能变得不再受它们更为强大的先决条件的影响，并独立

① 如果我们以这种方式使用“病态”一词，那么我们同时还需要直面人与社会的关系问题。我们所作出的定义具有明确的含义：既然一个基本需要遭到挫折的人被称为病态，既然这种挫折发生的原因不在于个人而是由外力所致，那么个人的病态追根究底来源于社会的病态。一个良好和健全的社会应该被定义为，它可以通过满足社会成员的所有基本需要，来让他们追求人类最高级的需要。

于它们本身的满足。例如，如果一个成年人在早年间的爱的需求得到了充分满足，那么现在他在对安全感、归属感和爱的满足的方面就会变得比一般人更加独立。我倾向于认为，性格结构是心理学中功能自主的最重要的例证。只有强大、健康、自主的人才最能抵挡失去爱和名气的痛苦。但是在我们的社会中，这种坚强和健康通常是早年间安全感、爱、归属感和自尊得到长期满足的结果。也就是说，这个人的这些方面已经实现了功能自主，即它们独立于催生这些需求产生的满足感之外。

第五章

基本需要的满足在心理学理论中的作用

Motivation and Personality

前一章是对人类动机理论的探讨，而本章会探索前一章内容的一些理论结果，并会对当前片面强调挫折和病理学的情况作出积极或健康的平衡。

我们看到，组织人类动机生活的主要原理是：将基本需要按照优先级别的从高到低和优势程度的由强渐弱排成一个层次体系。在健康的人身上，优势程度较高的需要得到满足后，优势程度较低的需要会随之出现，这种现象为组织动机生活的原理赋予了活力。生理需要未被满足时会主宰整个机体，调动所有的能力为其所用，并以最高效的方式组织这些能力，以便结果得到最优化。当这些需要得到相对满足时便会被隐藏起来，层次体系中下一层级的需要会浮现出来，继而主导和组织这个人。这样一来，人一旦满足了饥饿需要，便马上出现了对安全感的需要。这一原理也适用于层次体系中其他类别的需要，例如爱、自尊和自我实现。

在少数情况下，高层级需要的出现并不一定是由于低层级需要的满足，有时也是由于低层级需要由于遭到强迫或出于自愿地受到剥夺、放弃或压迫（禁欲苦行、升华、排斥、约束、迫害、孤立等）。我们对这些事件的频率和本质都所知甚少，尽管据称在东方文化中它们比较常见。但无论如何，这些现象与本书的论点并不相悖，因为本书并未宣称需要的满足是力量以及其他心理学急需之物的唯一源泉。

满足理论显然是特别的、有限的或不全面的理论，它不能单独存在，也不具有独立的合理性。要想让它拥有独立的合理性，我们必须至少用这些理论对其加以补充：（1）挫折理论，（2）学习理论，（3）精神症理论，（4）心理学健康理论，（5）价值理论，和（6）约束、意志和责任理论，等等。行为、主观生活和性格结构等心理学决定因素共同交织成一张复杂的网络。本章会试图在这个网络中追溯一条线索。同时，我们并非希望构建一幅更全面的图画，而是想要指出：除了基本需要的满足这个决定性因素外，还存在着其他决定性因素；基本需要的满足可能是必要的，但绝不是充分的；满足和匮乏都有各自令人满意和不令人满意的后果；基本需要的满足和精神症需要的满足拥有不同之处，并且它们在一些重要的方面都有所体现。

需要满足的一些普遍结果

任何需要得到满足后都会带来的一个最基本的结果：被满足的需要会消失，继而出现一个更新和更高级的需要。[①] 其他结果不过是这个根本性事实的附带现象。这些次级的结果包括：

① 这些论述只适用于基本需要。

机体对旧的满足因子和目标物的相对独立和一定程度的鄙视；同时，此前受到忽视、不被需要或无所谓的事物变成了新的满足因子和目标物，并且机体会产生对它们的依赖。这种新旧满足因子的交替又会带来很多再次一级的影响。这样，机体的兴趣产生了变化。也就是说，有些新现象开始变得有趣，而有些旧现象开始变得无聊甚至令人反感。这就等同于人类的价值观也发生了变化。总体而言，这些变化往往是（1）尚未被满足的需要中，最强势的需要的满足因子会被高估；（2）尚未被满足的需要中，比较弱势的需要的满足因子（以及这些需要本身的强烈程度）会被低估；（3）已被满足的需要的满足因子（以及这些需要本身的强烈程度）会受到低估甚至贬低。这种价值观的转变会带来一个从属现象，即我们可以基于上述情况粗略地估计个人在一些方面的观念的转变，包括未来观、对乌托邦的概念、对天堂与地狱的概念、对美好生活的概念、以及对个人无意识的愿望实现的状态的概念。

总的来说，我们往往会将已得到的好处视作理所应当，尤其是那些无需过多费力就能得到的好处。食物、安全感、爱、钦佩、自由这些事物一直唾手可得，我们从未感到这些方面的缺乏，因此我们似乎从未在意过它们，甚至会轻视、嘲笑或毁坏它们。当然，这种身在福中不知福的现象是脱离现实的，也可以因此被看作一种病态。在大多数情况下，这种病态通过适当的剥夺或匮乏可以很轻松地被治愈，例如：体验痛苦、饥饿、贫穷、孤单、拒绝、不公，等等。

需要得到满足后，机体会出现对它这一需要的遗忘或贬低。

虽然这种现象相对被人们所忽视，但在我看来，它具有潜在巨大的重要性和力量。关于这一问题更为详细的阐述，可以参考本书下一章的内容，以及我的拙作《优化心理管理笔记》中有关低级牢骚、高级牢骚和超级牢骚的内容，F. 赫茨伯格（Herzberg）所著的论文，还有柯林·威尔森（Colin Wilson）创立的理论。

除了刚刚提到的内容，没有其他方式能帮助我们更好地理解这个问题：为什么经济和心理上的富裕要么使人性成长得更加高尚，要么带来近年来报纸头条中所描述的各式各样的价值病态？很久以前，阿德勒（Adler）在他的诸多著作中讨论了“奢侈的生活方式”，也许我们也可以使用这个术语来区分致病的满足和健康且必要的满足。

这种价值观的改变会带来认知能力的改变。机体产生新的兴趣和新的价值观后，注意力、洞察力、学习能力、记忆力、遗忘能力、思考能力都会向大致可以预测的方向发生变化。

这些新的兴趣、满足因子和需要不仅是新的，而且在某种意义上也是更高级的（详见第七章）。当安全需要得到满足后，机体从安全的需要中释放出来，转而去追求爱、独立、尊重、自尊等需要。将机体从更低级、更物质、更自私的需要中释放出来的最快方法是满足这些需要（想达到这个目的也可以采用其他方式，这点毋庸置疑）。

需要的满足（只要是基本需要而不是神经症需要或虚假需要）将有助于决定性格的形成（详见下文）。此外，任何真正需要的满足倾向于带来个性的进步、加强和健康发展。也就是说，任何一种前文所讨论的基本需要的满足，都有助于我们远离神经症并向健康的方向发展。正是出于这种考虑，科特·戈德斯坦（Kurt Goldstein）指出，任何具体需要的满足从长远来看都是朝着自我实现的目标更进一步。

除了这些常见的结果外，任何具体需要的满足和过分满足还会带来一些特殊的结果。例如，其他变量相同的情况下，安全需要的满足会带来一种主观上的安全感，会带来更安稳的睡眠，使人不再感到危险，并变得更大胆、更勇敢等。

学习和基本需要的满足

对需要满足的探讨所带来的第一个必然结果是，人们必定会对联想式学习的拥护者对它角色的过分夸大感到越来越大的不满。

总的来说，满足现象（例如过分饱足引起的食欲不振、安全需要满足后出现的防御数量和方式的变化等）说明了：（1）随着练习（或重复、使用、实践）的增长带来的消失，和（2）随着奖赏（或满足、赞扬、强化）的增长带来的消失。此外，诸如本章末尾的一览表中列举的满足现象不仅无视了联想定律（尽管它们是在适应的过程中出现的变化），而且检验也证实了，除非是以从属的方式，否则任意联想没有参与其中。因此，如果对学习的定义单单强调刺激物和反应之间关系的变化，那么这个定义必然是不充分的。

对需要的满足似乎完全依赖于为数不多且恰当的满足因子身上。除非是非基本性需要，否则长期看来，我们没有其他偶然或任意的选择。对于爱的渴求，只有一种满足因子能真正且长久地满足它，即真诚和炽热的感情。对于性饥渴、食物匮乏或极度干渴的人来说，只有性、食物和水才能从根本上对症下药。这就是韦特海默（Wertheimer）、柯勒（Kohler）以及其他近期的格式塔心理学家，例如阿希（Asch）、爱因汉姆（Arnheim）、卡特那（Katona）等人所强调的内在恰当性，他们认为内在恰当性应作为心理学各个领域的中心概念。在这里，偶然的搭配或意外和任意的并置并不起作用；信号、预警、或满足因子的相关物也无法担此重任。只有真正的满足因子本身才能满足需要。我们需要使用墨菲（Murphy）的疏通作用理论，而不仅仅是联想理论。

针对联想式学习和行动主义学习理论的批判的本质在于：这些理论将机体的目的（意图、目标）完全视作是理所当然的事。它完全将重点放在了对方式方法的操控，却没有对目的加以强调。作为对照，基本需要理论呈现的是关于目的以及机体的终极价值的理论。这些目的本质上对机体很有价值。为了达到这些目的，机体会竭尽所能。哪怕实验人员将达到这些目的的唯一手段设计成任意的、不相干的、无关紧要的甚至愚蠢荒唐的步骤，机体也会去学习它们。当然，一旦这些花招无法换来内在的满足或内在的强化，它们就会被弃之不顾。

那么，现在很清楚的一点是，仅靠联想性学习的原理不可能完全解释第 97 至 101 页上所列的行为和主观上的变化。这些原理很可能仅扮演着次要的角色。如果一位母亲经常亲吻她的孩子，那么孩子相应的内驱力便会消失，并开始变得不去渴望亲吻。大多数探讨人格、特性、态度和品味的当代作家将它们称为习惯性积累，并认为它们是根据联想式学习的原理而获得的。但现在，重新考量和更正这一用法似乎是明智之举。

哪怕是（格式塔式学习中）关于顿悟和理解的获得最合情合理的解释，也无法认为人格特征是完全通过学习获得的。纵然对精神分析学的冷静态度是这种更广泛的格式塔式的学习方法的可取之处，但它在理性强调对外部世界的内在结构的认识这一方面仍显狭隘。我们需要一个更强的纽带来连接个人内部的意动过程和情感过程，这个纽带要比联想式学习或格式塔心理学所提供的纽带更强有力。（也请参考库尔特·勒温（Kurt Lewin）的著作，因为它们一定会对这个问题的解决有所帮助。）

虽然我现在还不想进行任何细节上的讨论，但是我希望试验性地提出“性格学习”或“内在学习”概念。它不是以行为的变化为中心，而是以性格结构的变化为中心。它的主要构成部分包括:（1）个人独特（非重复）而深刻的经历对他的教育性效果,（2）重复的体验产生的情感变化,（3）满足—挫折的体验带来的意动变化,（4）早年的某些体验所带来的态度、期望甚至是人生观的广泛改变,（5）在机体对经验的选择性同化中，不同的同化结构所拥有的决定性作用，等等。

这种考量要求我们在学习的概念和性格形成的概念之间建立

更和睦的关系。而且笔者相信，追根究底，如果将典型的、模范的学习定义为努力达成自我实现以及实现更高目标的过程中个人发展和性格结构随之产生的变化，那么这个定义会为心理学家带来丰硕的成果。

需要满足和性格形成

一些推理演绎的思考方式将需要的满足和一些（甚至是许多）性格特征的发展紧密地联系起来。这种理论不过是早已得到公认的需要受挫和精神病态之间的关系在逻辑上的对立面。

如果我们可以很容易地接受基本需要受挫是产生敌意的决定性因素，那么通过逻辑的演绎，我们可以同样容易地接受上述说法的反面，即基本需要受挫的反面（即基本需要的满足）是产生敌意的反面（即产生友善）的决定性因素。两者都显著地暗含于精神分析学的研究发现中。此外，尽管还没有明确的理论体系，但精神疗法的实践已经承认了我们的假设。因为精神疗法强调，只有绝对的安抚、支持、宽容、认可、接受，才能真正满足患者对安全、爱、保护、尊重、价值等的深层需求。对于儿童而言尤为如此：儿童出现对爱、独立、安全感等方面的匮乏时，通常直接予以补充疗法或满足疗法，即根据儿童的需要对他们给予爱、独立或安全感的满足。这种做法往往会带来显著的疗效。但参考书目也提出了这种疗法的限制。

令人遗憾的是实验资料太少了。然而，已有的实验资料令人印象非常深刻，例如列维（Levy）的实验。这些实验的普遍形式是选取一组刚刚出生的动物（例如小狗崽），随后要么满足它们的需要，要么让它们的需要受到一定程度的挫折（例如吮吸需要）。

这类实验还曾研究小鸡仔的啄食需要，人类婴儿的吮吸需要，以及各类动物的各类活动。所有这些实验都显示，如果一种需要得到充分的满足，它就会遵从一般发展规律。根据需要的不同性质，它要么完全消失（例如吮吸需要），要么在实验对象往后的生活中保持在较低但最适宜的程度（例如活动性）。那些需要受到挫折的动物出现了不同的半病态现象，其中与我们的讨论关联性最强的是:（1）某种需要在过了它通常应该消失的时间以后仍然继续存在,（2）这种需要的活跃度大大增加了。

列维（Levy）对爱的研究尤为明显地表明：儿童时期需要的满足与成年时期性格的形成之间具有全面的联系。很显然，孩提时期对爱的需要的满足会带来许多成年时期健康的人格特征，例如：给予所爱之人独立自由的能力，对缺乏爱的状态的承受能力，给予爱的同时保持自主度的能力，等等。

如果尽量用简单明了的话来描述，我会说：如果一位母亲给予她的孩子充足的爱，那么（由于她的奖励、强化、重复等方式）孩子长大以后对爱的需要的强烈程度就会降低，并且孩子依恋母亲、要求亲吻母亲等行为的可能性也会减少。反之，要想培养孩子从各个方面寻求感情的习惯并一直让孩子保持着恒久不变的对

爱的渴求，那么就需要在一定程度上拒绝向他给予充分的爱。这是机能自主原理的又一例证，它迫使奥尔波特（Allport）怀疑当代的学习理论。

每当任何一个心理学教师谈到儿童基本需要的满足或自由选择的实验时，他都会秉持“人格特征是通过学习获得”的理论。“如果你孩子一从睡梦中醒来你就将他抱起，难道他不是学会了只要他想被抱起来的时候就应该哭喊吗？（因为你奖励他的哭喊行为）”“如果你允许孩子吃任何他想吃的东西，难道他不会被惯坏吗？”“如果孩子做出滑稽的举动时你总对他给予关注，难道他不是学会了想博得父母的关注的时候就做出愚蠢荒谬的举动吗？”“如果你让孩子按照他的想法来，那么他不就要永远地任性了吗？”这些问题无法通过学习理论得到解答，我们必须还得援引满足理论和机能自主理论才能得到更全面的解答。关于这个话题的更多资料，请参考动态儿童心理学和精神病学的一般文献，尤其是其中谈及放任理论的内容。

还有一类资料也可以支持需要满足和性格形成之间的关系，那就是对需要满足所带来的效果的直观的临床观察。对于任何直接与人打交道的人来说，这类资料很容易获得。并且我们可以确信，这些资料在几乎所有的治疗接触中都会出现。

想要证明这一点，最简单的方法就是审视基本需要的满足带来的直接和直观的影响。我们可以从最具优势的需要开始这种审视。就生理需要而言，我们的文化并不会将对食物需要的满足和对饮水需要的满足看作人格特征，尽管在其他文化条件下我们的态度可能会有所不同。然而，尽管在生理层面，我们仍会遇到一些对我们的论点而言模棱两可的情况。就对休息和睡眠的需要而言，我们会讨论这些需要的受挫及其影响（晕晕欲睡、神思倦怠、精力缺乏，甚至是懒惰和无精打采等），我们也会讨论这些需要的满足及其影响（活泼敏捷、精力充沛、充满热情等）。哪怕这些基本需要的满足带来的直接结果不被视作性格特征，它们仍然是研究人格的学者需要关注的内容。而且，虽然我们还不习惯这种思考方式，但这个观点也可适用于性需要，例如性饥渴以及它的对立面性满足的范畴，尽管我们还没有合适的词汇来描述它们。

无论如何，在讨论安全需要时，我们的根据更为充分。忧虑、害怕、畏惧、焦虑、紧绷、紧张以及神经过敏都是安全需要受到挫折的后果。同类型的临床观察清晰地表明安全需要的满足会带来相应影响（虽然我们也还没有恰当的词汇来描述），例如：焦虑和紧张的消失、轻松自在的状态、对未来抱有信心、镇定自若、感到安全，等等。无论使用何种词汇，我们都可以看到一个有安全感的人和一个如履薄冰的人在性格上的差别。

同样，其他基本情感需要（包括对归属感、爱、尊重和自尊的需要）也是如此。这些需要的满足会带来诸如温柔亲切、自尊自信等的性格特点。

从这些需要满足直接产生的性格学结果再进一步，我们会看到一些普遍特征，即仁慈、慷慨、无私、宽宏（与狭隘相对）、沉着冷静、安详、满足等等。这些特点似乎是一般需要的满足（即心理生活状况得到总体改善）带来的间接和附带结果。

很显然，无论是狭义还是广义的学习，对于上述和其他性格特征的产生也扮演着重要的角色。但目前的资料还无法让我们断定学习的决定性作用是否更为强大，而且，关于这个问题的探讨通常被视作徒劳无用，进而遭到忽视。但是，偏重一方与偏重另外一方所产生的结果迥然不同，因此我们至少需要意识到这个问题的存在。性格教育是否应该纳入学校课程？书籍、讲座、问答和劝诫是否是培养性格的最佳工具？布道和主日学校是否可以培养出好人？还是美好的生活可以造就好人？又或是童年时期受到的爱、温暖、友谊、尊重对人往后的性格结构发挥着更大的作用？这些都是坚持两种不同的性格形成理论和教育的理论所带来的不同观点。

满足与健康

让我们假设，在过去的几周，甲生活在一片危险的丛林中，他只能通过偶尔获得的食物和水源勉强维持生存。在同样环境中的乙不仅生存下来，而且还有一把来复枪，以及一个入口可关闭且位置隐秘的藏身洞穴。丙在乙的基础上，还增加了两名同伴与他作伴。丁除了食物、枪支、同伴、洞穴之外，还多了一位最亲爱的朋友。最后，在同样环境下的戊，不仅拥有上述的一切，还是他的小群体里最受尊敬的领导者。我们可以删繁就简地说，这些人分别处于：勉强生存、有安全感、有归属感、被爱、被尊重着五种状态。

但上面的例子不仅表现了基本需要按照由低到高的层次依次得到满足，也代表了心理健康水平的不断提高[①]。我们清楚地了解，在其他条件相同的情况下，一个安全感、归属感和爱的需要都得到满足的人，要比有安全感和归属感、却在爱的需要上遭到拒绝和挫折的人更健康（无论根据哪种合理的定义都是如此）。此外，如果他赢得了尊重与爱戴，那么他的自尊心会随之发展起来，他也进而成为更健康、自我实现程度更高和更完整的人。

这样看来，基本需要的满足程度似乎与心理健康的程度呈正相关。那么我们是否可以更进一步，并确定这种相关关系的极限，即确定基本需要的完全满足等同于理想的健康状态呢？满足理论至少可以提出这样的可能性。当然，尽管这个问题有待通过未来研究的证实，但仅仅是这个假设的提出，就足以让我们的目光投向一些曾经受到忽视的事实，并促使我们再次提出那些古老且尚未被解答的问题。

比如，我们必须承认，通往健康也有其他的途径。但是，在为自己的孩子选择人生之路的时候，我们需要发问：通过苦行主义，通过放弃基本需要的满足，通过克己自律，通过挫折、悲剧

---

① 后面会指出，这个需要满足的程度不断递增连续体可以被用作潜在的人格分类的基础。达到自我实现是纵观人类一生的过程，而这个连续体可谓代表了这个过程中层层递进的步骤。它为近似弗洛伊德和埃里克森（Erikson）的发展体系的理论提供了方案。

和不幸之火的炼造，究竟能不能让我们获得健康？也就是说，需要的满足和需要的挫折带来健康的相对几率到底是多少？

韦特海默（Wertheimer）和他的学生曾提出，所有需要实际上都是自私和以自我为中心的，而上述理论也向我们提出了自私自利的这个棘手的问题。的确，戈德斯坦和本书对自我实现（即人类的终极需要）的定义是高度个人主义的。然而，对健康之人的经验主义研究显示，这些人一方面高度自我并保持着健康合理的自私自利，另一方面又极富同情心并相当无私。第十一章也讨论了同样的内容。

当提出由满足带来的健康（或者说由幸福带来的健康）这一概念时，我们已经默默将自己与戈德斯坦、荣格、阿德勒、安吉亚尔（Angyal）、霍尔尼、弗洛姆、梅（May）、比勒（Buhler）、罗杰斯（Rogers）归于一派。并且，那些假定机体内部积极的成长趋势会自内而外地带动机体更全面的发展的人，也会不断地加入这个行列。[①]

如果我们假设，典型的健康机体是基本需要得到满足并可以不受束缚地追求自我实现的机体，那么我们就相当于同时假设，这个机体是受内在的发展倾向驱动，进行伯格森式的由内向外的发展，而不是受环境的决定，进行行为主义式的由外向内地发展。

---

① 这样的研究者和作者的数量有至少几十甚至几百个。由于数量之众不便在这里一一列举，此处所提及的主要是资深一辈研究者中的少数几个。美国人本主义心理学协会（American Association of Humanistic Psychology）的成员名单对此做出了更为详尽的列举。

有神经症的机体缺乏的基本需要的满足，是只能借助他人才能实现的需要的满足。因此，这个机体更为依靠他人，而缺少自主性和自决性，即：该机体更多地由外部环境塑造，而不是由自己的内在本性塑造。健康之人身上的对环境的相对独立性当然不代表他缺乏与外部环境的互动，而是代表在与环境的接触中，这个人的目标和他的本性是根本性的决定因素，而环境主要是他达到个人实现这个目标的手段。这是真正的心理学自由。

需要满足在其他现象中的影响

接下来，我们会简单地列举一些由满足理论提出的几个比较重要的假设。其他的相关假设请参见本章最后一节和下一章的内容。

心理治疗

我们也许可以认为，在实际的治愈和改善的过程中，基本需要的满足扮演着根本性因素。由于此前它一直受到忽视，所以我们可以确定地说它至少是这样的因素之中尤为关键的一个。第十五章将会展开关于这个论点更详细的讨论。

态度、兴趣、品味、价值观

前面已经举出多个例子，来显示需要的满足或挫折对兴趣的决定性影响。迈尔（Maier）的著作中也有相关论述。我们还可以在此基础上进行更加深入的研究，并最终将针对道德观、价值观、伦理观的讨论也纳入其中，因为它们已经超出了礼仪、礼貌、民俗以及其他当地社会习惯的范畴。当前的做法是，认为态度、品味、兴趣和各种各样的价值观不过是当地文化环境中联想式学习的结果，即：仿佛它们完全是由机体外部的环境力量所决定的。但是我们已经看到，机体的内在需要和需要的满足也在发挥作用。

人格的分类

如果我们将不同层次的感情需要的满足视作一条直线型的连续体，我们就拥有了一个有用（尽管还不够尽善尽美）的工具，来对不同类型的人格进行分类。假设大多数人拥有相似的机体需要，那么我们可以比较每个人与任意一个其他人之间需要的满足程度的不同。这是个整体性或有机的原则，因为它用单一的连续体对完整的人进行分类，而不是用几个无关联的连续体将个人的各个部分和各个方面进行分类。

厌倦和兴趣

厌倦和过度满足之间的差别究竟是什么呢？在这里，我们也会发现悬而未决和未经发现的问题。为什么反复与某个画作、某位女子或某种音乐接触会让人产生厌倦，而反复与另一个画作、另一位女子或另一种音乐发生同样次数的接触却会引起更大的兴趣并产生更强的快乐呢？

快乐、愉快、满足、欢欣、狂喜

需要的满足在这些积极情绪的产生中扮演怎样的角色？一直以来，情绪的研究者将他们的研究局限在挫折带来的情感效果这一个方面。

社会效果

下表中罗列了需要的满足似乎可以产生积极的社会影响的一些方式。我们由此提出的一个有待进一步研究的论点是：抛开一些令人迷惑的特例以及剥夺和约束带来的有益效果，在其他变量相同的情况下，对基本需要的满足可以改善研究对象的人格结构，还可以让他成为国内和国际环境中更好的公民，并且可以改善他的人际关系。它对政治学、经济学、教育学、历史学及社会学理论的潜在意义是巨大而显著的。

挫折水平

尽管这听起来似是而非，但在某种程度上，需要的满足决定了需要的受挫。之所以如此是因为，直到低层次的、更具优势的需要得到满足后，更高层次的需要才会出现在意识中。而且在某种意义上，在它们存在于意识中之前，它们不会产生挫折的感觉。勉强维持生存的人不会过于担忧生命中更高层次的东西，例如对几何学的研究，投票的权利，他所在城市的名声，他是否受到尊重等。他真正关心的是自己的基本需要。低层级需要的满足要达到一定程度，这个人才会开始感到自己在个人、社会、智力等更宏大的问题上受到的挫折。

作为推论，我们可以认为，几乎所有人都难免会想一直追求自己还未得到之物，并且绝不会感到一直追求更大的满足是徒劳无功的。这样，我们学会不要期盼任何单一的社会改革（妇女选举权、免费教育、无记名投票、工会、改善住房、直接初选等）可以带来奇迹，同时也不要低估缓慢进步的事实。

如果人一定要为某些事感到受挫或担忧，那么与其让他担忧挨饿受冻，不如让他担忧如何结束战争，因为后者对社会更有益。显然，提高人们的挫折水平对个人和社会都有意义。负罪感和耻辱感水平也大致遵循这个道理。

娱乐性、无目的性和随意性行为

尽管整个行为领域一直受到哲学家、艺术家和诗人的关注，但奇怪的是这个领域却受到科学心理学家的忽视。也许这是因为“所有行为都是有动机”的教条广泛地被大众接受。这里我还不想围绕这个（笔者眼中的）错误说法展开争论，但是我要指出以下的观察结果是不争的事实：一旦得到满足，机体便会立刻放下压迫感、紧张感、急迫感以及危机感，开始允许自己虚度光阴、游手好闲、放松懒散，开始享受阳光、穿衣打扮、装饰住所、擦洗锅碗瓢盆，或者开始玩耍享乐、观察不重要的东西、变得漫无目的，学习也变成了偶然的行为而不是有目的的行为。简而言之，变得（相对）没有积极性了。需要的满足滋生了没有动机的行为（第十四章对此做出了更详尽的讨论）。

由满足产生的病态

近年来，生活已经确定地告诉我们，物质（低端需要）的富足会带来的病理性结果，例如：厌倦，自私自利，精英感，“理所当然”的优越感，对低水平的不成熟的痴迷，对手足情谊的破坏。显然，物质需要及低水平需要的生活本身并不能让人获得长期的满足感。

但是现在我们有面临着一种新的病理可能性，即由心理富裕带来的病态。这种病态的原因（显然）在于患者受到了无微不至的关心和爱护，受到了他人忘我的爱戴、钦佩、赞赏和聆听，被推到舞台的中央，拥有大群忠实的仆从，每个愿望都能得到随时随地的满足，甚至是他人自我牺牲和自我克制的对象。

诚然，我们对这些新现象所知甚少，对它们也还没有成熟和发达的科学研究。我们有的只是强烈的怀疑、广泛的临床印象、以及儿童心理学家和教育学家们逐渐成形的观点。这种观点认为，仅仅满足孩子的心理需要是不够的，孩子还要适当地经历严厉、强硬、挫折、管教以及限制。又或换一种说法，对基本需要的满足的定义应该更加谨慎，否则它很容易被当成无节制的溺爱、自我克制、完全的放任、过度保护以及奉承等等。对孩子的爱与尊重至少需要与自己作为家长和普通成年人应得到的爱与尊重相结合。孩子当然是人，但他们是经验尚不丰富的人。我们需要料想到，他们在很多事上是不够明智的，甚至在某些事上是相当愚蠢的。

由需要的满足产生的病态还有可能在一定程度上是所谓的"超越性病态"，即生活缺乏价值观，缺乏意义和充实感。尽管还没有完全充分的依据，但是许多人本主义心理学家和存在主义心理学家相信，所有基本需要的满足并不会自动解决身份的问题、价值系统的问题、生命使命的问题以及生命的意义的问题。至少对某些人（尤其是年轻人）来说，除了满足基本需要外，还有其他的人生任务。

最后，我要再次强调这些我们还不太理解的事实：人类似乎永远不会感到永久性的心满意足；并且与此高度相关的一点是，我们常常会身在福中不知福，忘记我们获得的好处，视之为理所当然，甚至不再加以珍惜。对（具体数目尚不确定的）许多人来说，哪怕是最强烈的一旦坏了也会变得索然无味并失去它们的新鲜感，并且只有经历了剥夺、挫折、威胁甚至悲剧之后，它们才会重新变得珍贵。对于这些人——尤其是缺乏体验热情、死气沉沉、获得巅峰体验的能力较弱、对享受和快乐的感受受阻的人——来说，也许他们需要体验失去幸福的滋味，才能重新珍视幸福。

高级需要的功能自主

尽管只有低级需要满足后，我们才会去追求更高层级的需要，但还有一个有待观察的现象是，一旦更高级的需要以及与之相关的价值观和趣味得到了满足，它们就会变得自主，并不再依赖低级需要的满足。这些人甚至会鄙视和唾弃那些帮助他们过上“高级生活”的低级需要，就如同富三代会对富一代的财富感到羞耻、或者受到教育的移民后代会对他们相对粗鄙的父母感到羞耻一样。

一些主要由基本需要的满足带来的现象

一、意动—感情类

1. 身体对食物、性、睡眠等方面充分满足的感觉，以及这种满足的附带结果，如安乐、健康、精力充沛、愉悦、身体上的满足感等。

2. 感到安全、平静、受保护、没有危险和威胁。

3. 有归属感，感到是集体的一员，对集体的目标和胜利有认同感，感到被接受，感到有一席之地，有家园感。

4. 感到爱和被爱，感到自己值得被爱，对爱有认同感。

5. 信赖自己自力更生的能力，感到自尊自信，相信自己，感到自己有能力，有成就感，有胜任感，感到自我力量，感到自己值得被尊重，成功，威望，领导力，独立感。

6. 自我实现感、自我满足感，感到可以利用自己的资源和潜力实现越来越完整的发展和越来越丰硕的成果，以及由此带来的成长、成熟、健康和独立自主的感觉。

7. 好奇心的满足，通过学习获得越来越多的知识的感觉。

8. 理解需要的满足，这种满足感不断地哲理化，向越来越宏大、越来越包容、越来越单一的哲学或宗教靠近，对联系和关联的不断增强的感知力，敬畏、对价值的信奉。

9. 对审美需要的满足、震颤、感官冲击、愉快、狂喜、对称感、正当性、适宜性或完美。

10. 高层级需要的出现。

11. 暂时或长期地依赖于或独立于各种各样的满足因子，对低级需要和低级满足因子不断减少的依赖以及不断增强的鄙视。

12. 反感和喜爱。

13. 厌倦和兴趣。

14. 价值观的改进，趣味的提高，更好的选择能力。

15. 产生令人愉悦的兴奋感、快乐、愉悦、满足、平静、祥和、欢腾的可能性增强，并且它们的强度增加，更加丰满和积极的情感生活。

16. 越来越多地出现狂喜、巅峰体验、情感的高潮、兴高采烈以及神秘体验。

17. 抱负水平的变化。

18. 挫折水平的变化。

19. 向超越性动机和存在价值的靠拢。

二、认知类

1. 对所有类别的认知更敏锐、更高效、更现实，更强的验证现实的能力。

2. 更强大的直觉力量，更成功的预测能力。

3. 带来启发和顿悟的神秘体验。

4. 越来越以现实的对象和问题为中心，更少地以投射和自我为中心，越来越超越个人的认知和越来越超越人类限制的认知。

5. 世界观和人生观的改进（变得更加贴近真理和现实、对自己和他人的危害越来越低，更全面、更完整、更全面等等）。

6. 更强的创造力、更多的艺术性、诗歌、音乐、智慧、科学。

7. 减少僵化的机器人式的循规蹈矩，减少刻板印象，减少冲动的标签化（参考第十三章），更好地透过人为的类别和标签感知个人的独特性，减少非此即彼的二分法。

8. 许多更根本、更深层的态度（民主、对所有人类的基本尊重，对他人的情感，对儿童的爱与尊重，与女性的团契等）。

9.（尤其在重要的事物上）减少对熟悉事物的偏好和需求，减少对新事物和不熟悉的事物的恐惧。

10. 更大的无意学习和潜在学习的可能性。

11. 对简单事物的需求下降，对复杂事物的乐趣增加。

三、人格特征

1. 心智更镇定、更平静、更沉着、更平和（与紧绷、紧张、不快和悲苦相对）。

2. 仁慈、友善、同情、无私（与残忍相对）。

3. 健康合理的慷慨。

4. 胸襟宽广（与小气、卑鄙、狭隘相对）。

5. 自给自足、自尊自信、相信自己。

6. 感到安全、平和，没有危险感。

7. 友善（与基于性格的敌对相对）。

8. 对挫折更强大的承受能力。

9. 对个体差异的容忍、兴趣和认同，从而放下偏见和以偏概全的敌意（但不是失去判断力），更强大的手足之情和同志情谊，兄弟般的爱，对他人的尊重。

10. 更强的勇气、更少的恐惧。

11. 获得心理健康和它的所有产物，远离精神症、精神病态人格以及精神错乱。

12. 更加深刻的民主（对值得民主的人抱有无惧和现实的尊重）。

13. 放松、减少紧绷感。

14. 更加诚实、真诚和直率，减少伪善和虚假。

15. 更强的意志力，更乐于承担责任。

四、人际类

1. 更好的公民、邻居、父母、朋友、爱人。

2. 政治、经济、宗教、教育上的成长和开放。

3. 对女性、儿童、雇员以及其他少数群体和缺乏权力的群体的尊重。

4. 更加民主化，更少的权威主义。

5. 减少无缘无故的敌意，变得更加友善，对他人更强烈的兴趣，更容易认同他人。

6. 选择朋友、恋人、领导等时有更高的趣味，对人有更强的判断力，更好的选择能力。

7. 变为更好的人，变得更有吸引力、更美丽。

8. 更好的心理治疗师。

五、其他各类

1. 对天堂、地狱、乌托邦、美好生活、成功和失败等的看法的改变。

2. 走向更高级的价值观，走向更高级的“精神生活”。

3. 所有表达行为的改变，例如微笑、大笑、面部表情、风度、步态、字迹等；转向更多的表达性行为，而不是应付性行为。

4. 活力的变化，疲乏、睡眠、安静、休息、警觉。

5. 充满希望，对未来有兴趣（与道德的丧失、冷漠和快感缺乏相对）。

6. 梦境生活、幻想生活和早期记忆力的变化。

7.（以性格为基础的）道德观、伦理观、价值观的变化。

8. 摆脱输赢较量、敌对、零和游戏的生活方式。

第六章

基本需要的类本能性质

Motivation and Personality

重新考察本能理论

为什么要重新考察本能理论?

前几章对基本需要理论的概述提示（甚至要求）我们重新考量本能理论，这不仅是因为我们必须要区分更加基本和不太基本、更加健康和不太健康、更加自然和不太自然之间的差别，同时也是因为我们不应该无限期地拖延对某些相关问题的审视。无论是本书的还是其他的本能理论都会无可避免地提出这些问题，包括：隐含的对文化相对性的剔除，隐含的“价值观是某种既定的章程”的意味，联想式学习的涵盖范围无可置疑地被缩小，等等。

无论如何，有相当数量的其他理论、临床和实验的考量，它们指向同样的方向，即我们有必要重新评估本能理论，甚至可能需要以新的形式将其复苏。这些都让我们开始怀疑，当前心理学家、社会学家、人类学家过度强调了人类的可塑性、灵活性、适应性以及人类的学习能力。人类的自主性和自我调节能力似乎远高于当前心理学理论所描述的程度。

1. 坎农（Cannon）的体内平衡理论、弗洛伊德的死亡本能理论等。

2. 口味、自由选择或自助餐厅实验。

3. 列维（Levy）的本能满足实验，以及他关于母亲过度保护孩子的著作。

4. 各种各样的精神分析学发现指出，过于严苛的厕所训练和过早断奶对孩子的有害影响。

5. 大量观察结果让教育工作者、幼儿园教师及应用儿童心理学家在养育儿童的时候更倾向于依赖儿童的自主选择。

6. 罗杰斯疗法所明确依据的一些概念体系。

7. 许多生机论学者、突生进化论者、现代实验胚胎学者及包括戈德斯坦在内的整体论者提出了大量的神经学和生物学数据，都涉及机体受到损害后出现的自发性再调整。

以上列举的研究者和下文即将提及研究者都强力主张，机体比我们一般设想的更可信赖，并有更强的自我保护、自我指导和自我调节能力。额外补充的一点是：最新的研究进展显示，我们有必要在理论上提出机体内存在某种正向发展和自我实现的趋势的假设，并且这个趋势不同于机体自我保护、自我平衡和体内平衡的趋势，也不同于机体回应外部世界的刺激的倾向。包括亚里士多德和伯格森（Bergson）在内的各路思想家和哲学家，都曾以各种模糊的方式针对这种成长和自我实现的倾向性提出假设。在众多精神病学家、精神分析学者和心理学家中，戈德斯坦、比勒、荣格、霍尔尼、弗洛姆、罗杰斯等人也都感到有必要提出这样的假设。

然而，支持对本能理论进行重新审视的最重要的影响，还是来自心理治疗师（尤其是精神分析学家）的经验。在这个领域，尽管各种事实之间的关联看似模糊不清，但是它们背后的逻辑确是准确无误的。心理治疗师不得不将更基本和不那么基本的愿望（或需要、冲动）加以区分。问题其实很简单：一些需要的受挫会导致病态，而另一些需要的受挫则不会；一些需要的满足会带来健康，而另一些需要的满足则不会。有些需要异常顽固且难以控制，它们可以抵抗一切哄骗诱惑，也不接受一切替代品或贿赂，唯一能让它们接受的只有真正且本质的满足。人们总是有意识或无意识地追求对这些需要的满足。这些需要是顽固、终极、不可简化、无法进一步分析的事实，我们应该全盘接受它们，并将它们视作无可置疑的出发点。尽管各个学科对彼此的论点可能存在不同程度的分歧，但几乎所有的精神病学、精神分析学、临床心理学、社会工作或儿童治疗等都必须提出某种关于本能性需要的学说。

这些经验难免会使我们想起种群的特性及素质和遗传的因素，而不是浮于表面和易于操控的习惯。每当需要在这个针尖对麦芒般的困境中做出抉择的时候，心理治疗师几乎总会选择本能（而不是条件反射或习惯）来作为他的基石。这点当然是很不恰当的，因为现在我们了解到，还有其他过渡式的和更为确凿的选项可供我们做出更为令人满意的选择，也就是说想要解决这个困境的我们并非只有两种选择。

但是，从一般动力理论的要求来看，由于本能理论——特别是麦独孤（McDougall）和弗洛伊德提出的本能理论——的缺点过于明显，以致它们的某些优点似乎在当时没有得到充分的肯定。本能理论承认如下事实：人类可以自我推动；人类的本性和所处的环境决定他的行为；人类自身的本性为他的目标、目的或价值观提供了现成的框架；在正常状况下，人类想要的就是他所需的（或对他有利的），得到这些事物可以避免病态的发生；所有人组成了单一的生物种类；除非我们知晓行为背后的动机和目标，否则行为就是没有意义的；总体而言，如果机体不得不依赖自身资源，那么它通常会显示出一种有待解释的生物高效能性。

本能理论的失误

我们的观点是，尽管本能理论的许多错误根深蒂固且需要被剔除，但是这些错误并不是本质性的或不可避免的。而且其中的许多错误是本能理论学者和他们的批评者所共有的。

1. 语义和逻辑上的错误最为明显。一旦遇到他们无法理解或无法追溯本源的行为，本能理论学者就会临时创造出某种本能来解释这些行为。为此，他们理应受到批判。但如今我们对语义有了更深入的了解，这些了解充分地告诫我们无需把这些本能看作是真实存在的，或将术语和事实相混淆，也无需提出无效的三段论。

2. 我们现在拥有更多关于人种学、社会学和基因学的知识，足以避免简单的种族中心主义、阶级中心主义，以及简单的社会达尔文主义。这些都曾导致早期的本能论者遭遇失败。

我们现在必须认识到，人种论不成熟的说法曾导致本能论者极端和大范围的退缩。这种退缩构成了一个巨大的错误，即文化相对论。虽然在过去二十年间这个理论极具影响力且广为人们接受，但现在却受到很多批评。本能论者曾进行对跨文化和种族特性的探索，如今这种探索再次受到尊崇。我们必须（且有能力）避免种族中心论和被夸大的文化相对论。例如我们现在清楚地看到，当地文化的决定因素对工具性行为（方法）的影响比它对基本需要相比（目的）的影响更强。

3. 在 20 世纪 20 和 30 年代，包括伯纳德（Bernard）、华生（Watson）、郭任远（Kuo）在内的大多数反本能论者对本能理论进行了批判。他们的理由是，本能无法用特定的刺激—反应概念进行描述。追根究底，这种说法是在批评本能不顺应简单的行为主义理论。这种说法确实不假。然而，如今的动力和人本主义心理学家并没有认真对待这种说法，因为他们一致认为，刺激—反应概念无法用来描述任何重要的人类的完整品质和完整活动。

这样的企图只能带来混淆。我们可以举一个简单而典型的例子：反射行为和典型的低级动物本能之间的混淆。前者是单纯的肌肉运动，而后者则涵盖了非常广泛的内容，包括先决的冲动、表达性行为、应付性行为、对目标物的追求及自觉感情等。

4. 甚至仅仅从逻辑的角度而言，也没有理由迫使我们必须在各个部分都完整的完全本能与非本能之间做抉择。为什么不能有本能残余？为什么不能有冲动或行为中类似本能的方面？为什么不能有不同程度的不完全本能呢？

许多作者不加分别地用“本能”这个词来形容需要、目标、能力、行为、感知、表现、价值及情感的伴随物。有时单独用来形容它们中的某一项，有时用来形容其中几项的结合。正如马莫尔（Marmor）和伯纳德（Bernard）指出，在这种不严谨的大杂烩中，几乎所有已知的人类的反应都被某个研究者描述为本能。

我们的主要假设是，至少在我们可察觉的程度上，人类的迫切需求或基本需要是与生俱来的；与之相关的行为或能力以及认知或情感需要不一定是先天的，（在我们的假设中）它们可以是通过学习和引导获得的，也可能是表达性的（当然，人类的许多能力或潜能是深受由遗传影响或者完全是由遗传决定的，例如色觉等，但是它们目前不在我们的讨论范围内）。这就是说，基本需要的遗传成分可以被视作单纯的意动性缺乏，它与本质上追求目标的行为无关，而是一种盲目的、无定向的需求，如同弗洛伊德的本我冲动一样（在下面我们会看到，这些基本需要的满足因子似乎在某种程度上也是内在固有的）。需要经过学习获得的是决心追求目标的（应对性）行为。

本能论者和他们的反对者所犯下的一个重大错误在于，他们采用了非黑即白的二元论思考方式，而不是按照程度的不同来看待问题。面对一系列复杂的反应时，我们怎么能说这些反应要么完全是由遗传决定，要么完全不是由遗传决定的呢？无论多么简单的结构都不可能完全由基因决定，更何况是像“完整的反应”这种复杂事物。哪怕在孟德尔的实验中，甜豌豆也需要诸如空气、水和食物组成的环境。由此看来，基因也有自己所处的环境，这个环境由与之相邻的基因组成。

另一种极端看法的错误同样明显：因为人类本身是生物物种，所以人类的一切都无法完全脱离遗传的影响。遗传对人的决定性作用是所有我们行动、能力、认知等的先决条件，也就是说，一个人之所以有能力做出各种各样的事情，都是由于他属于人类这个物种，而的人类物种身份是由基因决定的。

这个站不住脚的二分法带来的一项令人困惑的后果是，一旦发现某种活动显露出可通过学习获得的迹象，人们就将其断定为非本能的；相反，一旦发现某种活动显示出些许遗传的影响，人们就将其断定为本能的。由于对于大多数（甚至全部）的迫切需求、能力或情感而言，证实这两种因素的存在都是很容易，因此基于这个二分法产生的争论将永远无法得到解决。

本能论者和反本能论者都是非此即彼的极端思维。但我们不必像他们一样走极端，我们可以避免他们犯下的错误。

5. 本能论者曾以动物本能作为范例，这种做法会导致各种各样的错误。其中一个错误是它阻止我们寻找人类独有的本能。从低等动物身上得到的最具误导性的经验滋生了这样一条原理，即：所有本能都十分强大而牢固，并且我们无法修改、控制、压制这些本能。虽然对于鲑鱼、青蛙或旅鼠而言确实如此，但这点却并不适用于人类。

我们认为，基本需要拥有可察觉的遗传基础。但如果我们只用肉眼寻找本能，并认为识别本能的标准是判断某个实体是否能明确地独立于外部力量甚至能比所有环境力量都更强大，那么我们就很容易犯错。为什么不能有尽管是类本能的，但却是很容易被压制、被抑制或被控制的需要呢？为什么不能有很容易被习惯、建议、文化压力、负罪感等因素掩盖、修改甚至抑制的需要呢（比如，对于爱的需要似乎就是如此）？又或者说为什么不能有弱本能（weak instinct）呢？

文化论者攻击本能理论的主要动力很大程度上源于许多人错误地认为本能有着压倒一切的力量。所有人种学者的经验都与这种假设相悖，所以我们可以理解为什么会有这样的攻击。但如果我们像笔者一样，对文化和生物的力量都能给予恰当的尊重，并将文化看作是比类本能更强大的力量，那这个问题就不再是一个悖论，而是一个我们需要坚持的理所当然的事实：我们需要保护柔弱、微妙的类本能需要，否则它们会被更坚固、更强大的文化力量所压制。（虽然从另一种意义上说，类本能需要也可以迸发非常强大的力量，因为它们会坚持不懈地要求得到满足，且这些需要的受挫会带来严重的病态后果。）

一个看似自相矛盾的说法可以帮助我们确立这个论点。我认为，揭露、顿悟和深度疗法——包含除催眠和行为疗法外的所有治疗——从某种角度看，可以揭露、恢复和强化我们被削弱和失去的类本能倾向和本能残余，恢复和强化我们被遮盖了的动物性自我，恢复和强化我们的主观生物学。这个终极目标在所谓的个人成长培训班里体现得更加明显。这些培训班和治疗需要人们付出高昂的费用，以及痛苦和长期的努力，甚至要求人们一生都处在挣扎、忍耐、坚忍的状态。尽管如此，这些努力最后仍有可能走向失败。试想，有多少猫、狗或鸟需要得到帮助后才知道要如何做一只猫、狗或鸟呢？它们的冲动会发出响亮、清晰、明白的声音，而我们的冲动所发出的声音却是微弱和模糊不清的，而且往往易于遭到忽视。因此，我们需要帮助才能听到这种冲动的声音。

这也解释了为什么在自我实现的人身上，动物的自然性得到最为清晰的体现；但在患有神经症或“一般病态”的人身上，动物的自然性最不明显。我们甚至可以说，病态的产生通常是由于丧失了动物的自然性。因此出现了这种看似矛盾的现象：在最有灵性的人，最圣洁、最睿智以及最有理性的人身上，人类性和动物性都最是清晰可见。

6. 这种过度关注动物本能的做法还带来了一个更严重的错误。出于某种只有十分有才智的历史学家才有可能解释的原因，西方文明普遍认为人类身上的动物性是恶的动物性，并且我们最原始的冲动是邪恶、贪婪、自私和怀有敌意的。

神学家将它称为原罪或魔鬼；弗洛伊德学派将其称为本我；哲学家、经济学家、教育学家都对它有各种各样的命名。达尔文过于认同这种观点，以至于他只看到动物世界中的竞争性，而完全忽视了同样普遍的合作性。但克鲁泡特金（Kropotkin）则轻而易举地观察到这种合作性。

这种世界观带来的一种表达是将人类内在的动物性比作狼、老虎、猪、秃鹰或蛇，而不是将其比作更好或更温顺的动物，例如鹿、大象、狗或黑猩猩。我们可以将这种说法称为“用邪恶的动物来解读人类的本性”，并且我们需要指出，如果必须要从动物推理到人，选择与我们最相近的动物（即类人猿）要合适得多。由于类人猿整体来说更加可爱且更令人感到愉悦，并且与人类共有很多美好的特质，因此比较心理学也不会认同人类动物性是邪恶的观点。

7. 对于“遗传特性不会变化也不可更改”的假设，我们还要牢记另一种可能性。即使某种特性初始是由遗传基因所决定，它仍有可能是可被修改的。而且如果足够幸运，我们的研究发现也许会显示，这种特性有可能很容易被控制或修改。即使假设癌症拥有很强的遗传性因素，我们仍会努力寻找控制癌症的方法。或者本着推演的目的，我们承认智商是以可测定的方式遗传下来的可能性，同时它也可以通过教育和心理治疗得到改进。

8. 与本能理论学者相比，我们必须要为本能的范畴留出更多变化的余地。了解和理解的需要似乎只在聪慧之人身上才是明显优势的需要。在愚笨之人身上，似乎这种需要要么完全不存在，要么处于非常低级的水平。列维（Levy）的研究表明，女性之中母性冲动的差异非常大，以至于有些女性身上看不到这种冲动。在音乐、数学、艺术等方面的特殊天才很可能是由基因决定的，因为大多数人身上并没有这样的才能。

类本能冲动可能会完全消失，但是动物本能则显然不会。例如，在精神变态人格中，爱与被爱的需要已经消失。而据我们现在所知，这是永久性的消失，也就是说，无论何种已知的精神治疗术都无法治愈精神变态人格。更早的例子还包括对一个奥地利村庄失业情况的研究，而研究结果表明，长期失业可能会严重摧毁人们的斗志，并导致一些需要遭到破坏。即使环境条件改善，有些人还是无法恢复这些已受破坏的需要。纳粹集中营也提供了类似的资料。贝特森（Bateson）和米德（Mead）对巴厘岛人的观察也与此相关。以西方的标准来看，成年的巴厘岛人并不是充满爱意的。但在巴厘岛录制的影片中显示，当地的儿童和婴儿也会因为没有受到关注而不满地号啕大哭，我们由此可以得出这个结论，即感情冲动的丧失是后天形成的。

9. 我们看到，在种系等级体系中，本能与对新事物灵活适应和认知适应能力呈现相互排斥的趋势。对其中一个的发现越多，对另一个的期望就越少。这个理论，我们从一开始就犯下了一个致命的——甚至是悲剧性的——错误，即我们将人类的本能性冲动和理性截然分开。我们从未意识到，这两者可能都是类本能的。并且更重要的是，这两者的结果和它们暗含的目标可能是同一的、协作的，而不是对抗的。

我们认为，对了解和理解的需要与对归属感和爱的需要可能同属意动性需要。

在通常的本能—理性二分法或对比中，这两者之所以相互对立，是因为它们没有被正确地定义。如果按照现代的知识进行正确的定义，那么两者就不会被视作是相互对立或对抗的，甚至两者之间都不会存在那么强烈的差别。按照如今的定义，健康的理性和健康的类本能冲动指向同一方向，并且在健康之人身上两者并不是对立关系（尽管它们在病态之人身上可能是对立的）。举一个简单的例子：所有现有的科学数据表明，对儿童的保护、接受、爱和尊重在精神病学上是非常可取的。而这也恰恰是儿童的本能需要。正是这个非常具体且可以得到科学验证的方式让我们断言，类本能需要和理性可能是协同的，而不是对抗的。两者之所以出现表面上的对抗，是由于只关注病人而产生的假象。如果这个论点得到确证，我们就可以回答“本能和理性哪个是主人”的古老问题。其实这个问题就像另一个问题一样过时：在一段美满的婚姻中，究竟应该丈夫说的算还是妻子说的算？

10. 在本能理论得到理解的鼎盛时期，衍生出很多非常保守甚至反民主的社会、经济和政治理论，正如巴斯托尔（Pastore）在他对麦克杜格尔（MacDougall）和桑代克（Thorndike）（笔者认为还要加上荣格，或者弗洛伊德）的分析中进行的结论性推论。这些理论源于（错误地）将遗传等同于不容变更、不可阻挡和不能改变的命运。

我们将会看到这个结论是错误的。弱势的类本能需要在仁慈的文化中才会显现，并得到表达和满足。在恶劣的文化环境中，类本能很容易受到摧残。例如，我们的社会必须得到长足的进步，然后才能期盼弱势的遗传需要得到满足。

无论如何，巴斯托尔将遗传和命运等同起来的的相互关系已被证明不是固有的。最近的研究显示，需要用两个连续体而不是一个连续体来说明这个问题。甚至在科学问题上，单一的自由一保守的连续体也已经让位于社会主义—资本主义和民主—专制这两个连续体。现在可能还要算上环境论—专制社会主义连续体，或环境论—民主社会主义连续体，又或环境论—民主资本主义连续体等等。

无论如何，认为本能和社会之间、以及个人利益和社会利益之间存在根本性对立的想法，是一种对未经证实的问题视作真实而进行辩论的可怕行为。这种对立的创造者的主要借口是：在病态的社会和病态的个人中，这些对立可能会是真实的。但是正如本尼迪克特（Benedict）所证明，这些对立并不一定是真实的。并且，在良好的社会中不可能存在这样的对立。在健康的社会条件下，个人利益和社会利益是协同的而不是对抗的。而这个错误的二分法之所以继续存在，是因为在恶劣的个人和社会条件下，自然会存在关于个人利益和社会利益的错误概念。

11. 如同动机理论中的其他理论一样，本能理论还有一个缺陷，在于它没有意识到各种冲动在一个由不同强度组成的层级体系中存在着动态的联系。如果孤立地对待不同的冲动，我们就会制造很多难以解决的问题。例如，动机生活的整体性和单一性遭到掩盖，继而产生了罗列动机一览表这种棘手的问题。再比如，有些人忽视了价值或选择原则，而恰恰是这些原则让我们可以断定某种需要比另一种需要更高级或更重要甚至更基本。目前，这种对动机生活的原子化带来了一个重要后果，就是为本能打开了通往涅槃、死亡、休眠、体内平衡、自满及平衡的大门。这是因为一旦某种需要被孤立地看待，那么它唯一能做的就是迫切地要求得到满足，但这种满足随即会带来这一需要的毁灭。

之所以出现上述问题，是因为一些研究者忽视了一个显而易见的事实，即任何需要得到满足后，这个需要就会进入休眠状态，而此前被它推到一旁的更为弱势的需要开始登上重要位置，竭力要求自己的应得之物。换言之，一个需要的满足会引起另一个需要的出现，需要交替迭代，永不止息。

12. 一些人不仅将本能解读为邪恶的动物性，还认为这种动物性在疯子、神经病、犯罪分子、弱智及走投无路之人身上体现得最明显。这个想法必然会产生如下理论，即良心、理性、伦理道德不过是后天形成的遮羞布，它们与本能的真面目完全不同。前者与后者的关系如同镣铐与囚犯的关系。从这种谬误衍生出来的说法是，文明和包括学校、教会、法庭、法律在内的所有文明的制度，不过是约束邪恶动物性的力量。

这个错误十分严重，并充满了悲剧色彩。从历史重要性的方面，它的荒谬程度可以与相信天赋王权、迷信某种宗教的唯一合法性、否认进化论或认为地球是平的等错误相提并论。任何导致人类对自己或对彼此产生不必要的怀疑的说法，以及任何对人类潜能产生不切实际的悲观情绪的说法，是导致所有战争、所有种族对立和所有宗教屠杀的罪魁祸首。

但奇怪的是，直至今日，这个关于人性的谬论竟仍同时受到本能论者和反本能论者的支持。乐观主义者、人本主义者、上帝一位论者、自由主义者、激进派、环境论者、以及所有相信人类未来会更好的人都会怀着恐惧的心理反对本能理论。因为这种遭到误读的本能理论将人性贬低为丛林世界中非理性的、弱肉强食的、好纷争的和充满敌意的属性。

本能论者对本能理论有着同样的误解，但是他们拒绝与不可避免的命运抗争。相反，他们已经普遍放弃了乐观主义精神。对待乐观主义的态度，一些人不过一笑置之，而另一些人则迫不及待地加以抛弃。酗酒问题和上述现象有着异曲同工之妙。有些人一下子便沾染上了酗酒的习气，有些人则是犹犹豫豫却最终还是没能抵住酒精的诱惑。但无论过程如何，最终的结果是一样的。这就解释了为什么弗洛伊德在某些问题上似乎与希特勒同属一个阵营，也解释了为什么邪恶动物性本能论的逻辑可以迫使桑代克（Thorndike）和麦独孤（McDougall）这样了不起的人物走向汉密尔顿主义和反民主的结论。

一旦意识到类本能需要并不是邪恶的，而是中性或者良善的，那么很多伪命题便迎刃而解并不复存在了。举个简单的例子：对儿童的训练将会经历重要变革，以至于我们可能会换掉“训练”这个充满丑恶暗示的措辞。一旦我们转而接受合理的动物性需要，这些需要便不再会遭受挫折，而会获得满足。

在我们的社会中，并未完全开化（即健康合理的动物性需要尚未完全被剥夺）的儿童，总是会以各种他所能想到的方式来索求赞许、安全感、自主、爱等等。比较复杂的成年人对此的反应不过是：“哦！他不过是在炫耀。”或“他只不过想要引人注意罢了。”随后便挥挥手将孩子从大人身边赶走。也就是说，这种论断通常会被当做一个禁制令：不要给予孩子所求的事物，不要关注他，不要欣赏他，也不要为他喝彩。

然而如果我们意识到，对接受、爱和欣赏的需求和对饥饿、干渴、寒冷、痛苦的抱怨都是合情合理的需要和权力，并且两者同属一个等级，那么我们便会自然而然地成为这些需要的满足者而不是它们的挫败者。如果真能如此，那么孩子和父母的相处都会更有乐趣，他们的相处会变得更加愉快，也必然会增进对彼此的爱。

这种想法不应该被视作鼓励家长对孩子给予完全或不加区别的放任。一些基本的文化教化仍是必要的，包括训练、训诫、对文化习惯的习得、对未来的准备、对他人需要的体谅等。并且在基本需要满足的环境下，这样的训练应该是无伤大雅的。但我们对精神症性的需要、成瘾性的需要、习惯性的需要、熟悉性的需要、固恋、对不良行为的需要和其他非类本能的需要不应采取放任自流的态度。最后，我们必须牢记，偶尔的需求受挫、悲剧和不幸可以带来有益的效果。

类本能的基本需要

所有前文所述的考量鼓励我们假设：从某种意义上，基本需要在某种可察觉的程度上是由体质和遗传决定的。我们现在还无法证明这个假说，因为直接的基因学和神经学的证明手段还不存在。而除了一些模棱两可的情况外，其他的分析方式（例如行为学、家庭学、社会学、人种学）普遍更倾向于反对（而不是赞成）遗传假说。但是我们的假说决不是为了模棱两可的案例而存在的。

接下来几页的内容中呈现了现有的资料和理论考虑，笔者已将它们罗列出来，以便支持关于类本能的假说。

支持提出新假说的主要论据是已有的解释手段已经失灵。将本能理论扫地出门的是环境主义理论和行为主义理论。但后者的两种理论几乎全然依赖联想式学习作为它们解释一切的理论基础。

整体而言，我们可以说这种心理学的研究方法无法解决动态性问题，如价值观、目的、本质需要、本质需要的满足和受挫以及它们产生的相应后果（例如健康、精神病理学、心理治疗等）。

我们无需繁文缛节的讨论来证明上述结论，我们只需要注意到一点，即临床心理学家、心理治疗师、精神分析学家、社会工作者、以及所有其他的临床医生几乎根本不采用行为主义理论。一直以来，他们固执地坚持用一种特别的方法，在不充分的理论基础上构建一套广泛的实用架构。他们更像是实用主义者而不是理论家。我们需要注意，临床医生所使用的理论是一种粗糙且非系统化的动力理论，本能在其中发挥着根本性作用。改良的弗洛伊德理论就是其中的一个例子。

总的来说，非临床心理学家只承认，像饥饿、干渴这样的心理冲动才属于类本能。基于这种想法，再加上条件反射过程的理论，一些学者便假设所有高等需要都是获得或习得的。

也就是说，可能是因为父母为我们提供食物并给我们其他的奖励，我们才学会去爱他们。在这个理论中，爱是令人满意的等价交换或易货贸易的副产品。或者援引广告业人士的说法，爱等同于某种客户满意度。

据笔者所知，还没有任何一个已知的实验可以证明上述观点可以用来解释对爱、安全感、归属感、尊重、理解等的需要。我们总是简单地作出假设，却从不对其深究。可能正是因为我们从未认真地审视过这些理论，才使得它们可以生存下来。

关于条件反射的资料确实尚不足以支撑这样的假设。相反，这些需要的表现更像是条件反应赖以为基础的非条件反射的反应，而非次级的条件反射反应。在完全基于“内在强化因子”的操作性条件反射中，这些关于类本能的已知事实却遭到忽视，并被笼统地称为学习理论。

实际上，即使在普通的观察层面也可以发现这个假设经不起推敲。为什么母亲这么急切地想奖励孩子？她到底在奖励什么？由孩子带来的怀孕和分娩的痛苦为什么会值得奖励？如果母子关系的本质是一种奖励机制，那为什么母亲在这个机制中处于如此劣势的地位？此外，为什么临床医生们一直确信，除了食物、温暖、悉心照料等所谓的奖励外，孩子还需要得到爱，仿佛爱是高于这些满足之外的东西？这难道不是多余吗？那么相比贫穷却慈爱的母亲，能满足孩子需要却无爱意的母亲是否会获得孩子更多的爱？

许多其他令人不安的问题也有待我们解答。到底什么是奖励或心理学上的奖励？我们需要假设奖励是一种生理快感，因为我们讨论的理论声称会证明所有其他的快感都是由生理快感衍生而来的。但安全需要的满足（例如得到温柔的拥抱，不被粗暴地对待，不被突然地摔落、不受到惊吓）也是生理性的吗？为什么轻柔低语、微笑、温柔地哄抱等行为会让婴儿感到愉悦？对于父母而言，给予、奖励、喂养孩子、为孩子牺牲等行为会从何种意义上给他们带来报偿呢？

越来越多的证据表明，满足的方式与满足本身一样有效。这对满足的概念而言意味着什么呢？定时且可靠的喂养是否会满足孩子的饥饿？还是其他因素会满足这种需要？放任自流会满足孩子的何种需要？尊重孩子的需要会满足孩子的何种需要？根据孩子的意愿进行断奶和厕所训练又会满足孩子的何种需要？为什么尽管受到悉心的照料（即得到生理满足），被送入收容机构的孩子还是经常会产生心理病态？如果对爱的需要本质上是对食物的需要，那为什么它不能被食物平息呢？

默菲（Murphy）的关于疏通的概念在这里非常实用。默菲指出，我们可以在无条件的刺激和任何刺激之间建立起任意的关联，因为后者的任意刺激只是一种信号，而不是满足因子本身。当我们面对诸如饥饿的生理需要时，信号不足以满足这种需要，只有满足因子才能真正地满足需要，就像饥饿只能通过食物得到真正的缓解。在一个非常稳定的世界中，我们会发生对信号的学习且这种学习是有用的（以晚餐铃为例）。但更为重要的学习是对疏通（canalization）的学习，而不是仅仅去学习任意的联系，即：学会辨别哪种物品是真正的满足因子而哪些不是，以及学会辨别哪个满足因子可以带来最大的满足感或（出于其他原因）要需要被更优先地选择。

疏通理论与我们的论点的相关性如下：根据笔者的观察，爱、尊重、理解等需要的满足需要通过疏通才能实现，即这些需要的满足必须通过本质上真正的满足因子，而不是通过任意建立的联系。当我们讨论神经症或神经性需要的时候（例如恋物癖），后者才会派上用场。

这里一定要提及哈洛（Harlow）以及他的同事们在威斯康星灵长类研究中心所做的各项试验。在其中的一个著名实验中，猴子的幼崽被迫与母亲分离后，实验人员为它们准备了一个金属线制成的假猴妈妈和一个套着绒布的假猴妈妈。金属猴妈妈那里有食物，而绒布猴妈妈那里没有食物。尽管前者（即金属假猴）可以为猴子的幼崽提供食物，但它们却一致选择后者（即可以与之拥抱的绒布假猴）作为它们妈妈的代替品。这些失去妈妈的猴子虽然好吃好喝地长大，但是成年后的它们在许多方面出现了异常，例如完全失去它们自己的母性“本能”。显然，对于猴子而言，光有食物和住所是不够的。

2. 本能的常规生物学标准对我们帮助不大，部分是因为我们缺乏数据，也是因为我们现在必须允许自己对这些标准本身产生更大的怀疑（然而，豪威尔斯［Howells］挑战性的论文指出了一种越过这个难题的新的可能性）。

正如我们前文看到的，早期本能理论家的一个严重错误是在过度强调人是动物世界的延伸的同时，却没有强调人类与其他物种深刻的不同之处。现在，我们可以很清楚地在他们的作品中看到一种倾向，即用普通动物的方式去定义和罗列本能，以便可以覆盖所有动物身上的所有本能。正因如此，任何在人身上体现却没在动物身上体现的本能通常会被认作非本能。当然，所有在人和其他动物身上所共有的冲动或需要（例如哺育、呼吸等）无需更多证据即可被证明为本能。但这并不能否认如下的可能性：一些类本能冲动只会在人类身上出现，就像动物界中只有黑猩猩这个物种与人类同有对爱的冲动。既然家鸽、鲑鱼、猫等动物都有属于各自物种的独特的本能，那为什么人类物种不能也有独一无二的本能特征呢？

广为人们所接受的理论是，随着种系层级的提高，本能会逐渐消退，并被一种适应性所取代，而这种适应性的基础是受到极大改进了的学习、思考和沟通的能力。如果我们用低等动物的方式来为本能下定义，并将其解释为由天生先决的冲动、感知的冲动、工具性行为和技能以及目标物（甚至可能是我们有办法感知到的情感伴随物）所构成的复杂的综合体，那么那个理论似乎可以站得住脚。根据这个定义，我们可以在小白鼠身上找到性本能、母性本能、喂养本能等。在猴子身上，我们可以看到母性本能仍然存在，但是喂养本能已经受到改变且可以进一步被改变，性本能已经消失，剩下的是一种类似本能的冲动。猴子需要通过学习来选择它的性配偶，并通过学习来有效地进行性行为。在人类身上，上述本能（以及其他任何本能）都已经消失。性和喂养（甚至母性）的冲动尽管十分微弱，却仍然存在。然而工具性行为和技能、选择性知觉以及目标物必须通过学习来获得（主要是通过疏通作用来习得）。人类没有本能，只有本能残余。

3. 本能的文化标准（即“我们所讨论的反应是否独立于文化之外？”）是关键性的标准，但不幸的是目前的资料仍不明确。笔者的观点是，就其本身而言，本能的文化标准支持我们所讨论的理论，或者说是与我们所讨论理论相兼容的。然而我们必须承认，其他人在审视同样的理论时可能会得出完全相反的结论。

由于笔者的实地经验仅限于与一组印第安实验对象的短暂接触，并且由于这个问题更依赖于人种学家未来的研究发现而不是心理学家的研究发现，因此我们便不对该问题在此做出进一步的考察了。

4. 我们已经讨论过基本需要本质上是类本能的原因。所有临床学家一致同意，这些需要的受挫会导致心理病态。但这并不适用于精神症引起的需要，也不适用于习惯、瘾、对熟悉事物的偏爱、工具性或手段性的需要。它只适用于特殊意义下完成行为的需要、对于感官刺激的需要以及表达才能和能力的需要（至少这些不同需要可以通过实效性和实用性加以区别，并且这些需要应该出于各种理论和实际的原因得到区分）。

如果所有价值观是由社会创造出来并反复灌输给我们的，那么为什么某些价值观的受挫会导致心理病态，而另一些则不会呢？我们学会一日三餐，学会道谢，学会使用刀叉和桌椅。我们被要求穿着衣服和鞋子，晚上在床上睡觉，并且讲英语。我们吃牛肉和羊肉，而不是猫肉或狗肉。我们保持整洁，竞相获得更高的分数，并渴望金钱。然而，所有这些强大的习惯受到挫折时却不会带来痛苦，甚至有时还会带来积极的影响。在某些情况下，例如当我们撑着小船尽情享受露营之旅时，我们会承认这些习惯在本质上是外在的，并且会如释重负地把它们抛诸脑后。但对爱、安全感和尊重的需要却永不可能如此。

因此，基本需要显然拥有特殊的心理学和生物学地位。它们与众不同。如果它们得不到满足，就会导致我们的病态。

5. 我们有多种多样的词汇来描述基本需要的满足带来的结果，包括有益的、良好的、健康的或自我实现的。在这里，“有益的”和“良好的”这两个词的使用是出于生物学的角度而不是推理演绎的角度，并且它们的定义易受到实效的影响。健康的机体本身就倾向于选择这些由基本需要满足带来的结果，并且在条件允许的情况下会积极地寻求这些结果。

在探讨基本需要满足的章节中，我们已经讨论过这些心理和身体上的结果，因此在这里无需赘述。但我们需要指出一点，即该标准绝没有晦涩难懂和非科学之处，我们可以很容易地用实验甚至工程的角度检验这些标准。我们只需记住，这个问题与为汽车选择正确的汽油没有多大差别。评判某种汽油是否更合适的标准是看它能否让汽车更好地运行。临床研究的结果普遍显示，得到安全感、爱和尊重的机体运转得更好，这样的机体可以更高效地感知、更充分地运用智慧、更易于思考并得出正确的结论、更好地消化食物、更有力地抵御疾病等。

6. 基本需要满足因子的必要性将它们自身与其他需要的满足因子区分开来。出于本性，机体自身指出了满足因子的固有范围，并且不接受任何替代物。而对于习惯性需要甚至是神经症的需要而言，这却是有可能的。这种必要性也带来一个事实，即最终将需要和它的满足因子联系起来的是疏通作用，而不是任意的联系。

7. 心理治疗的效果对我们的研究十分有利。在笔者看来，所有主要的心理治疗法都有一个共同特点，即这些心理治疗法都会培养、鼓励和强化我们所说的基本和类本能的需要，同时还会弱化或完全抹去所谓的精神症需要，直到这些疗法取得成功。

尤其是那些明确地声称让患者回归其内在本质的心理疗法（例如罗杰斯、荣格、霍尔妮等人的疗法）表明了一个重要的事实，因为这种说法意味着人格具有某种内在的本质。心理治疗学家并不能从头创造出人格，他们能做的是释放这种本质，并引导其通过自然的方式成长和发展。如果顿悟或压抑的接触能使某种反应消失，那么我们可以合情合理地认为这个反应是异质的而不是内在固有的。如果顿悟使某种反应得到强化，那么我们可以认为这种反应是内在的。此外，正如霍尔妮分析，如果焦虑的释放可以使患者变得更加友爱且更少敌意，那么这是否表明友爱是人类的基本特性，而敌意不是人类的基本特性呢？

从原理上讲，关于动机理论、自我实现理论、价值理论、学习理论、普遍的认知理论、人际关系理论、文化适应和反文化适应理论等应该存在大量宝贵的资料。但不幸的是，这些关于治疗改变带来的影响的资料还没有积累起来。

8. 目前关于自我实现之人的临床和理论研究都明确地显示人类基本需要拥有特殊的地位。健康的生活正是基于这些基本需要

（而非其他需要）的满足建立起来的（详见第十一章的内容）。此外，正如类本能假说提出的那样，自我实现的个人接受冲动，而不是拒绝或压抑冲动。但整体而言我们必须承认，与关于心理治疗效果的研究一样，这类研究还有待进一步深入。

9. 在人类学中，关于文化相对论的抱怨最初来自于实地考察的工作者，因为他们感到文化相对论暗含着“民族之间的差异深刻且不可调和”的意味，但是事实情况并非如此。笔者在一次实地考察中获得的第一个也是最重要的一个经验是，印第安人首先是人、是个体、是人类，其次才是黑脚族的印第安人。我们之间的差异虽然存在，但和相似之处必起来，这些差异不过是表面的。印第安人和文献中记载的所有其他人种一样，都有骄傲感，更倾向于受到喜爱，会寻求尊重和地位，并会避免焦虑。此外，我们的文化中观察到的与生俱来的个体差异，在世界其他地方同样存在，例如智力的高低、意志的强弱、活跃性和惰性程度的差异以及沉着和激动程度的差异等。

尽管我们会看到差异，但是这些差异仍可以证实人类的共性，因为这些差异可以被人理解，并且任何人类放在同样的场景中都倾向于做出相同的反应，例如对挫折、焦虑、沮丧、胜利和临近死亡的反应。

这些情感被认为是模糊的、不可量化的且几乎称不上是科学的。然而，当我们将上述及下文还要提出的假说（例如类本能的基本需要微弱的声音、自我实现之人出乎意料的超脱和自主以及他们对文化习俗的抵制、健康和适应这两个概念的区别等）考虑进来，就会发现我们需要重新考量文化和人格的关系，从而为机体内在力量的决定能力赋予更强的重要性。这种做法似乎会带来更多成效——至少对于较为健康的人来说是如此。

如果一个人的成长中不考虑这个结构，那么他确实不会因此发生骨折，也不会出现明显的病态。然而，我们全然承认病态迟早会显现。它的显现可能是不易察觉的而不是显而易见的，且时间上可能较晚而不是较早。我们可以援引普通的成人精神官能症为例，以证明早期对（虚弱）本能的伤害造成的影响。

那么，个人出于维护自身的完整性及内在本性的需要而抵制被文化习俗同化的行为是（或应该是）心理学和社会科学中值得尊重的研究领域。如果一个人轻易地屈从于其文化中的摧残力量（即成为完全适应环境的人），那么他有时可能不如违法者、罪犯或神经病来的健康，因为后者通过行为展示出，他们有足够的骨气来抵抗文化对其精神脊梁的弯折。

此外，这种考量还带来了乍看起来似乎颠三倒四的悖论。教育、文明、理性、宗教、法律、政府这些事物在大多数人看来是束缚或压抑本能的力量。但如果“本能畏惧文明的程度要比文明畏惧本能的程度更甚”的说法是正确的话，并且如果我们希望培养更好的人并建设更好的社会的话，那么我们就应该用相反的角度来看待这个问题，即：教育、法律、宗教等至少需要拥有的一个功能，就是保护、培养、鼓励对安全、爱、自尊、自我实现的类本能需要的表达和满足。

10. 这个观点可以帮助我们解决并超越很多哲学中的古老矛

盾，例如生物学和文化的矛盾、与生俱来和后天习得的矛盾、主观和客观的矛盾、特异性和普遍性的矛盾等等。之所以会这样，是因为揭露疗法、自我寻求疗法以及个人成长和“灵魂寻求”的技术也是一条通往发现个人客观生物性、个人动物性和任性以及个人存在的道路。

无论来自何种学派的心理治疗学家大多都会假设，当他们在剖析神经症的时候，他们是在揭示和释放更基本、更实质、更真实的人格（即他们通过层层剥离病态的表象，还原了始终存在却一直遭到蒙蔽、掩盖和抑制的内核）。当霍尔妮谈及透过虚假自我（pseudo-self）抵达真实自我（real self）的时候，她的表述非常清晰地阐明了这一点。关于自我实现的讨论也强调，要让一个人潜在的本来面貌得到实现。此外，对身份的探索和“成为某人真实的样子”这种说法具有完全相同的含义。类似的说法还有，使自己成为“机能健全的人”或“完全的人”，或使我们成为独一无二的人或真实的自己等等。

显然，这里的一个核心任务是意识到，作为某个特定族类的一员，我们在生物上、性情上、体质上究竟是怎样的人。这也当然是各种各样的精神分析学想要达到的目的，即帮助人们意识到他们的需要、冲动、情感、快乐和痛苦。但这是一种关于人们内在生物学、动物性和人性的现象学，它通过感受生物性去发现生物性，有人称之为主观生物性、内省生物性、感受性生物性等类似的说法。

但这同时相当于对客观性的主观发现，即对人类特有的族类特性的发现。它相当于个人对整体性和普世性的发现，和个人对非人格性和超越个人性（甚至超越人类性）的发现。简言之，对于类本能的研究既可以是主观的也可以是客观的，既可以通过“灵魂探索”的方式也可以通过科学家普遍的采用的外部观察的方式。生物不仅是客观的科学，也可以是主观的科学。

如果我可以将麦克利什（Archibald MacLeish）的诗句稍加改动以便对上述内容加以诠释，我会说：

个人不具其他含义，
个人就是个人本身。

第七章

高级需要与低级需要

Motivation and Personality

高级需要与低级需要的差异

本章将阐述所谓的“高级需要”与“低级需要”在心理与行动之间存在着真正的差别。这样做是为了证实有机体本身决定了价值层级，而科学观察者只能记录无法创造。因此，证明这一显而易见的观点很有必要，因为仍然有很多人认为，价值不过就是作者强加在一系列事实上的任意要求，这些事实包括他们的品味、偏见、直觉或其他未被证明或无法被证明的假设。本章的后半部分将展示论证的结果。

从心理学中抛弃价值观念，不仅削弱了心理学，阻碍了其全面发展，而且会让人类沉湎于超自然主义、伦理相对主义或虚无价值论。但是，如果可以证明有机体本身在强弱高低之间进行选择，那么可以肯定的是：一件善行与另一件善行无法具有相同的价值，或者这二者不可能必选其一，或者人没有分辨善恶的自然标准。这样的选择原则已在第四章中进行了阐述。基本需要是在相对效力原则的基础上，将自己放置在相当明确的层级中。因此，安全需要强于爱的需要，因为当这两种需要都受挫时，安全需要以各种明显的方式支配着有机体。从这个意义上说，生理需要

（本身按亚层级排序）强于安全需要，安全需要强于爱的需要，爱的需要强于自尊需要，自尊需要又强于我们所称之为自我实现的个人特质需要。

这是选择或偏好的顺序。这也是本章列出的其他各种意义上从低级到高级的顺序。

1. 高级需要来自于后期种系或进化发展。我们与所有生物共享对食物的需要，与（也许）高等类人猿共享对爱的需要，但人类自我实现的需要是独一无二的。等级越高的需要，越为人类所特有。

2. 高级需要来自于后期个体发展。任何个体一出生就会表现出生理需要，也可能表现出非常早期形式的安全需要，例如，它可能会感到害怕或受到惊吓，而当世界显示出足够的规律和秩序供其依靠时，它就可以更好地茁壮成长。仅仅几个月后，婴儿就表现出人际关系和选择喜好的最初迹象。再后来，我们也许可以肯定地看到，除了安全和父母的爱之外，婴儿对自主，独立，成就，尊重和赞美表现出强烈的欲望。至于自我实现，就连莫扎特这样的神童也是等到三四岁才显现出来。

3. 高级需要对纯粹维持生存的迫切程度低，可以推迟满足高级需要的时间，并且高级需要更易永久消失。高级需要并不擅长支配，组织和调动有机体的自主反应和其他能力，例如，相比人们对尊重的需要，在追求安全时人们更容易顽固，偏执，不顾一切。与剥夺低级需要相比，剥夺高级需要不会产生那么强烈的抵抗和应急反应。与食物或安全相比，尊重是可有可无的奢侈品。

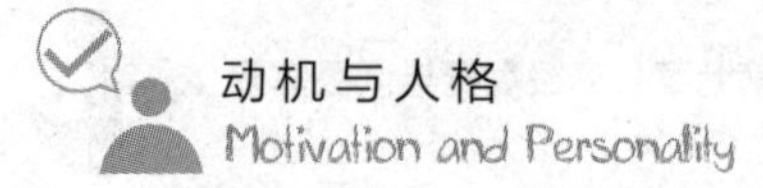

4. 生活在高级需要水平意味着生物效率高，寿命长，疾病少，睡眠食欲好等。身心症研究人员一次又一次地证明，焦虑、恐惧、缺爱、控制等往往会导致人们身体和心理双双欠佳。满足高级需要也具有生存价值和成长价值。

5. 高级需要在主观上不那么紧迫。高级需要不太容易被察觉，也很难准确无误，它们很容易因为建议、模仿、错误的信念或习惯而与其他需要混淆。能够认识到自己的需要，即知道一个人真正想要的什么是一项巨大的心理成就。对于高级需要来说，更是如此。

6. 满足高级需要能产生具有吸引力的主观结果，即内心生活会获得深刻的幸福、宁静和丰富。满足安全需要最多会给人以解脱和轻松的感觉。无论如何，这种满足都不会产生如狂喜、高峰体验和心满意足的爱所带来的欢愉谵妄，或带来诸如平静、理解、崇高之类的结果。

7. 追求和满足高级需要代表总体倾向健康，且远离精神病病理因素的趋势。第五章已介绍了本观点的证据。

8. 满足高级需要的前提条件更多。优势需要必须在高级需要被满足之前得到满足。因此，与安全需要相比，需要更多的满足感才能让爱的需要出现在意识中。从更一般的意义上说，在高级需要层次上的生活更复杂。与寻求爱相比，寻求尊重和地位涉及更多的人，更大的场景，更长的时间，更多的手段和阶段性目标，更多的分解和预备步骤。爱的需要和追求安全之间的差异也大抵如此。

9. 满足高级需要的外部条件更优越。要让人们彼此相爱，而不仅仅是免于相互残杀，优越的环境条件（家庭、经济、政治、教育等）十分必要。需要非常好的条件才能促成自我实现。

10. 低级和高级需要都得到满足的人通常会认为后者具有更大价值。这样的人将为获得更高级的满足而做出更多的牺牲，此外，他们更容易承受被剥夺低级需要。例如，他们更易接受苦行修道的生活，为了原则而承受危险，为了自我实现而放弃金钱和声望。理解这两种需要的人普遍认为自我尊重是比填饱肚子更加高级，更有价值的主观体验。

11. 高级的需要层次意味着广泛的爱的同一性，即“与越多的人认同爱，其同一性的典型程度就越高”。原则上，我们可以将爱的同一性定义为将两个或多个人的需要合并为一个单一优势层级。相爱的两个人会不加区分地回应对方和自己的需要。实际上，另一半的需要就是他自己的需要。

12. 追求和满足高级需要会产生有益的公众和社会效果。在某种程度上，追求的需要越高级，人的自私就必定越少。饥饿是高度以自我为中心的，满足它的唯一途径就是满足自己。但是寻求爱和尊重的过程必然涉及其他人。此外，还涉及满足这个过程中的其他人。基本需要得到充分满足的人会寻求爱和尊重（而不仅仅是食物和安全），并且往往会培养出忠诚、友善和公民意识等特质，还能成为更好的父母、丈夫、老师、公务员等。

13. 满足高级需要比满足低级需要更接近自我实现。如果人们接受自我实现理论，这将是一个重要的区别。除此之外，这还意味着在那些生活在高级需要层次上的人中，我们可以期望发现更多的人在更大程度上实现自我。

14. 追求和满足高级需要会带来强大和真实的个人主义。先前的观点认为，生活在高级需要水平意味着更多的爱的认同，即更加社会化，这似乎与该观点相互矛盾。无论听上去多么符合逻辑，它却是以经验为基础的现实。实际上，生活在自我实现层次上的人们最爱人类，其个人特质也是发展得最好的。这完全支持弗洛姆（Fromm）的论点，即自爱（或用更好的说法，自尊）与爱他人具有协同作用，而不是相互对抗。他关于个体性、自发性和自动化的讨论也很切题。

15. 心理治疗对高级层次的需要行之有效，对最低层次的需要几乎无用武之地。心理疗法无法缓解饥饿。

16. 与高级层次的需要相比，低级层次的需要局限在肉体上，切实有形，有一定限度。饥饿和口渴比爱更为明显地体现在躯体上，而爱又比尊重更为明显地体现在躯体上。此外，低级需要的满足因素比高级需要的满足因素更唾手可得或切实可知。此外，只需要满足较少的条件就能够安抚这种需要，从这个意义上来说它们不会漫无止境。人类能吃的食物是有限的，但是爱、尊重和认知上的满足几乎是无限的。

这种差异所带来的后果

前文所论述的观点可以总结为：第一，高级需要和低级需要具有不同属性；第二，这些高级需要和低级需要必须包含在基本的和给定的人性中（不是与之不同或相反的）。这样的观点必定给心理学和哲学理论带来许多革命性结果。大多数文明及其政治、教育、宗教等理论都基于这种信念的对立面。总体而言，它们假定动物性和人性中似本能的一面严格局限于食物、性等生理需要。人们还假定，对真理、爱情、美丽的更高级冲动在本质上与这些动物性需要是不同的；同时这些兴趣相互对立，相互排斥，并且因竞争优势地位而永久相互冲突。人们站在高级需要的角度上反对低级需要，也从这一观点出发看待所有文化及其所有工具。因此，文化必然扮演着抑制和阻挠的角色，充其量是不幸的必需品。

高级需要恰如对食物的需要一样是似本能和动物性的，认识到这一点影响重大，这里列举以下几个观点。

1. 也许，最重要的是认识到将认知和意动对立起来的两分法是错误的，亟待解决。对知识、理解、生活哲学、理论参考系和价值系统的需要，本身都是意动，是我们原始性和动物性的一部分（我们是非常特殊的动物）。

既然我们也了解我们的需要并不完全是盲目的，并且了解文化、现实以及可能性皆可更改我们的需要，那就可以进而推导出，认知在它们的发展中扮演了重要角色。约翰·杜威（John Dewey）主张，需要的真实存在和准确定义是基于对现实和对满足该需要的可能性的认知。

如果意动在本质上也是认知的，如果认知在本质上也是意动的，那么将这两者一分为二的做法就是无用的，除作为病理标志外必须摒弃这种二分法。

2. 我们必须重新对待许多古老的哲学问题。其中一些问题甚至可以看作是伪问题，因为其建立在对人类动机生活误解的基础上。例如，这可能包括自私与不自私的明显差别。如果看着自己的孩子大快朵颐就能让个体获得“自私的”愉快，甚至不需要亲口品尝，并且这是由于我们似本能的冲动，比如爱的冲动，那么我们应怎样定义“自私”呢？怎样把它与“不自私”相区分呢？假如对真理的需要与对食物的需要一样具有动物性，那么为真理而冒生命危险的人比为食物而冒生命危险的人更少一些“自私”吗？

如果从食物、性、真理、爱或尊重的满足中能同等地得到动物性愉悦、自私愉悦和个人愉悦，那么显然需要修正享乐主义。这意味着，低级需要享乐主义衰落的地方，可能正是高级需要享乐主义发展起来的地方。

古典浪漫主义里酒神与太阳神的对立必定会缓和。至少就它的某些形式来说，它同样是基于不正当的二分法来割裂动物性的低级需要与非动物性和反动物性的高级需要。与此同时，我们也必然要极大地修正理性与非理性的概念、理性与冲动的对比，以及与本能生活相对的理性生活的一般概念。

3. 伦理哲学家有许多东西要通过严密审查人的动机生活来学习。如果我们最高尚的冲动不被视作勒马的缰绳，而是马匹本身，如果我们的动物性需要被看作具有与我们最高级的需要一样的性质，那么怎么才能证明它们之间鲜明的差异呢？我们怎么才能继续相信它们来自不同源头呢？

此外，如果我们清楚且充分地认识到，这些崇高而美好的冲动之所以能够存在并且日益强大，主要是因为它们优先满足了更为迫切的动物性需要，那么我们自然应该在论及自我控制、抑制、自律等时不那么褊狭，并且更常论及自发性、满足，以及自我选择等等。在责任的严厉声音与愉悦的轻快呼唤之间，对立似乎比我们所认为的要少。在最高层次上的生活，比如存在，责任就是愉悦，人的“工作”是被爱的，工作与假期之间分毫不差。

4. 我们的文化概念以及人与文化的关系的概念必须朝向本尼迪克特（Benedict）称之为“协同作用”的方向改变。文化可以满足基本需要，而非抑制需要。此外，它不仅是为人类的需要而创造的，而且也是由人类的需要创造的。需要重新审视将文化与个体一分为二的方法。应该更加公正地强调它们之间的对抗，更多强调它们潜在的协同合作。

5. 人的最好的冲动显然是内在固有的，而不是偶然的和相对的，认识到这一点对于价值理论一定蕴含着重大意义。比如，它意味着根据逻辑推导价值，或试图从权威和启示中读出价值，既不必要也不需要。很明显，我们需要做的就是观察和探索。人类本性自身就包含对这些问题的答案：我怎样才能成为好人？我怎样才能幸福快乐？我怎样才能收获成就？当这些价值被剥夺时，有机体通过生病告诉我们它需要什么（从而也就告诉我们它珍视什么）；当这些价值未被剥夺时，有机体通过茁壮成长告诉我们相应信息。

6. 对这些基本需要的一项研究表明，虽然它们的本质显然是似本能的，但是在许多方面它们并不像我们非常熟悉的低级动物的本能。本能是强大的，不受欢迎也不可改变；与这一古老假设相反，我们的基本需要虽是似本能的，却比较疲弱。虽然这是个意外发现，却是这两者在所有区别中最重要的差异。能够意识到冲动，了解我们真正所想，了解我们需要爱、尊重、知识、哲理、自我实现等等，这些都是艰难的心理成就。不仅如此，基本需要层次越高，它们就越弱，越容易被改变和压制。最后，它们不是坏的，而是中性的或好的。用一个悖论来总结：我们人类的本能疲弱不堪，因此它们需要保护以免受文化、教育和学习的影响，总之，以免被环境压倒。

7. 我们必须极大改变对心理治疗（以及教育、抚养孩子，一般意义上良好性格的塑造）的目标的理解。对于许多人来说，它仍然意味着获得一套对固有冲动的抑制和控制。自律、控制、镇压，是这样一种管理体制的口号。

但是，如果心理治疗意味着强制打破控制和禁戒，那么新的关键词定是自发性、释放、自然性、自我接受，冲动认识、满足、自我选择。如果我们的本能冲动被理解为令人歆羡的而非可憎可恨的，那我们当然愿意释放它们，让它们最充分地表达自己，而不愿将它们禁锢在桎梏之中。

8. 假如本能是疲弱的，且高级需要在性质上是似本能的；假如文化比似本能冲动更强劲有力，而不是更疲弱，假如人的基本需要最终被证明是好的而不是坏的，那么，通过培养似本能的倾向以及促进社会改革，也许可以改进人性。的确，改善文化的意义在于给予人的内在生物倾向以更好的实现自己的机会。

9. 在高级需要层次上的生活可以相对地不受满足低级需要的支配（甚至在紧要关头可以免于被满足高级需要支配），有了这一发现，我们可能解决困扰神学家们的古老难题。他们总是认为有必要尝试调和肉体和精神、天使和魔鬼——人类有机体中的高级和低级需要，却从来没有一个人找到过令人满意的方法。高级需要生活的机能自主似乎提供了部分答案。只有建立在低级需要的基础上，高级需要才能得以发展，最终一旦建立稳固，高级需要就可以相对地脱离低级需要。

10. 除了达尔文的生存价值外，我们现在也许还可以提出“成长价值”。它不仅有益于生存，还有益于个体发展完整的人性，实现潜能，追求更大的幸福，宁静以及高峰体验，走向超越，获得对现实更丰富、更准确的认知等等。我们不再单单以生存能力和生存去最终证明贫穷、或者战争、或者独裁，或者残忍是丑恶的，而非美好的。我们之所以认为它们是不好的，是因为它们侮辱了生命、人格、意识以及智慧的质量。

第八章

精神病病因与威胁理论

Motivation and Personality

前文已经对动机概念进行了阐述，其中蕴含了一些帮助我们理解精神病病因以及挫折、冲突、威胁的本质的重要线索。

几乎所有旨在解释精神病是如何发病、如何持续的理论，都非常依赖我们现在将要讨论的挫折和冲突这两个概念。一些挫折的确会产生病理，另一些却不会。同样，一些冲突会产生病理，而另一些并不会。我们将会看到，必须要借助基本需要理论才能解开这个谜题。

剥夺，挫折和威胁

在讨论挫折时，很容易犯将人割裂开的错误。也就是说，仍然倾向去谈论一张受挫的嘴，一个受挫的胃，或一种受挫的需要。我们必须牢记，经受挫折的只能是一个完整的人，决不会是一个人的某一个部分。

将这一点铭记于心，一个重要的区别就会浮现出来，即剥夺人格和威胁人格之间的区别。通常，挫折的定义仅仅是得不到所渴望的东西，愿望或满足受到妨碍等。这种定义没有区分两种完全不同的剥夺：一种剥夺对有机体并不重要（很容易被替换，几乎不会导致严重后果）；而另一种剥夺同时是对于人格的威胁，也就是说，对于这个个体的生活目标，他的防御系统，他的自尊，他的自我实现，即对于他的基本需要的一种威胁。我们认为，只有威胁性的剥夺才有通常归于一般挫折的各种后果（往往是令人不快的）。

同一个目标物对于个体来说可以有两种意义。首先它有着内在的意义，其次，它也可以有一种从属的、象征性的价值。因此，如果我们剥夺了孩子想要的蛋卷冰淇淋，对一些孩子来说他可能只是失去了一个蛋卷冰淇淋卷；但对另一些孩子来说，可能不仅是丧失了一次感官上的满足，他还会觉得自己被剥夺了母爱，因为是母亲拒绝给他买蛋卷冰淇淋。对于第二种孩子来说，蛋卷冰淇淋不光有着内在的价值，而且还是他心理价值的承载物。对于一个健康人来说，如果只是被剥夺了仅代表冰淇淋的冰淇淋，这无关痛痒，甚至能否使用同样的名称，即挫折，来描述这种情况都值得商榷，因为挫折的特征是具有更大威胁的剥夺。只有当目标物代表爱、声誉、尊重或其他基本需要时，这些剥夺才会产生通常归于一般挫折的种种恶果。

在某些动物种类中，某些情况可以很清楚地说明一个物体含有这种双重意义。例如，我们已经能够证明，当两只猴子处于一种支配从属的关系时，一块食物既是充饥物，同时也是一种支配地位的象征。所以，如果处于从属地位的动物试图捡起食物，处于支配地位的动物会立刻攻击它。然而，如果他能够剥离食物所象征的支配价值，那么，他的支配者就会允许他食用。他仅仅需要做出一个顺从的姿势，就可以轻而易举地办到，即在接近食物时做性展示，这个动作仿佛在说，“我想要这块食物只是为了充饥，我不想挑战你的支配地位。我乐意服从你的支配”。同样，我们在对待朋友的批评时也是这两种态度。通常，一般人的反应都是觉得受到了攻击和威胁（这相当言之有理，因为批评通常都是攻击）。于是，他的反应便是怒火中烧，勃然大怒。但如果他确信这一批评不是攻击或是对他的排斥，那他不仅会从善如流，而且甚至可能会心存感激。因此，如果他已经有成千上万的证据表明他的朋友爱他，尊重他，批评便只代表批评，它并不会同时代表攻击或威胁。

对于这一区别的忽略导致了精神病学界里很多不必要的混乱。一个反复出现的问题是：性剥夺是否不可避免地完全或部分导致了挫折的许多后果，如攻击性和感情升华等。众所周知，在许多情况下禁欲都没有造成精神病理上的后果。然而，在许多其他情形中，独生生活却酿成了恶果。什么因素决定会出现什么结果呢？针对非精神病人进行的临床工作给出了明确答案：只有当个体感觉性剥夺代表着异性的拒绝、自卑、缺乏价值、缺乏尊敬、隔绝或者阻挠其他基本需要时，性剥夺才会在严重意义上成为致病原因。有些人并不认为性剥夺有这些含意，那么他们天生就可以相对容易地接受性剥夺（当然，很可能会有罗森茨威格［Rosenzweig］所说的需要的坚持性反应，但这些反应虽然令人不快，却不一定是病理性的）。

儿童时期不可避免的剥夺通常也被认为是具有挫折性的。断奶、控制排泄、学步，实际上，每一个调整的新层次都是强行推动孩子实现的。此处，纯粹的剥夺和对人格的威胁之间的差异再一次要求我们谨慎行事。通过观察那些确信父母的爱和尊重的孩子，可以发现他们天生可以接受各种剥夺、纪律和惩罚，简直轻而易举，令人惊叹。如果一个孩子认为这些剥夺并没有威胁到他的基本人格、主要生活目标和需要，那么这些剥夺就不会造成什么挫折性的后果。

从这个观点出发能够得出：威胁性挫折这个现象同其他威胁性情况的联系，要比同纯粹剥夺的联系紧密得多。挫折的典型后果通常是由其他类型的威胁所导致的，其他威胁包括创伤、冲突、皮质损伤、严重疾病、真实的人身威胁、死亡的逼近、屈辱，或巨大的痛苦。

这将我们引向了我们的最终假设：也许挫折作为一个单独的概念不如在它身上交织的那两个概念有用，这两个概念是对非基本需要的剥夺和对人格的威胁，即威胁基本需要或威胁同这些需要有关的各种应对系统。剥夺的含义比挫折这一概念的通常含义要少得多，而威胁的含义则比它多得多。剥夺并不是精神病病因，而威胁是。

冲突和威胁

冲突这一单独的概念同威胁的概念交错，正如挫折那样。冲突的种类可以按以下划分。

单纯的选择

这是在最简单意义上的冲突。每个人的日常生活都充满着无数这样的选择。我是像下面这样来思考这种选择和将要讨论的下一种选择之间的差异的。第一种选择涉及在通向同一个目标的两条道路中进行选择，这一目标对有机体相对来说并不重要。对于这样一个选择情况的心理反应几乎从来也不是病理性的。实际上，在绝大部分情况下，主观上根本就没有冲突的感觉。

在通向同一（极其重要，基本）目标的两条道路中进行选择

在这种情况下，目标本身对于有机体来说是重要的，但却有两种到达这一目标的途径可供选择。目标本身并没有受到威胁。目标重要与否，当然要视每一个单独的有机体而定。对一个有机

体来说重要的，对另一个则不然。可以举一个例子：一位女性正在思考是穿这双鞋还是那双鞋，是穿这件衣服还是那件衣服到一个社交场合去，这一社交场合恰好对她来说很重要，她希望能给别人留下好印象。在做出决定后，冲突的明显感觉通常就会消失。然而，如果这位女性不是在两件衣服中进行选择，而是在两个可能成为丈夫的人之间进行选择，这种冲突就确实可能变得极其激烈，这使我们再一次想起了罗森茨威格对需要的坚持性效应和自我的防御性效应之间所作的区分。

威胁性冲突

这种类型的冲突同前两种类型冲突有着本质上的不同。它仍然是一个需要做出选择的情形，但是是在两个不同的目标之间进行选择，而这两个目标都至关重要。在这种情况下，给出回应做出选择通常并不能解决冲突，因为这种决定意味着放弃某些几乎是同被选择物一样重要的东西。放弃一个必要的目标或对需要的满足使人感到一种威胁，即使在做出选择之后，威胁性后果也依然存在。总之，这种选择最终只会导致长期妨碍基本需要。这是致病的。

灾难性冲突

最好将它称为没有抉择或选择可能性的纯粹威胁。就其后果来说，所有的选择都同样是灾难性或威胁性的，不然的话，也只有一种可能性，即一种灾难性的威胁。这样一种情况，只有延伸冲突这个词的外延，这种情况才可能算作一种冲突。通过这样两个例子可以很容易地看到这一点：一个例子是一位在几分钟内就要被处决的人，另一个例子是迫使动物走向它明知是惩罚的方向，并且杜绝了所有逃避、进攻或替换行为的可能性——这正是许多动物神经官能症实验中的情况。

冲突和威胁

就精神病理学的观点来说，我们所得出的结论只能同我们分析了挫折之后所得出的结论一样。一般说来，有两种冲突的情况或冲突的反应，一种有威胁性，另一种无威胁性。无威胁性的冲突并不重要，因为它们通常是不致病的；带有威胁性的冲突种类是重要的，因为它们往往是致病的。[①] 同样，如果我们将一种冲突的感觉作为病症的缘由来谈论，那我们似乎最好还是来谈一下威胁或威胁性冲突，因为某些种类的冲突并不能引起症状。有一些实际上还会强化有机体。

我们也可以对精神病病因这一领域的各种概念进行重新分类，

① 威胁并不总是致病的，可以用健康的方法，或者神经官能症或身心症的解决方案来处理它。此外，明显的威胁状况可能会或不会在特定个体中产生心理威胁的感觉。轰炸或对生命的威胁本身可能不像冷笑、冷落、对朋友的背叛、孩子的疾病或对陌生人的不公正行为那般。此外，威胁可能具有增强作用。

可以首先讨论剥夺，其次则是选择；可以认为这两者都是不致病的：因此对精神病理学的研究者来说是不重要的概念。重要的那个概念既不是冲突也不是挫折，而是两者的基本致病特征，即威胁或实际上要阻挠机体的基本需要的满足或自我实现。

威胁的本质

但是又有必要指出，威胁这一概念所包含的现象既不属于普遍意义上的冲突，又不属于普遍意义上的挫折。某些类型的严重疾病能够引起精神病。那些经历了严重突发性心脏病的人，他们的行动往往受到威胁。生病或住院的经历常常直接威胁着年幼的孩童，且不说随之而来的各种剥夺。

盖尔卜（Gelb）、戈德斯坦（Goldstern）、史勒（Sheerr）以及其他一些人的研究显示：一般性的威胁在另一类患者，即脑损伤病人的身上得到了证明。唯一能够根本上理解这些病人的方法是假设他们感受到了威胁。所有类型的症状性精神病患者或许被认为是受到了基本威胁。只有通过两种观点来研究才可能理解这些病人的症状。首先，任何种类的功能的损伤或功能丧失（丧失效应）对有机体的直接影响；其次，人格对这些威胁性丧失（威胁效应）的动态反应。

从卡顿诺（Kardiner）研究创伤性神经官能症的著作中[①]，我们发现可以将最基本和最严重创伤的效应添加至我们所列的威胁性效应的清单中，这些威胁性效应既不是冲突也不是挫折。卡顿诺认为，创伤性神经官能症是生命体本身最基本的执行功能——例如行走、言谈、进食等等，受到基本威胁而产生的后果。我们可以这样来解释一下他的观点。

经历过重大变故的人可能会得出一个结论：他不是自己命运的主人，死亡一直都静候在他的门口。面对着这样一个无比强大、充满威胁的世界，一些人似乎丧失了对自己能力的信心，哪怕是最简单的能力。其他比较轻微的创伤所造成的威胁性当然就更小一些。我需要补充一句，这样的反应更常发生在某种性格结构的人身上，因为这种性格结构使人易受威胁的影响。

无论因为何种原因而临近死亡，也可能（但并不一定）会使我们处于一种感到威胁的状态，因为在这样的状态下我们可能会失去基本的自信。当我们再也不能应付这一情况时，当世界让我们不知所措时，当我们主宰不了自己的命运时，当我们再也控制不了这个世界或者自己时，我们当然可以说是感受到了各种威胁。其他“我们对此无能为力”的情况有时也会被觉得是一种威胁。也许在这一类威胁中还应该加上剧烈的疼痛。这肯定是我们无能为力的一件事。

① 必须再次指出的是，创伤情况与遭受创伤的感觉并不相同，即创伤情况可能在心理上具有威胁性，但并非必须如此。如果处理得当，它的确可能具有教育意义和加强作用。

也许可以将这一概念扩展一下，使它囊括通常包含在另一范畴中的现象。例如，我们可以举出：突然的强烈刺激、毫无防备的摔落、摔倒，任何无法解释或不熟悉的事情，那些不仅会引发儿童激动情绪，还会对他们造成威胁的扰乱日常生活或节奏的行为。

当然，我们也必须提到威胁的最核心方面，即直接剥夺，或对基本需要的妨碍或危害，屈辱、遗弃、孤立、丧失名誉、丧失力量——这些都有直接的威胁性。此外，滥用或不用各种能力直接地威胁着自我实现。最后，危害高级需要或存在价值可以对高度成熟的人产生威胁。

总之，在我们所说的意义上，我们一般情况下能够感受到以下一切的威胁性：对于基本需要和超越性需要（包括自我实现）或它们先决条件的潜在或实际妨碍，对生命本身的威胁，对有机体完整性的威胁，对有机体统一性的威胁，对有机体对世界的基本掌控的威胁，以及对于终极价值的威胁。

无论我们怎样定义威胁，有一个方面我们决不能忽略，就是它的最终定义。不管包括其他什么内容，都必须涉及有机体的基本目标、价值或需要。这意味着任何有关精神病病因的理论必然直接以动机理论为基础。

普遍动力学理论以及各种具体的实证结果都表明，有必要针对个体来界定威胁。也就是说，我们最终定义一种情况或威胁时，不仅要考虑整个物种的基本需要，还要考虑面对该问题的单个有机体。然而，在定义挫折和冲突时常常仅依据外部情况，而不考虑有机体对这些外部情况的内在反应和理解。那些所谓的动物神经官能症的研究人员在这方面最执迷不悟。

我们怎样才能得知，某种特定情况在什么时候才会被有机体理解为一种威胁呢？对于人类来说，只要使用能够描述整体人格的方法，如精神分析法，就可以非常容易地得到答案。这些方法使我们知道一个人需要什么，缺乏什么，什么在威胁他。但对于动物来说，想找到答案就困难了。在这里我们陷入了循环定义。当动物回应威胁时，会展现出相应征兆，我们就知道这是一种具有威胁性的情况。也就是说，情况是根据反应来定义的，反应又是根据情况来定义的。循环定义的名声通常是不太好，但我们应该知道，一般动力心理学的出现必然会提高人们对所谓循环定义的评价。无论如何，在实验室的实际工作中，这显然不是无法逾越的障碍。

根据动力理论必然得出的最后一点是：我们必须永远把威胁感本身看作是一种对于其他反应的动力刺激。除非我们知道这种威胁的感觉会导致什么，会使个体做什么，有机体会如何对它做出反应，不然不可能完整地描述任何有机体所面临的危险。在神经官能症理论中，既了解威胁感的本质，也了解有机体对这种感觉的反应，是绝对有必要的。

动物研究中的威胁概念

通过分析动物行为紊乱的研究[①]，可以得知这类研究通常只考虑外界因素和情况因素，而不会从动力角度出发。一旦外界的实验安排或情况稳定下来，就认为达到了对心理情况的控制，这是个老生常谈的错误。（例如，25 年前的情绪实验。）当然，最终这只不过是在心理上具有的重要性的，也就是有机体能觉察到或做出反应的，或以这样或那样的方式受其影响的，这是其一。其二，还要考虑到每一个有机体都与其他有机体不同这一事实，不仅必须口头认可这两点，还应该承认它们影响着我们的实验安排以及由此而得出的结论。例如，巴甫洛夫已经证明，动物必须具有某种类型的生理性格，否则，外部的冲突情况就不会造成任何内部冲突。当然，我们所感兴趣的并不是各种冲突情况，而只是有机体内部的冲突感。我们还必须承认，个别动物的独特历史会让动物们对于一个特定外部情况产生不同的个体反应，例如戈恩特（Gantt）、李得尔（Liddell）和其他科研人员的工作就印证了这一点。通过研究白鼠，已经能够证明，在某些外部环境完全一致的情况下，有机体的特性在决定是否会出现衰竭时扮演了至关重要的角色。不同的物种会用不同的方式来对同一个外部情况进行

① 显然，本章中介绍的是普遍概念，因此它们适用于许多类型的实验工作。也可以增加样本量。例如，当前关于压抑、遗忘、坚持未完成的任务的研究，以及关于冲突和挫败感的直接研究。

观察，作出反应，感到被威胁或是不被威胁。当然，在许多这样的实验中，冲突和挫折的概念用得并不精确。此外，由于忽略了应当从个体出发来界定有机体所受威胁的特征，似乎无法解释为什么不同动物对于同一情况会作出截然不同的反应。

史勒（Scheerer）说过“要求动物做他不能做的事”，这个说法比文献中常用的说法要好。这是一个很好的概念，因为它涉及已知的所有动物研究工作，但我们还应该让它的某些含义更直截了当一些。例如，从动物手中夺走对它重要的东西，以及要求有机体做它不能做的事情，这两者也许会导致类似的致病后果。对于人类来说，除了已经提及的因素之外，这一概念还必须包括某些疾病和损害的威胁性特征，这些损害危及的是有机体的整体性。此外，我们还应该明确地承认性格这一元素，这让动物能够面对不同情况，比如要求它做一些无法做的事情；然后仅仅通过对这一情况漠不关心、保持平和甚至可能拒绝察觉，采取一种非病态的方式对其做出反应。也许这一比较鲜明的特点可以通过结合史勒的说法和强烈动机的说法来体现：“当有机体面临着一个它非常想解决或者必须解决但却无法解决或应对的任务或情况时，便会出现病态反应。”当然，甚至连这样的说法也仍然不够，因为它没有包括已经提到的一些现象。但是，以实验为目的情况下，对威胁理论这样表述相当实用，这是它的优点。

另一点是，由于没有区分动物的非威胁性和威胁性选择情况，以及非威胁性和威胁性挫折，动物的行为似乎并不一致。如果设想动物正面临着冲突情况，处于迷宫中的一个选择点上，那它为何不更频繁地崩溃呢？如果认为剥夺食物 24 小时对于老鼠是种挫折，那这种动物为什么不崩溃呢？显然，说法或概念都有需要作一些改变。有个例子忽略了这两者的区别：动物在一种选择中放弃了某种事物，而在另一种选择中什么也没放弃，在一种情况下目标保持不变且不受威胁，但动物却有两条或者更多的途径来实现同一个有保障的目标。如果一个动物又渴又饿，却必须在食物和水之间进行选择，又无法兼得的时候，它就更可能感受到威胁。

总之，我们决不能就其本身来定义一种情况或一种刺激物，而是必须把它看作是已由主体（动物或人）吸收合并——从动力的角度，通过它对实验所涉及的特定对象的心理含义。

人生经历中的威胁

与普通的成年人或者有神经官能症的成年人相比，健康成年人遭受一般外界情况的威胁更少。我们必须重申，尽管这种成年的健康得益于没有威胁的童年，或是得益于成功克服威胁，但随着岁月的流逝，它却越来越不易受到威胁的影响，比如，一个人如果对自己非常自信，那么几乎不可能威胁到他的男子气概。一个人如果一生中一直被人深爱着，并感到自己值得被爱、讨人喜欢，那么，不再爱他对他来说并不是太大的威胁。这里必须再次援引功能性自立（functional autonomy）原则。

威胁妨碍自我实现

正如戈德斯坦（Goldstein）所言，将威胁的大部分个体案例都归入“对最终自我实现的发展有着实际的妨碍或妨碍的威胁”这一标签下，并非不可能。如此强调未来及当下的损害造成了许多严重后果。我们可以引用弗洛姆“人本主义的”良心这一革命性概念，作为感知到偏离成长或自我实现道路的例子。这一概念同弗洛伊德超自我（super ego）概念的相对性和相应不足之处形成了鲜明对比。

我们还应该注意到，将“威胁”和“对成长的妨碍”理解成同义词，造成了这样一种可能性：某种情况在当时从主观上来说是没有威胁性的，但在将来是有威胁性的或会妨碍成长。孩子当下可能会希望得到一种让他高兴、安静、感激的满足，但这种满足却会妨碍成长。在这方面有一个例子，父母屈从孩子会产生溺爱引起的精神病态。

疾病的单元性

将精神病因同最终有缺陷的发展同一化，造成了另一个由它的单元性质所引发的难题。我们想说的是，所有的或者大部分疾病都来自同一个根源，也就是说，精神病病因似乎是单一的而不是多重的。那么疾病的各种单独的症候群又是从哪里来的呢？也许不仅仅是病因，甚至精神病理学都可能是单元性的。正如霍尼所声称的那样，也许在现有医学模式中我们所说的各种单独疾病实体，实际上是对一种深层的普遍性疾病的表面、特质反应。我关于安全感——缺乏安全感的实验正是建立于这样的基本假设上，到目前为止，在辨别具有一般心理疾病而非是癔病或疑病症或焦虑症等特殊神经官能症的患者方面相当成功。

既然我在这里的唯一目的是证明这种关于精神病理病因的理论导致了重要的问题和假说，就暂时不再试图进一步探讨这些假设。然而唯一有必要做的是强调将它统一化、简单化的可能性。

第九章

破坏性是类本能的吗？

Motivation and Personality

从表面上来看，基本需要（动机、冲动，驱力［drive］）并不是邪恶或有罪的。一个人需要食物、安全、归属、爱、社会认可、自我认可和自我实现，这当然不是什么坏事。相反，大多数文化中的大多数人都认为这些是值得拥有、值得嘉奖的愿望。哪怕是采取最科学谨慎的态度，我们也必须说，这些愿望是中性的而不是邪恶的。这种情况也同样适用于我们所知道的大多数或全部的人类这个物种独有的能力（抽象能力、讲符合语法的语言的能力、创立哲学的能力等等），而且也适用于人在素质上的差异（主动活动还是被动活动、中胚层体型还是外胚层体型、能量水平高级还是低级等等）。至于追求优异、真理、美好、合法、质朴等等的超越性需要，无论是在我们的文化中，还是在已知的大多数文化中，绝无可能把它们说成本质上是坏的、邪恶的或有罪的。

因此，关于人性和人类物种的那些原始材料本身并不能解释在我们的世界中、在人类的历史上和在我们自己的个人性格中显然可见的大量邪恶。诚然，我们有十足把握的是，大部分所谓的邪恶应当归咎于身体和人格上的疾病，归咎于无知和愚蠢，归咎于不成熟，归咎于败坏的社会机构。但是我们却没有把握到底有多少邪恶可以归咎到这些因素上去。众所周知，我们可以通过健康和治疗，知识和智慧，年龄和心理上的成熟，良好的政治、经济以及其他社会制度和体制来减少邪恶。但到底能减少多少呢？这些措施能把邪恶减少到零吗？现在确确实实可以保证，我们有足够的知识拒绝这样一种主张，即人的本性在本质上，从生物学意义上来看主要地和根本上是邪恶、罪孽、恶毒、残暴、冷酷、或凶狠的。但我们却不敢说在人的本性中完全没有趋向邪恶行为的类本能倾向。显然，我们掌握的知识还不足够作出这样的断言，但我们至少有一些与这种断言相悖的证据。无论如何，这些知识是可以获得的，而且这些问题也可以属于适当扩充的人本主义科学的范畴。

本章试图用实证的方法来讨论这一所谓善恶领域中的一个关键问题。虽然本章不想给出一个定论，但可以提醒人们：我们对于破坏性的认识虽然还不能给出最后结论性的答案，但已经有了很大的进展。

动物数据

首先，那种看上去像原发性的进攻性确实可以在一些动物物种中见到。虽然不是在所有动物身上都能见到，甚至也不是在很多动物身上，但确实在某些动物身上可以看到这种进攻性。有些动物显然是为了杀戮而杀戮，它们的进攻性没有明显的外在起因。如果一只狐狸跑到鸡舍里，那它会杀死的鸡肯定超过自己的胃口，猫玩老鼠的例子也可以证实这一点。牡鹿和其他处于发情期的有蹄动物会主动寻衅斗殴，有时甚至不惜抛弃自己的配偶。许多动物，即便某些高等动物，一旦步入老年，由于素质明显下降，会变得更加凶猛危险，即使以前是比较温顺的动物并且也没有被挑衅，此时也会发动进攻。对很多物种的动物来说，杀戮都并不仅仅是为了获得食物。

有一项对实验室老鼠的著名研究表明，在这些老鼠身上完全有可能培育出野性、进攻性和残暴性，正如人们可以在它们身上培育出解剖学特征一样。至少对于老鼠这种动物，凶恶残暴的倾向可能是原发性的，由遗传来决定的行为。人们还普遍发现，野蛮残暴的老鼠与温和柔顺的老鼠比较起来，其肾上腺显然要大得多，这一发现使以上情况显得更加合乎道理。当然，遗传学家们也可以朝着相反的方向培育其他种类的动物，培养温和柔顺、一点儿也不残暴的性情。正是这些例子和观察使我们能够进步，能够接受所有可能的解释中最为简单的一个，即我们所讨论的行为都来自特定的动机，在此之前，这种特定行为是由遗传驱力所激发的。

但是，如果更加严密地分析许多其他实例，就会发现动物中一些表面看来是原发性的残暴并不完全像它们所表现出来的那样。动物和人一样，他们的攻击性都能够通过许多方式，由许多情况激发出来。例如，一个决定因素就是领土，我们可以通过在地上筑巢的鸟为例来对其进行阐述。一旦一对鸟选定了自己繁殖的场所，别的鸟再进入这片范围就会遭到攻击。但是这对鸟儿只攻击那些入侵者，而不会进攻别的鸟。它们不会攻击所有的鸟，而只攻击那些非法侵入自己领地的鸟。有些种类的动物一见到别的动物就要发起进攻，甚至连自己的同类也要进攻，只要这些同类没有它们这个特殊族群或家族的气味和外形。例如吼猴常常组成一个紧密的团体，其他的吼猴如果想要加入这一团体，就会遭到噪音攻击的驱逐。但是如果这只吼猴能够忍受足够长的时间，它最终就能成为这一团体中的一员，并且再去进攻那些企图加入这一团体的陌生吼猴。

通过研究这些高等动物，人们发现攻击行为越来越同统治地位联系在一起。这些研究十分复杂，我们不可能在此逐一引用，但是可以认为这种统治地位，以及有时从它那里发展出来的攻击行为，对动物来说确实具有功能价值或者生存价值。动物在统治层级中的地位部分取决于它的攻击能否成功，而它在这个层级中的地位又决定它能获得多少食物、能否拥有配偶以及其他生物性的满足。实际上，只有当这些动物必须证实其统治地位的时候，或者在统治地位方面必须实行一场革命的时候，这些动物身上才会表现出所有残暴行为。我还不确定这一点在多大程度上可以适用于别的动物物种。但是我猜想，领域现象、进攻陌生动物的现象、出于嫉妒而保护母兽的现象、攻击弱小或者生病动物的现象以及其他通常用本能攻击和残暴来解释的现象的起因，通常都是争夺统治地位而不是为了攻击而攻击这种特殊动机，例如，这种攻击可以是手段行为而不是目的行为。

通过研究类人猿，人们发现进攻很少是原发性的，更多是派生的、反应性的和功能性的，更多是对一种动机整体、社会力量整体和直接情景决定因素整体所作的合理的、可以理解的反应。黑猩猩在所有动物中是与人类关系最近的动物，通过研究黑猩猩我们发现，它没有任何行为可以被怀疑为是为了进攻而进攻。这些动物可爱友善，有合作精神，特别是在幼崽阶段尤其如此，因此在某些群体中我们也许几乎找不到任何形式的、任何缘由的残暴进攻。大猩猩也有类似之处。

至此，我也许可以说，必须经常怀疑从动物到人的所有论证。但是如果我们是为了论证而接受这个论证的话，如果我们的推论始于与人类关系最近的动物，那么该论证就必须得出以下结论：这些动物所证实的，几乎是与人们通常认为的恰好相反。如果人拥有动物方遗传因子的话，那大部分都是来自类人猿的，而类人猿是富于合作精神的，并没有很强的进攻性。

这种错误是一般伪科学思维的实例，用不合情理的动物中心主义来描述这种伪科学思维最合适不过了。犯这种错误的步骤通常是：首先，建立一套理论或者树立一种偏见，然后再从所有进化领域中选取那种最能说明这一观点的动物；其次，对所有不适用这一理论的动物行为视而不见，如果某人想要证明本能的破坏性，他务必要选取狼而不是兔子；第三，人们记了这样一个必要事实：如果对生物体从低等到高等的整个线系等级进行研究，而不是只选取某些钟爱的物种，那么研究人员就能够看到清晰的发展趋势。例如，动物的等级越高，食欲就越来越重要，纯粹的饥饿则越来越不重要。而且，动物的变异性也越来越强烈，从受精到成年所需的时间也越来越长（当然不排除某些例外），或许最重要的是，反射、荷尔蒙和本能变成不那么重要的决定因素，并且逐渐被智力、学习和社会规定所替代。

从动物那里得到的证据可以总结如下：第一，从动物到人的论证从来都是一项精密的工作，因此在论证时必须小心谨慎；第二，在某些动物物种中的确可以发现原发性的和由遗传得来的破坏性或残暴进攻的倾向，但这类动物可能比大多数人所想的要少。而且在某些动物物种中，这种倾向完全不存在；第三，如果我们仔细分析动物所表现出来的具体进攻行为，就会发现，这些行为更多地是对各种刺激物所作出的继发性和派生性反应，而不仅仅是某种为进攻而进攻的本能表达；第四，对于线系等级越高并且越接近人类的动物，有清晰的证据表明它的纯粹原发性进攻本能越微弱，一旦动物到达类人猿这个等级，这种本能似乎就完全消失了；第五，如果人们仔细研究类人猿这种人类的动物近亲，那么可以发现在它们身上，几乎完全找不到任何有关原发性恶意进攻的证据，然而我们却能找到大量友爱、合作精神甚至无私奉献的证据。最后一个重点来自于我们的一个偏好，即当我们仅知道行为的时候，通常都会假设出一些动机。现在，研究动物行为的学者都普遍同意，多数食肉动物杀死它们的猎物完全是为了获取食物，而不是为了施虐，我们人类也是本着同样的精神去获取牛排，这么做是为了食物而不是杀戮。所有这一切最终意味着，从今以后，我们应当怀疑或抵制任何认为是人的动物性驱使他为进攻而进攻、为破坏而破坏的进化观点。

儿童数据

对儿童的观察、实验研究及其发现有时似乎就像一种投射方法，即罗夏墨迹测验里的那种方法，可以投射出成年人的敌意。人们常常听到儿童的自私和破坏性与生俱来，关于儿童的自私和破坏性的论文远比关于他们的合作、友爱、同情等的论文要多得多，何况关于后者的研究本来就数量不多，还常常遭到忽视。心理学家和精神分析家们经常把小孩看成是“小魔鬼”，因为他们天生就带着原罪，内心满怀仇恨。毫无疑问，这一幅效果直接强烈的图画是虚假的。我必须承认，在这一领域内还缺少科学的材料，这实在令人遗憾。我的判断是建立在少数杰出的儿童研究，特别是路易斯·墨菲的研究、我自己与儿童相处的经验、最后还有某些理论考虑的基础之上。但是，即便只有这些有限的证据，也足以使人怀疑这样的结论：儿童基本都是充满破坏性、进攻性和敌意的小动物，必须采用纪律和惩罚来约束他们，才能使他们身上出现少许的善。

实验的和观察到的事实似乎都表明，正如人们断言的那样，正常的儿童事实上经常都是展现出原始本能的敌意、破坏性的自私。但是在别的时候，也许他们也经常展现出原始本能的慷慨、合作精神和无私。这两类行为出现的相对频率基本相同，决定这个频率的主要原则似乎是：当儿童感到不安的时候，基本上是安全需要、爱的需要、归属需要和自尊需要方面受到阻碍和威胁的时候，他就会更多地表现出自私、仇恨、进攻和破坏。在那些基本上得到父母的爱和尊重的儿童身上，破坏性则要少一些。而且在我看来，现有的一切证据都表明破坏性事实上确实越来越少。这意味着，儿童的敌意都是反应性的、手段性的或防御性的。

如果我们观察一个健康的、得到爱和关心的婴儿，比如是个一岁或者更大一些的孩子，那么我们几乎不可能看到任何可被称为邪恶、原罪、施虐、怨恨、以伤害他人为乐、破坏性、为敌对而敌对或者蓄意实施暴力的情况。恰恰相反，经过细致和长期的观察，我们发现了大相径庭的特征。实际上，我们可以在这样的婴儿身上找到自我实现者所拥有的几乎每一种人格特征、每一种可爱的、令人钦佩和歆羡的品质——当然要除去知识、经验和智慧。人们之所以如此喜爱、需要儿童的一个原因就是，儿童在一岁两岁的时候完全没有明显的邪恶、仇恨或恶意。

至于破坏性，我非常怀疑它是否会在正常的儿童的身上直接地、原发地表现为一种简单的破坏驱力。只要能够更加仔细地考察，许多表面上是破坏行为的例子都可以由动力学的观点分析得通。儿童把钟拆开，在他眼中他这么做并不是要毁坏钟，只是想对此一探究竟。如果在此我们硬要用原发性驱力来解释儿童的行为，那么好奇心是比破坏性更为明智的答案。还有许多其他在心情不安的母亲看来是破坏性的行为，实际上不仅表现了儿童的好奇心，而且还是一种活动、游戏、运用日益成熟的能力和技巧。

有时甚至是在进行真正的创造，例如孩子把父亲精心打印出来的笔记剪成一些漂亮的碎纸片。人们常常认为儿童纯粹是为了从恶毒的破坏中获取乐趣，才去进行破坏的，对此观点我深表怀疑。也许病理学病例会是例外，例如癫痫病、脑炎后遗症，但即便是在这些病理学病例中，至今还无法得知这些患儿的破坏行为是否可能不是反应性的，或者可能不是对各种普遍威胁的回应。

手足竞争是一种特殊的、有时令人困惑的情况。一个两岁的孩子可能会对他刚出生的弟弟做出危险的进攻行为。有时他的敌意还表现得十分天真和直率。对此，一个合理的解释就是，两岁的孩子只是不能想象他的母亲能够同时爱两个孩子。他不纯粹是为了伤害而伤害，而是为了继续占有母亲的爱。

另外还有一种特殊情况，就是心理变态人格，这种人格的人所采取的许多进攻行为通常看来都是没有动机驱使的，也就是说，他是为进攻而进攻。我认为在这里需要援引一个原则，这一原则我最初是从露丝・本尼迪克特那里听到的，当时她在试图解释为什么有安全感的社会会发动战争。她是这么说的，有安全感的、健康的人们对那些广义上是他们兄弟的人，那些他们可以认同的人并无敌意或攻击性。但如果他们没有把一些人看作人，他们就可以摇身一变，不再友好、有爱和健康，而是想要杀死这些人；就像杀死扰人的昆虫或屠宰动物以果腹一样，他们毫不愧疚。

我发现了很有帮助的一点：在尝试理解心理变态者时，有必要假设这些人与其他人类没有爱的同一性，因此他们才有可能随心所欲地伤害，甚至杀害其他人类；这时他们没有仇恨或者快乐，对他们来说，杀害人类与杀死有害动物别无二致。有些儿童会的恶毒行为可能也是由于缺乏这种同一性，也就是说，儿童这时还不够成熟，无法走进人际关系。

最后，对我来说，这还牵涉到某些相当重要的语义方面的考量。尽量简洁点说就是，进攻、敌对和破坏性都是成年人的词汇。他们对成年人意味着某些含义，但对儿童却并不意味着同样的含义，所以在使用这些词语时必须对它们加以修正，或者重新定义。

例如，在儿童两岁的时候，他们经常并排在一起独自玩耍，彼此互不干扰。即使在这些儿童中出现了自私或者攻击性行为，这也不同于发生在十岁儿童之间的那种人际关系，因为他们可能都没有意识到对方。如果一个两岁大的孩子不顾另一个孩子的反抗，抢走他的玩具，这种行为更像是一个人用尽全力，把某样物品从一个盖得紧紧的容器中拽出来，而不是很像成年人的自私的进攻。

这样的解释也同样适用于婴幼儿：一个主动的婴儿发现母亲的乳房从他的嘴里被拽了出去，于是愤怒地大喊大叫；母亲惩罚了自己三岁的孩子，所以孩子还手打了母亲；一个五岁的小孩因为生气尖声叫喊：“我真巴不得你死”；一个两岁的儿童不停地殴打自己刚出生的弟弟，在所有这些情境下，我们都不能把儿童当作成年人来对待，也不应该像解读成年人的反应一样来解读他们的反应。

如果放到儿童的参照系中并且从动力学观点来理解，也许我们要接受大多数这样的行为都必须当成反应性的行为。也就是说，这些行为都极有可能出于失望、拒绝、孤独以及对失去尊重和保护的恐惧，换句话说，都是出于他们的基本需要受阻，或者出于他们感到了这种阻碍所带来的威胁，而不是由于遗传，或是仇恨或伤害的驱力（drive）本身。至于这种用反应性进行解释是否适用于所有破坏性行为，而不仅仅适用于大多数破坏性行为，我们现有的知识——或者不如说我们知识的缺乏——还不允许我们置喙。

人类学数据

关于比较数据的讨论可以借助人类学而得到扩充。我可以不假思索地说，哪怕只是仓促地研究一下人类学，这些材料都可以向有兴趣的读者证明，在现存的各种原始文化中，敌对、攻击或破坏行为不是恒定的，其数量可以从零到接近百分之百。有像阿拉伯西（Arapesh）这样温和、友好，毫无攻击性的部落，因此他们必须无所不用其极才能找到一个有主见的人来组织部落仪式。但是在另一个极端上，也存在着恰克亲人（Chukchin）和多杜人（Dodu），他们内心中充满了仇恨，以至于人们不知道如何阻止他们互相残杀。当然，这里的描述都是从外部观察到的行为，我们还可以进一步探究作为这些行为基础的各种无意识冲动，这也许会与我们所能见到的大相径庭。

我要提到我曾直接了解过的一个印第安部落[①]——北布拉克福特（Northern Blackfoot），尽管不是很充分，但却足以直接使我确信这样一个根本事实：破坏行为和进攻行为的数量在很大程度上是由文化决定的。这个部落的固定人口是800人，在我能够接触到的记录中，在过去15年里这里仅仅发生过五次打架斗殴事件。我穷尽了自己所掌握的所有人类学手段和精神病学手段在记录里搜寻他们社会内部的各种敌对行为，这些敌对行为与我们更大的社会比较起来确实是微乎其微[②]。那里的氛围就是友好的，一点儿也不恶毒，平日里的闲谈代替了报纸的功能，帮助传播新闻，从不诽谤他人。魔术、巫术和宗教几乎都是为整个部落的利益，或者是为了治病救人，从不用于破坏、攻击或复仇。在我逗留的期间内，从来没有看到他们对我表现出丝毫可以称之为恶意或者敌对的行为。这个部落鲜少体罚儿童，部落里的人都看不起那些残酷对待自己小孩和同伴的白人。即使喝了酒，他们也不会表现出一丝一毫的进攻性，借着酒劲，那些年长的布拉克福特人变得更加快活、直率，对所有人都更加友好，从不寻衅滋事。而那些例外之事确实超出了这里的常规。这里的人一点也不软弱，北布拉克福特的印第安人是骄傲、坚强、正直、自尊的一群人。他们只是倾向于把攻击看成是错误、可怜或疯狂的行为罢了。

显然，人类并不必然都像美国社会中的普通人那样，更不用

① 我要感谢社会科学研究委员对该项研究的资助，否则这次实地考察不可能成行。

② 这些观点主要适用于1939年观察到的年龄较大，文化程度较低的人。此后，文化发生了巨变。

说像世界上其他地方的人那样喜好攻击或破坏。人类学方面的证据似乎让我们很有理由相信，人类的破坏性、恶毒和残酷极有可能是基本人类需要受到挫折或威胁而产生的继发性的和反应性的后果。

一些理论的考虑

正如我们已经看到的，人们普遍认为：破坏或伤害是一种继发性的或派生性的行为，而不是原发性动机。这意味着，总能找到原因来解释人类的敌对行为或破坏行为，这些行为往往都是对另一事态的反应，都是某种产物而非源头。与此相反的观点则认为，破坏行为完全或者部分是某种破坏性本能的直接和原发性的产物。

在这类讨论中，我们能找到的最重要且唯一的区别就是本能与行为之间的区别。行为是由许多力量决定的，内部动机只是其中一种。也许我可以简单地这么表述，任何关于行为决定的理论都必须包括至少以下三方面决定因素的研究：（1）性格结构，（2）文化压力，（3）直接情况或场景。换句话说，对内部动机的研究只是以上三大领域之一的一部分，而这三大领域是所有研究行为的主要决定因素必须涉及的。有了这些考虑，就可以把我的问题重新表述如下：第一，破坏性行为是如何被决定的？第二，破坏性行为的唯一决定因素是某种遗传的、先定的和特定的动机吗？当然仅仅在先验的基础上，就能一下子找到这两个问题的答案。即使把所有可能的动机都合并在一起，都不能决定攻击或破坏行为的发生，更不用说某种特定的本能了。必须考虑到总体文化，发生行为的直接情况或场景也必须要考虑到。

还有另外一种方式来陈述这个问题。人的破坏性行为有许多源头，因此只谈论某种单一的破坏驱力是荒谬的。这一点可以用几个例子来说明。

人们为了达到某一目的，需要清楚道路上的障碍，这时破坏性行为偶有发生。小孩子努力伸手够远处的玩具时，往往并不会注意到他踩到了别人的玩具。

破坏行为的发生可以视作对基本威胁的伴随反应之一。因此任何阻碍基本需要的威胁、任何对防御或应对系统的威胁、任何对一般生活方式的威胁都很可能引起焦虑——敌对的反应，这意味着，敌对的、进攻性或破坏性的行为经常发生在这类反应中。这最终还是防御行为，是反击，而不是为了攻击而攻击。

对有机体的任何损害，对有机体退化的任何察觉都有可能在没有安全感的人的心中引发类似威胁的情绪，并且引发破坏性行为，许多脑损伤的病例就是如此，在这些病例中，病人疯狂地试图采取各种孤注一掷的措施，来支持他们摇摇欲坠的自尊。

人们习惯性地忽略了另一个造成攻击行为的原因，或者说即使没有忽略，也没能表述准确。这个原因就是对生活采取独裁主义的态度。如果一个人的确生活在丛林中，在这里所有的动物可分成两类：能吃掉他的动物和能被他吃掉的动物，那么进攻就是一件明智且合理的事情了。那些被描绘为独裁的人肯定都经常无意识地倾向于把世界设想成这样的丛林。秉持着最好的防守就是进攻的原则，这些人会毫无缘由地殴打攻击他人、大肆破坏东西。这整个反应毫无意义，除非有人意识到这一切只是为了预防他人的进攻，不然整个反应的意义都无法显露出来。除此之外，防御性敌对还有许多其他众所周知的形式。

施虐——受虐反应的动力学现在已经分析得相当透彻了。人们普遍认为，看上去十分简单的进攻行为的背后实际上隐藏着非常复杂的动力因素。这些动力因素使那种假定敌对本能存在的做法看起来过于简单化了。对于那种想要控制他人的势不可当的驱力，也同样适用。霍尼和其他人的研究分析清楚地表明，在这个领域内，采用本能理论来解释是没有必要的。第二次世界大战给我们的教训就是：强盗们的攻击和义愤填膺之士的防御从心理上来说是不一样的。

该列表中的例子不胜枚举，我引用这几个是想说明我的观点：破坏行为常常都是一种表征，是一种可以由许多因素引发的行为。如果想真正采取动力学观点，就必须得警惕这样一个事实，即尽管这些行为衍生于不同因素，但看起来可能是相似的。动力心理学家并不是照相机或机械留声机，他们对发生了什么事情和为什么发生这些事情同样感兴趣。

临床经验

心理疗法的文献中所报告的普遍经验是暴力、愤怒、仇恨、破坏欲、复仇冲动等，实际上大量地存在于几乎每一个人身上，即使不是明显可见的，也掩藏在表象之下。或许有人声称自己从未感到过仇恨，但任何一个经验丰富的心理治疗师都不会信以为真。他会毫不迟疑地断言这个人是抑制或压抑了他的仇恨。他会预计在每个人身上都发现仇恨。

但是，畅谈自己的暴力冲动（不需要付诸行动）往往能够起到净化作用，降低这些冲动发生的频率，清除掉其中神经质的、不现实的成分，这也是心理疗法中普遍的经验。如果治疗成功（或者成功地成长与成熟），其总体效果大致相当于我们在自我实现的人身上所看到的那种情形：（1）他们体验到敌对、仇恨、暴力、恶意和破坏性进攻的频率比普通人低得多；（2）他们并没有丧失自己的愤怒或进攻，只是这种愤怒或进攻的性质常常转化成了义愤、自我肯定、对被剥削利用的抵抗和对非正义的愤怒，也就是说，从不健康的进攻转化成了健康的进攻；（3）健康的人似乎不那么害怕自己的愤怒和进攻，所以他们在表达自己的愤怒和进攻时更加全心全意。暴力有两个对立面，不是仅有一个。暴力的对立面可以是不那么暴力，或者是对暴力的控制，或者是努力不实施暴力。或者这也可以是健康与不健康暴力的对立。

但是这些“数据”并没有解决我们的问题。弗洛伊德及其忠实的追随者认为暴力出自本能，而弗洛姆，霍尼及其他新弗洛伊德主义者则认为暴力完全不出自于本能。了解这两种对立的观点能使我们获益匪浅。

内分泌、遗传等学科的数据

如果想集合目前已知的关于暴力来源的一切数据，就必须去挖掘内分泌学家们积累的数据。同样地，这种情况在低等动物那里相对比较简单。毫无疑问，性激素和肾上腺以及脑垂体激素对进攻、支配、消极和野性有明显的决定性作用。但是因为所有内分泌腺都是互相决定的，所以其中部分数据就非常复杂，需要专门的知识才能解读。对于人类这个物种来说尤为如此，人类的数据甚至更复杂。但万万不可绕过这些数据。此外，有证据表明，雄性激素与自我肯定、搏斗的劲头和能力等等有关。还有些证据表明，不同个体所分泌的肾上腺素和非肾上腺素的比例不同，这些化学物质与个体是更倾向搏斗还是逃跑等很多类似选择息息相关。关于这一问题，心理内分泌学这一新型跨学科科学必定会提供很多洞见。

很明显，来自遗传学、染色体和基因本身的数据与这一问题有着特殊的关联。例如，最近有人发现，具有双重男性染色体（双倍男性遗传基因）的男子几乎都无法控制自己的暴力，这一发现本身就使得纯粹的环境主义不成立了。在最和平的社会里，在最完美的社会和经济条件下，有些人仅仅因为自身基因的构建方式就会倾向暴力。这一发现自然会使人重新注意到这个反复讨论但却始终没有解决的问题：或许男性，尤其是青年男性，就需要一些暴力倾向呢？或许他们就需要与一些人或事搏斗，发生冲突呢？有一些证据表明，有可能是这样的，不仅成年人类这样，甚至人类婴儿以及猴子幼崽也是如此。这到底在多大程度上是由内在决定的，或者说到底在多大程度上没有被内在地决定，只有留给将来的研究人员去一探究竟了。

我还可以援引来自历史学、社会学、管理学、语义学、各种病理学、政治学、神话学、心理药理学以及其他方面的数据。但我们不需那么多的材料就可以得出如下结论：本章开头提出的问题都是实证问题，因此我们可以满怀信心地期待，进一步的研究可以解答这些问题。当然整合不同领域的数据使团队研究很有可能性，甚至很有必要性。无论如何，上文中随意选取的数据样本已经足够教育我们不要采取极端的、非黑即白的两极化思维来研究本能、遗传、生物命运，或其他环境、社会力量和学习。遗传论和环境论之间的古老争论至今尚未结束，尽管早就应该平息。显然，决定破坏性的因素是多元的。甚至在当下都毋庸置疑的一点是，我们必须把文化、学习和环境都囊括进这些决定因素中。另外，下面这一点虽然不是那么明显，但也是非常有可能的：生物方面的决定因素也起着必不可少的作用，尽管我们无法确定究竟是什么作用。至少我们必须接受，暴力之所以不可避免，其中一部分原因就在于人的本质，如果仅仅因为基本需要完全注定是要时刻受挫的，我们知道人类这个物种就是以这样一种方式构造出来的，即暴力、愤怒、报复，是基本需要受挫的通常后果。

最后，没有必要在全能的本能和全能的文化之间抉择。本章阐述的立场已经超越了这种两分法，并且论证了没有必要再使用这种两分法。遗传或其他生物决定因素既不决定全局，也非毫无作用，这只是一个程度的问题，是一个多或少的问题。就人类来说，绝大多数证据都表明：确实存在一些生物或遗传决定因素，但在大部分人的身上，这种决定因素是十分微弱的，而且很容易被学习得来的文化力量压倒。这些因素不仅微弱，而且还是零星的、支离破碎的，完全不是在低等动物身上看到的那种整体的完整的本能。人是没有本能的，但人类看上去似乎确实有残存的本能、“类本能”需要、内在能力和潜力。此外，临床的经验和人格学经验都普遍表明：这些微弱的类本能倾向是好的、可取的、健康的，而不是邪恶的或恶毒的；人们竭尽全力把它们从湮没的边缘拯救出来是可行的、有价值的；这的确是任何一种可以被称之为好的文化的主要功能。

第十章

行为的表现部分

Motivation and Personality

在阿尔波特、沃纳（Werner）、安海姆（Arnheim）和沃尔夫已经充分阐述了行为的表现部分（非工具性）和应对部分（工具性、适应性、机能性、目的性）之间的区别，但是，这种区别一直没有被当作价值心理学的根据而加以适当的利用。

当代心理学因为过于强调实用主义，所以放弃了一些本应该重视的领域。众所周知，由于心理学专注于实用效果、技术和方法，而对于美、艺术、娱乐、玩耍、惊异、敬畏、高兴、爱、幸福，以及其他“无用的”反应和终极体验言之甚少，这一点广遭诟病。因而，对于艺术家、音乐家、诗人、小说家、人道主义者、鉴赏家、价值论者、神学研究者，或其他追求终极体验或者乐趣的人几乎没什么用处。这相当于在指责心理学对现代人几乎没作出什么贡献。现代人最迫切需要的是自然主义或人本主义的目的或价值体系。

通过探索和应用表现性和应对性的区别——这同时也是“无用行为”和“有用行为”的区别——我们或许可以帮助将心理学的范围扩大至这些合乎需要的方向。本章也是这一重要任务的必要开端：挑战并质疑所有行为都具有动机的这一公认看法。具体论述将会在第 14 章展开，本章专门讨论表现性和应对性的区别，然后将它们应用于一些心理病理学问题。

1. 根据定义，应对性是有目的、有动机的，而表现性则常常是没有动机的。

2. 应对性更多地取决于环境和文化变量，表现性则主要由有机体的状态决定。由此可以推导出：表现性和深层层结构有相当密切的关系。将所谓的投射测试称为“表现性”试验或许更加准确。

3. 应对性大多数是后天学习的结果，而表现性大多数是非学得的、释放性的或不受抑制的。

4. 应对性更容易被控制（更容易被压抑、约束、阻止、文化适应），表现性则往往是不受控制的，甚至是不可控制的。

5. 应对性的目的通常是引起环境的变化并且基本可以实现，表现性则没有任何目的，假如它引起了环境的变化，也是无意的。

6. 应对性的特点是手段行为，目的是满足存在需要或消除威胁。表现性往本身就是目的。

7. 典型的应对行为是有意识的（虽然它可能成为无意识的），表现性则更经常地表现为无意识的。

8. 应对性需要作出努力，表现性在大多数情况下都不需要。艺术表现当然是一个特殊的、处于两者之间的例子，因为人们只有通过学习才能做到自发表现。如果人们要想放松，只要尝试一下就可以了。

应对和表现

应对行为的决定因素通常包括趋力、需要、目标、意图、功能或目的。这种行为的出现是要完成某件事情，例知，走向某个目的地、采购食物、寄信、做书架或者工作挣钱。应对这个词本身就意味着努力去解决或至少处理某个问题。因此，它蕴含了某种超越它自身的东西，而不仅仅包含自己本身。它也许既与直接需要有联系也与基本需要有联系，既与手段也与目的有联系，既与挫折引发的行为相关联，也与追求目标的行为相关联。

心理学家迄今所讨论的这种表现行为一般都是无动机，尽管都是有决定因素的。（即虽然表现性行为有许多决定因素，但需要的满足不必是其中之一。）表现性行为只不过映照、反映、预示或者表达了机体的某种状态。实际上，它往往就是那种状态的一部分，例如，低能者的愚笨；健康者的笑容和轻快的步伐；善良深情者的仪表；美女的美丽；颓丧者绝望的表情、萎靡的姿态和松弛的肌肉；书法、步行、举止、跳舞、笑的风格等等，这些都不是有目的的。它们没有目标。它们无法用满足需要来解释[①]。它们

① 该论点与动机理论的任何特定表述无关，例如，它也适用于简单享乐主义，因此我们可以将该论点表达为：应对行为是对赞美或责备，奖赏或惩罚的回应，例如，表现行为通常不属于应对行为，至少在保持表现性的情况下不是。

只是附带现象。

尽管这些就现在而言都是确实无误的，但一个乍看起来似乎是自相矛盾的概念，即有动机的自我表现这一概念，提出了一个特殊的问题。老于世故的人能够设法做到诚实、优雅、善良甚至天真质朴。研究过精神分析和处于最高级动机水平的人清楚地了解这种情况的来龙去脉。

的确，这是他们唯一最根本的问题。自承和自发性属于最容易获得的成就，在健康的孩子身上就能看到，同时自承和自发性也属于最难获得的成就，这表现在自省、自我改进的成年人身上，特别是那些曾经或现在仍旧是神经官能症的人的身上。但是，对某些人来说这是不可能达到的成就，例如某几类神经官能症患者。这类患者就像个演员，根本没有一般意义上的自我，只有一堆可以挑选的角色。

我们可以举两个例子（一个简单一个复杂）来揭示有动机、有目的的自发性这个概念所包含的（表面的）矛盾，即道家的无为而治自由放任，就像绷紧的肌肉或括约肌一样。至少对于业余爱好者来说，最适宜的舞蹈方式莫过于自然、流畅、自动地应和着音乐的节拍和舞伴无意识的愿望。优秀的舞者总是能够纵情地跳舞，变成任由音乐和演奏塑造的被动乐器。他不必有愿望、批评、指导，甚至不必有自我。从非常真实且有用的世俗意义上说，就连他在旋转、滑行直至精疲力尽的过程中，他可以一直很被动。这种被动的自发性或者说纵情尽兴能够产生生活中最大的愉悦，就像在岸边浪花拍打自己的身体，就像别人细心温柔地照料自己让自己承受爱的抚慰，或者像母亲任由孩子吮吸乳汁，嬉戏玩闹，在自己身上爬来爬去。但是，没什么人能这样跳舞。大多数人会做出努力，会接受指导，会自我控制，会有目的、仔细地倾听音乐的节奏，经过有意识的选择然后合上拍子。无论从旁观者的角度，还是从主观角度来看，他们都不是优秀的舞者，因为他们永远不会把跳舞当作一种忘我的和有意抛弃控制的深切体验来享受，除非某一天他们超越努力成为了自发的舞者。

大多数优秀的舞者不需训练就能跳得很好。不过教育在这里也能有所帮助，但那必须是一种不同类型的教育，内容是自发性和热切的纵情，是道家所提倡的道法自然、无为而治、为而不争。舞者必须为达成这样的目标而“学习”，才能抛弃禁锢、自我意识、文化适应和尊严。（化而欲作，吾将镇之以无名之朴，镇之以无名之朴，夫将不欲。不欲以静，天下将自定。——老子）

对于自我实现的本质的检验提出了更为困难的问题。如果人的动机发展处于这个水平，他们的行动和创造可以说具有高度的自发性和开放性，自我表露，不加修饰，因此也具有很高程度的表现性（我们可以像阿斯锐纳［Asrani］那样，将其称为“自如状态”）。并且，它们的动机在质量上发生了极大的变化，与安全、爱或自尊等一般需要相差甚远，因此我们甚至不应该用需要来称呼这些动机。（我已建议用“超越性动机”这个词来描述自我实现者的动机。）

如果把对爱的渴望称为需要，那么自我实现的内驱力就应换一个名字，不能称作需要，因为它有许多不同的特点。其中与我们目前的讨论最为贴切的一个主要区别就是：可以将爱和尊重等理解为机体因缺乏而需要的外在特性，自我实现并非这个意义上的缺乏或匮乏。它不是为了健康而需要的某些外界事物，就像树需要水一样。自我实现是有机体内已经存在的一种内在成长，或者更确切地说，就是有机体自身的内在成长。正如树向外界环境索取养料、阳光和水，人也向社会环境索取安全、爱和地位。但无论是树还是人，这才是真正的发展，即个性的发展。树都需要阳光，人都需要爱，然而一旦这些基本要素得到满足，每一棵树，每一个人就开始按自己独一无二的风格发展了，他们用这些普遍的要素来实现自己的目的。总之，此时发展是从内部而不是从外部进行的。自相矛盾的是：最高级的动机就是达到非动机及不追求，即纯粹的表现性行为。或者可以这样说：自我实现是由成长动机而非需要匮乏促动的。它是“第二次天真”、聪明的单纯、“自如状态”。

人可以通过解决次要的、必要的动机问题而向自我实现的方向发展。这样他就是在有意识、有目的地寻求自发性。因此，在人发展的最高的水平上。像其他许多心理学上的问题一样，我们解决并超越了将应对性与表现性的对立起来的两分法，努力通向非努力的道路。

内在与外在决定因素

与表现行为相比，应对行为更多地由相对外在的因素决定，这是它的一大特点。应对行为基本上是对于紧急情况、问题或需要的机能反应，这些问题的解决和需要的满足来自物质世界或文化世界，或者兼而有之。归根到底，正如我们看到的，应对行为是一种尝试以外界的满足物来补偿内在匮乏的行为。

表现行为与应对行为形成鲜明对比，因为表现行为更多是由性格遗传的因素决定，且这种制约是排他的（见下文）。我们可以这样说：应对行为本质上是性格与现实世界的相互作用，它们共同努力以相互适应，表现性实质上是性格结构本质的附带现象或副产品。因此，在第一个例子中我们可以发现物质世界和内在性格二者的规律作用，而在第二个例子中，我们主要发现的是心理学或性格遗传学的规律。表现派艺术和非表现派艺术的对比也可以说明这一点。

下面是一些推论：（1）可以肯定，如果希望了解性格结构，最好的行为研究对象是表现行为，而不是应对行为。目前在投射（表现性）测验方面积累的广泛经验证实了这一点。（2）长期以来，人们一直在论证什么是心理学以及什么是心理学的最好研究，很明显，适应性的、有目的的、有动机的应对行为并不是唯一存在的行为。（3）我们的这种区分也许同心理学与其他科学的连续性或间断性这一问题有密切关联。原则上，研究自然世界应该有助于我们理解应对行为，但是，可能并不能帮助我们理解表现行为。后者似乎属于更为纯粹的心理学范畴，它可能有自己的规律和法则，因此最好直接研究，而不是通过自然科学研究。

与学习的联系

理想的应对行为以学习为特点，而理想的表现行为则以无需学习为特点。我们不需要学习如何感到绝望、看上去身体好或愚笨或生气，但是做书架、骑车、穿衣通常必须经过学习。通过研究成就测验和罗夏测试中反应的决定因素，我们可以清楚地看到这种差异。另外，如果没有奖励，应对行为就会趋向于消失，而表现行为的延续并不一定需要用奖励来维持。前者由满足所驱使，后者则不然。

控制的可能性

内在和外在决定因素的决定作用不尽相同，这表明其对有意识或无意识的控制（禁止、压抑、抑制）有不同的敏感性。很难管理、改变、隐藏、控制或者以任何方式影响自发的表现性。实际上，控制性和表现性在定义上就是对立的。上文所提到的有动机的自我表现亦是如此，因为它是学习怎样不去控制的一系列努力的最终结果。

对于书法、跳舞、唱歌、讲话、情感回应的风格控制最多也只可能维持较短时间。对人们反应的监督和批评不可能持续不断。由于疲劳、分心、重新定向、或者注意力等等因素，这种控制迟早会逐渐消失，更深层次、意识性更弱、更自动和更有性格遗传性的决定因素会取而代之。全面地说，表现性不是主动的行为。表现性与应对性的区别还体现为前者不需要作出努力，而后者在原则上需要作出努力（艺术家仍是特例）。

此处有几点需要警惕。在这个问题上，很容易犯的一个错误是认为自发性和表现性总是有益的，且无论什么样的控制都是有害的、不可取的。并非如此。当然，在大部分时间里，同自我控制相比，给人的感觉更好、更有意思、更为真诚、无需任何努力等等。因此从这个意义上来说，无论是对本人还是人际关系上表现性都是可取的，正如乔哈德所证实的那样。然而，自我控制或者抑制蕴含着多种意义，即使除去同外部世界打交道所必需的因素，有的意义非常健康理想。控制并不一定意味着阻挠或摒弃对基本需要的满足。那种我称之为“协调化的控制”（Apollonizing control）的控制根本就不会对满足需要提出任何疑问；它还可以通过各种手段使人们更加享受满足需要，而不是减少满足需要的愉悦，例如，通过适当的延迟（例如性），仪态优雅（例如跳舞和游泳），审美趣味（例如对待食物、饮料），风格独特（例如十四行诗），塑造仪式化、神圣感和庄严感，追求完美而非做做而已。

此外——还需一遍又一遍的重复——健康的人并不仅仅是表现性的。他必须在想表现时能够表现。他必须能够无拘无束。当他认为必要时，必须有能力抛开一切控制、抑制和防御。但他同样也必须有控制自己的能力，有延缓享乐、彬彬有礼、避免伤害他人、沉默不语、驾驭自己冲动的能力。他必须既拥有酒神般的狂欢能力，也有太阳神似的庄重能力；既能耐得住斯多葛式的禁欲，又能沉溺于伊壁鸠鲁式的享乐；既能表现又能应对，既能克制又能放任；既能自我揭露又能自我隐藏；既能寻欢作乐又能放弃享乐；既能考虑现在也能考虑未来。健康的或自我实现的人在本质上是多才多艺的，他所丧失的人类能力比普通人少得多。他有更加完善的回应和行动以达到了极限的完满人性，也就是说，他具备所有的人类能力。

对环境的作用

应对行为的一个特点在于，它是因尝试改变世界而出现的；另一个特点在于它在这方面多少会取得成功。相反，表现行为对环境却没有影响。即使它确实对环境产生了某种影响，那也并不是蓄意已久的、主观促成的或早有目的的，而是无意的。

我们可以举一个人物的对话为例。这个对话是有目的的，例如，推销员正在试图争取拿下一份订单，大家心知肚明对话就是因此进行的。但是，推销员讲话的风格也许无意识地透露出敌意、势利或傲慢，便可能因此失去这个订单。这样，他行为中的表现性方面就可能造成环境效果了，但是应该注意的是，讲话的人并不希望产生这些效果，他并非有意识地表现出傲慢、敌意，他甚至没有意识到自己的行为树立了这般印象。即使表现性造成了环境效果，也是非动机的、无目的的，属于附带现象。

手段和目的

应对行为总是工具性的，总是达到动机目的的手段。反之，任何手段——目的的行为（上面讨论的有意抛弃应对的例子除外）一定是应对行为。

另一方面，各种形式的表现行为，既与手段或目的都没有关系，例如书写风格，也与接近成为目的本身的行为没有关系，例如歌唱、闲逛、绘画、在钢琴即兴演奏等等[①]。第十四章将详细阐述这一点。

应对与意识

最纯粹形态的表现是无意识的，或至少不是全完有意识的。我们通常意识不到自己走路、站立、微笑或者大笑的风格。只有电影、唱片、漫画或者模仿可以使我们意识到这些，但是，这往往只是特例或者至少并不典型。表现性动作是有意识的，通常被认为是特殊的、不寻常的或者中介调节的例子，如选衣服、家具、

① 在我们过度实用的文化中，工具精神甚至可以超越最终体验，爱（“这是正常的事情”），体育（“有益于消化”），教育（“提高薪水”），唱歌（“有益于胸部发育”），爱好（“放松可以改善睡眠”），美丽的天气（“适合做生意”），阅读（“我真的应该跟上事情的发展”），感情（“你希望你孩子患有神经官能症么？”），善良（“做好事不求回报”），科学（“国防！”），艺术（“绝对提高了美国广告的水平”），善良（“如果你不，他们会偷走你的银子。”）。

发型等。但是，应对性可以是而且其特点就是有充分意识。一旦它成为无意识的，也会被看作是例外或者是异常情况。

释放和宣泄，不完善的行动，保守秘密

有一种特殊类型的行为，虽然在本质上属于表现行为，然而它对机体却有些用处，有时甚至是有机体希望得到的用处，例如，列维所谓的释放行为。与列维所采用的技术性表达相比，或许独自咒骂或者类似的私下发怒是更好的例子。咒骂当然是表现性的，因为它反映了有机体的状态。它不是一般意义上的应对行为，不是为了满足某种基本需要而产生的，尽管在其他意义上它可能起到满足效果。它似乎仅仅引起有机体本身状态的某种变化，并且这种变化也只是副产品。

我们通常也可以将所有释放行为解释为保持机体舒适，即降低紧张水平，可以通过如下方式达到这种状态：（1）允许完成未完成的行为；（2）通过完成行为的原动表达来宣泄积蓄已久的敌意、焦虑、兴奋、高兴、狂喜、爱或者其他产生紧张的情绪；或者（3）为了自身，准许进行任何健康有机体所沉迷的简单行为。自我暴露和保密似乎也是这样。

宣泄很有可能像布鲁尔（Breuer）和弗洛伊德最初定义的那样，它实质上是释放行为的一种更为复杂的变体。所有受阻的行

为一样，这也是受阻的、为完成的、似乎又要求表达的行动的自由表达，(在某种特殊意义上也是令人满足的)。纯粹的忏悔和泄露秘密似乎也是这种情况。假如我们能够充分全面了解心理分析的观点，我们也许会发现，它也符合我们前文提及的一系列释放或完成现象。

最好将这两类行为区分开：一类是应对威胁的固执行为；另一类是完全为了完成一个或一系列尚未完成的行动的非感情倾向。第一类行为与威胁满足基本需要，或者部分神经官能的需要有关，或者与这两者都相关。因此，它们可能属于动机理论的范畴。第二类行为非常有可能是观念运动的现象，所以它与血糖标准、肾上腺素分泌、性冲动和反射倾向这类神经和生理的变量关系密切。因此，当我们尝试理解一个跳上跳下寻求(愉快的)刺激的小男孩时，最好使用生理状态的原动表达这一原则，而不是考虑他的动机生活。当然，装模作样，隐藏自己的真实本性，肯定会造成间谍必须忍受的那种压力。做自己，追求自然，毫不矫饰，就轻松自在得多，也不会令人疲劳不堪。诚实、坦率、放松也是如此。

重复现象，持续的不成功的应对性，解毒作用

创伤性神经官能症的患者往往反复做噩梦，缺失安全感的儿童(或成年人)的梦也不怎么美好，儿童长期迷恋的事物可以变

成他最恐惧的事物，抽搐、宗教仪式，以及其他象征行动、分裂行动，还有神经官能症的无意识行为表现，在这些案例中，反复出现的现象需要特别解释[①]。正是由于这些现象，弗洛伊德感到有必要彻底反思自己的部分基本理论。由此我们可以判断这些现象的重要性。最近，包括芬尼切尔（Fenichel），库比（Kubie）和卡桑宁（Kasanin）在内的研究人员已经提供了这个问题可能的解决方案。他们将这些行为看成是反复尝试解决几乎不能解决的问题的，这种努力有时会成功，但更多时候是失败的。这类行为仿佛是孤勇的斗士，虽然地处劣势，一次又一次地被击倒，但却一次又一次地爬起来。简而言之，它们像是有机体克服困难时所做的不懈努力，虽然希望渺茫。因此，用我们的专业术语来说，必须将它们考虑为应对行为，或者至少是应对尝试。这样看来，这些行为不同于简单的持续动作、宣泄或释放，因为第二类行为仅仅是在完成未完成的行动，解决未解决的问题。

儿童经常听的故事里总会出现一个大灰狼的形象，在有些场合下这个形象会被再次提起，比如，玩耍、谈话的过程中，也可以出现在他所提的问题、编造的故事以及他的图画里。可以说，这个儿童是在消除这个形象所带给他的毒素或者减少这个形象的刺激性。因为，重复意味着熟悉、释放、宣泄，意味着克服困难，

① 在这里，我们将自己局限于象征性行为，抵制陷入普遍的、引人入胜且明显相关的象征性问题的诱惑。至于梦，很明显，除了这里提到的类型外，还主要有应对性的梦（例如，简单的愿望实现）和主要为表现性的梦（例如，不安全的梦，投射的梦），因此，理论上后一种梦应该可用作诊断性格结构的投射或表达测试。

停止做出紧急反应，逐渐地建立起防御，试验各种控制方式并将成功地付诸实践，等等。

我们可以期待随着导致强迫性产生的决定因素消失，强迫性重复也随之消失。但是，我们该怎么看待那些不消失的重复呢？在这种情况中，似乎控制的努力失败了。

显而易见，缺乏安全感的人无法接受体面地战败。他必然要再三尝试，虽然这样做可能徒劳无功。这里我们可以引用德沃赛厄基纳（Ovsiankina）和蔡加尼克（Zeigarnik）关于不断重复未完成的任务，即未解决的问题的试验。最近的研究工作表明，只有当涉及威胁人格核心的时候，即失败意味着丧失安全、自尊、声望等类似东西的时候，这种倾向才会出现。有了这些实验作为基础，似乎应当给我们的论点加上一个类似的限定才是合理的：永久性重复是可能出现的，其前提是人格的某一基本需要受到威胁而有机体又没有成功地解决这个问题，即不成功的应对。

相对表现性和相对应对性之间的鲜明差异不仅只横跨一种行为等级，而且还扩大了所有每一个新划分出来的次级等级。我们已经看到，在“表现性持续行为”或“简单的行为完成”的标签不仅包括了释放和宣泄，而且还很可能包括运动肌（motor）的持续动作、愉快的也可能是不愉快的兴奋表现以及普遍意义上的观念运动倾向。要把下列现象置于“重复性应对”这一标签下也是同样可能的（或者相当正确的）：悬而未决的屈辱感或侮辱感，无意识的忌妒或羡慕，对自卑感持续不断的补偿，潜在同性恋者不由自主、持续不断的乱交，以及其他想解除威胁的徒劳努力。我们甚至可以提出：如果适当修正概念，也可以这样描述神经官能症本身。

当然，有必要提醒我们自己：鉴别诊断的工作仍然继续，也就是说，某一个特定的人所做的特定的重复性的梦是表现性的，还是应对性的？还是两者兼而有之？在下文中默里提供了进一步例证[①]。

神经官能症的定义

现在一般都认为，无论是整体还是其中一种单一症状，普遍认可的神经官能症都是典型的应对机制。弗洛伊德证明，这些症状有功能、宗旨、目的，并且达成了各种各样的效果（初级收获），这是弗洛伊德最伟大的贡献之一。

然而，许多被称为神经官能症的症状的确不是真正的应对性、功能性或有目的的行为，相反却是表现行为。仅仅将那些主要是功能性或应对性的行为称为神经官能症，似乎效果更好，引发的困惑也更少，至于那些主要是表现性的行为则不应被称为神经官

① 无意识的需要通常表现在梦、异象、情感、笔误、口误、不经意的行为动作和笑声中，这些需要的表现形式无穷无尽，与可接受的（有意识的）需要、理性情绪、预测（幻觉，妄想和信念），以及所有症状（尤其是歇斯底里转换症状）融为一体，也会存在于例如儿童游戏、玩偶、编故事、手指绘画、其他绘画和幻想作品中。也许在未来的某一天，我们可以将仪式、民间故事等也加入这一行列。

能症，而应当另行命名（见下）。

有一个至少在理论上是非常简单的实验可以区分两类不同的症状，即是神经官能症，即功能性的、有目的的或是应对性的症状，还是主要为表现行为的症状。如果神经官能症症状的确有某种功能，对病人起到了一定作用，我们则必须假设是因为这种症状病人才恢复健康的。如果它能使病人真正的神经官能症症状消失，那么从理论上讲，病人无论如何也是会受到伤害的。也就是说，病人会因另外的方式陷入极度焦虑状态，极度的心神不定。可以用这样一个生动形象的比喻来解释，这相当于抽调了建造房屋的基石。如果房屋的确建立在这块基石之上，那么即使它已破败不堪，状况也远不如其他的石头好，但是将它抽掉也仍然是十分危险的。[①]

但在另一方面，如果这种症状并非真的是功能性的，如果它并未起至关重要的作用，那么将它抽离不仅不会有什么害处，还能给病人带来益处。对于症状治疗的一种常见的责难正是基于这一点，即：假设一种在旁观者看来是毫无用处的症状，实际上却在病人的精神机理中起着重要作用，那么，在治疗师了解到它确切的作用之前，不应该盲目治疗。

这里我想说的意思是，虽然必须承认症状治疗对真正的神经

① 梅凯尔（Mekeel）为我们提供了一个很好的例子，一名妇女因歇斯底里而瘫痪，并得知了自己的病情。几天后，她完全崩溃，但瘫痪消失了。在医院，她一直处于崩溃的状态。瘫痪却从未复发，但后来她因歇斯底里失明（私人交流）。最近，“行为治疗师”成功地使她摆脱了症状，也没有出现进一步的后果。也许症状替代并不像心理分析师所预期的那样频繁发生。

官能症症状是十分危险的，但对只具有表现性的症状却没有丝毫的危险。抽离后一种症状并不会有任何严重后果，只会有益处。这意味着症状治疗的作用比精神分析学愿意承认的要大得多。一些催眠治疗专家和行为治疗专家都强烈地认同：治疗症状的危险一直言过其实。

以上这一点也能够帮助指导我们：对于神经官能症的普遍理解过于简单。在任何一个神经官能症患者身上，都可以同时发现表现性的和应对性的两种症状。区分这两类症状如同区分先后一样重要。神经官能症患者通常会有一种无力感，这种感觉会导致各种各样的反应，患者正是试图借助于这些反应来克服这种无力感，或者至少是忍受这种感觉。这些反应是确实的功能性反应，但无力感本身主要是表现性的，它对患者毫无益处，患者从不希望事情会发展成这样。这对他来说是原始的或者既定的事实，除了作出反应外别无他法。

灾难性的崩溃，无能为力

偶尔会发生有机体所有的防御性努力统统失败的情况。原因可能有两种：外界的威胁过于强大，或是有机体的防御能力过于弱小。

戈德斯坦（Goldstein）在深刻分析了脑损伤的病人的基础上，

第一次证明了应对反应（无论多么微弱）和不能进行应对或应对无效时所产生的灾难性崩溃之间存在着巨大差异。

在恐惧症患者的身上可以看到由此引起的行为。这类患者不是陷进了自己所害怕的境况，就是要对极其严重的创伤性经历作出反应，等等。所谓患神经官能症的老鼠身上也会表现出疯狂、混乱的行为，从中看得更为清楚。当然，从严格的意义上讲，这些动物根本就没有患神经官能症。神经官能症应是一种有组织的反应，而它们的行为是无序的。

此外，灾难性崩溃的另一种特点是没有功能、没有目的，换句话说，它是表现性的，而不是应对性的。因此，不应该把它叫作神经官能症行为，而最好是用一些特殊的名称来命名，如灾难性崩溃，行为紊乱、诱导性行为失调等等。但克利（Klee）对此也有其他的解释。

人类和猴子在经受了一连串的失望、剥夺、创伤之后，有时会表现出来的深深的绝望和灰心丧气，这印证了必须区别表现性应对和神经性应对。此时，人可能会达到完全放弃努力的地步，主要是因为他们似乎看不到努力还有什么用处。如果一个人毫无希望，毫不抗争，例如有这样一种可能性：仅患有精神分裂症的病人的冷漠可以被解释为绝望和灰心丧气的表现，也就是说被解释为放弃应对，而不是任何特殊形式的应对。冷漠作为一种症状当然可以同紧张症患者的暴烈行为以及妄想型精神分裂症患者的幻觉区分开。这些症状似乎才是真正的应对性反应，因此似乎表明妄想症患者和紧张型精神分裂症患者仍在争斗，尚存希望。这样，无论是在理论上还是在临床上，我们都应预期他们会有较好的预后，有较大的康复可能。

一种有类似结果的类似区分，可以在久病不起、试图自杀的人身上和对轻微疾病作出反应的人身上看出。这里，对应对性努力的放弃再一次明显地影响了预后。

身心症症状

我们所做的区分在身心症医学领域里应该特别有用。正是在这个领域，弗洛伊德过于天真的决定论造成的危害最大。弗洛伊德所犯的错误在于将“被决定”等同于“无意识的动机”，仿佛行为再也没有其他的决定因素了，例如，将所有的遗忘，所有的笔误和口误都看做仅仅是由无意识的动机决定的。谁要是指出遗忘等可能有别的决定因素，就会被斥为非决定论者。直到今天，还有许多精神分析学者只能想到无意识的动机，完全想不到别的解释。这种观点在神经官能症领域里还不会被驳斥，因为事实上几乎所有的神经官能症症状都确实有无意识的动机（当然也有其他决定因素）。

在身心症领域，这种观点却造成了不少混乱，因为很多相对来说属于身体的反应根本就没有目的或功能，也没有有意识的或无意识的动机。诸如血压高、便秘、胃溃疡之类的反应，更有可能是一系列复杂的心理和人体过程的副产品或附带现象。没有人会希望，至少没有人会一开始就希望自己患有溃疡，高度紧张、冠心病发作等等（暂不考虑次级收获的问题）。一个人会希望——对外界隐瞒消极的倾向，压抑攻击的倾向，或者努力达到一种理想中的自我，这一切都只有付出身体上的代价才能得到。当然，这种代价却总是人们没有预计到的，肯定也不希望看到的。换句话说，这类症状通常不会像一般神经官能症症状那样有初级收获。

邓巴（Dunbar）骨折的事故就是个极好的例子。他们因为匆忙、懒散、粗心草率、游民性格，致使骨折更容易发生，但这些骨折现象是他们的命运，而不是他们的目的。骨折起不到任何作用，也没有任何益处。

可以认为，有可能（即使这种可能性不大）将上述的身体症状作为神经官能症的初级收获而产生的。在这种情况下，最好按照它们的实际情况来命名——转换症状或者更笼统地称为神经官能症症状。如果身体症状是神经官能症过程中所意料不到的人体代价或附带现象，那最好赋予它们另外的名称，如生理性神经官能症，或者像我们已经建议过的那样，称之为表现性身体症状。不应将神经官能症过程中的副产品同该过程本身混淆。

在结束这个主题之前，我想可以提一下最明显的表现性症状。这些症状是表现性的，或者实际上是有机体极其普遍的状态的一部分，即压抑、健康、动作、冷漠等。一个人如果受到压抑，那就是整个身心都受到压抑。便秘在这样一个人身上显然并非应对性行为，而是表现性行为（尽管它显然可以作为应对性症状在另一位患者身上出现，即在一个拒绝排便的孩子身上，他以这种行为向他讨厌的母亲表示无意识的敌意）。在冷漠时不吃饭不说话、健康状态下肌肉的张力，或者缺乏安全感的人所表现出来的神经质等都是如此。

桑塔格（Sontag）的一篇论文可以用来说明，对同一种身心紊乱可以做出各种互不相同的解释。论文中提到了一位妇女的病历报告，这位妇女患有严重到毁坏容貌的面部痤疮。最初出现这种状况以及之后的复发发生在三次不同时期，这三次病发又都恰好与感情压力和冲突发生的时间重合，并且这些压力和冲突是由性的问题引起的，异常严重。皮肤病发作的这三个时期时机巧妙，恰好使得这位妇女得以避免进行性接触。可能是出于避免性接触的愿望，这位妇女才在无意识之中煞费苦心地产生痤疮；这或许也像桑塔格所认为的那样，是她对自己过失的自行惩罚。换句话说，它可能是一个有目的性的过程。不可能根据内在的证据来确定这一点，连桑塔格自己都承认，整个事情也有可能是一系列巧合。

然而，它也有可能是普遍性有机体失调的一种表现，这种有机体失调涉及冲突、压力、焦灼，即它可能是一种表现性症状，桑塔格的这篇论文提出了一个不同寻常的方面。桑塔格清楚地认识到了这类病例中的基本矛盾，即痤疮既可以被解释为表现性症状，也可以被解释为应对性症状，也即是说有两种可能性可供选择。大多数研究者掌握的资料都比桑塔格有限，他们放任自己沿着一个单一的方向得出了肯定的结论，即一些病例被确诊为神经官能症，而另一些病例中则没有被确诊为神经官能症。

最需要强调的是我们有必要提防将目的性强加给可能是出于偶然的事件。用下面这个病例来阐明这种必要性最合适不过了，不幸的只是我未能追踪到这一病例的来源。该病患是一位接受精神分析治疗的病人，他是一位已婚男子，却同情妇发生了性关系，因此他忍受着严重的负罪反应。他还报告说，每次约会过情妇之后都会出先严重的皮疹，其他时候就没有这种事。按照身心症医学界的现状来看，许多医生都会把这种情况诊断为神经过敏反应，因为这是该男子在自我惩罚，所以也就是应对性的症状。然而检查之后却发现了一个没有那么深奥的解释。原来患者情妇的床上臭虫滋生！

作为表现的自由联想

同样的差异可以用来进一步解释自由联想的过程。如果我们清楚地认识到，自由联想是一种表现性的现象，而不是目的性、应对性的现象，我们就可以更好地理解为何自由联想能为它之所为。

精神分析理论的庞大结构以及所有由精神分析学发展而来的理论和实践，几乎完全是以自由联想这种临床手段作为基础的，然而这种临床手段至今很少受到严格检验，这简直让人觉得不可思议。几乎根本没有关于这个主题的研究文献，就是连推测也寥寥无几。如果自由联想能促成或导致宣泄和顿悟（insight），那我们不得不承认，到目前为止还不了解其原因。

我们可以回过头来检验一下罗夏之类的投射实验，因为这样我们就可以较为容易地检验一个早已为人所熟知的表现性的例子。在这个实验中，病人所报告的感受主要是他自己观察世界的方式的各种表现形式，而不是为了解决问题的有目的、有功能的尝试。由于这种情况主要是无结构的，这些表现使我们得以就潜在的（或散发出来的）性格结构做出许多演绎。也就是说，病人所报告的感觉几乎完全是由性格结构所决定的，几乎完全不是由外界现实对解决具体问题的要求所决定的。它们是典型表现性，而不是应对性。

我的观点是这样的：如果认为自由联想有意义、有用处，那么因为一致的原因，罗夏测试也应有意义、有用处。此外，自由联想也同罗夏测试一样，在无结构状态中进行得最为顺利。如果我们将自由联想理解为主要是回避外部现实有目的的要求，并且这种现实要求有机体屈从于处境的需要，要求有机体在生活中遵循身体法则而非心理法则，那么，我们就会明白为什么适应问题要求任务导向。采用任务导向后，首先涌现出来的是什么有助于解决任务。任务所提出的各种要求作为组织原则，然后再按一定顺序排列有机体的各种能力，以便以最高的效率来解决外界提出的问题。

我们所说的有结构的情况就是这个意思。在这种情况中，情况本身的逻辑要求有所反应并清晰指出各种反应。无结构情况就大不一样了。它既没有提出回应，也没有提出需要，从这个意义上来讲，外部世界的重要性被故意地忽略了。因此，得出这两种答案都轻而易举，从这个意义上我们可以说罗夏板是无结构的。当然，在这个意义上，它们刚好与几何问题完全背道而驰。几何题目的结构极为严谨，不管人们怎样思索，有什么感觉和希望，也只可能有一个答案。

现在，根本就没有什么罗夏板，除了规避任务导向和应对性，也没有要求自由联想有什么其他任务；因此，它不光同罗夏实验有着相似之处，甚至还有过之而无不及。如果患者最终学会了怎样正确地进行联想，如果他能够遵循报告指令，不审查意识内容、也不按现实逻辑处理这些内容，直接报告在他意识中所发生的事情，那么这种自由联想最终必然会表现患者的性格结构。随着现实的决定作用越来越小，对适应的要求越来越易于忽略，患者性格结构的表现也就越来越明显。病人的回应于是便成为一种由内向外的辐射，而不再是对外部刺激物的反应。

那么，构成性格结构的各种需要、挫折、态度等等，机会完全决定患者在自由联想中所说的话。这也适用于梦境，我们必须将梦也看作是性格结构的表现，因为在梦中，现实和结构作为决定因素的作用没有罗夏测试中那么重要。痉挛、神经质的习惯、无意之中表露真情的过失（Frendian slips）以及遗忘都带有非常功能性，但又不是完全是功能性的，它们也会表现。

这些表现的另一个作用是使我们可以越来越清晰地看到性格

结构。任务导向、解决问题、应对、有目的寻求，这一切都属于人格的适应性表层。性格结构则更为远离现实，更受自身法则而不是物理和逻辑法则的决定。更为直接地与现实打交道，为了成功、为了由它的（现实的）法则决定而必须遵循的，是人格的表层与弗洛伊德的自我。

原则上讲，把握性格结构的方法是尽可能地去排除现实和逻辑的决定力量。安静的房间、进行精神分析用的躺椅、无拘无束的氛围、精神分析专家和病人都放下他们作为文化代表的责任，这一切正是为了达到上述目的。当患者学会表达，而不是应答时，自由联想的预想效果就会随之出现。

当然，我们还面临着一个特殊的理论难题。我们已经知道，故意和自觉的表现性行为会对性格结构本身产生一种反馈。例如，我常常发现，在合适的人选中，让他们表现得仿佛很勇敢、慈爱或愤怒，最终会使他们真的变得勇敢、慈爱或愤怒起来。在这种治疗实验中，应该选择你觉得本身具备勇敢、慈爱、愤怒的特质，但却受到了压抑的人。这样，有意志的表现就会使整个人改变。

也许最后应该提及的是，作为独特人格的一种表现形式，艺术具有很大的优越性。任何的科学事实都可以由他人发现，任何科学发明或机制都可以由他人提出，但只有塞尚才能画出塞尚的画。只有艺术家是无法替代的。在这个意义上，任何科学实验都比一件有独创性的艺术品更受外界的制约。

第十一章

自我实现的人——关于心理健康的研究

Motivation and Personality

自序

本章所报告的研究在许多方面都是异乎寻常的。它最初不是按照常规的研究安排的。它不是一项社会性的尝试，而是一次旨在解决各种个人道德、伦理以及科学问题的私人冒险。我只是力图使自己信服并且从中学习（这对于个人探索非常合适），而不是向其他人论证。

然而，令我意想不到的是这些研究对我有极大的启发作用，饱含令人兴奋的意义，尽管方法论上有些不足，有些报告还是有价值的。

另外，思考心理健康问题时，我非常急切，因此任何意见、任何一点儿数据，无论何种讨论，对我都具有巨大的启发价值。从原则上说，这种研究非常困难，如果要等待传统意义上可靠的材料，那我们可能要永远等待下去。这样的话，似乎我们能做的唯一一件有气魄的事就是不害怕犯错，全心投入，尽力而为，争取在从犯错到最终纠错的过程中学到足够的东西。不然，目前就只有置之不理这个问题。因此，在还不知道会有什么用处的情况下，我将下面这些报告呈献出来，并向那些坚持信度、效度、取样等科研传统的人们表示由衷的歉意。

研究对象和研究方法

研究对象选自我的熟人和朋友，以及公众人物和历史人物。另外，在第一次对年青人的研究中，我们对三千名大学生进行了筛选，结果只有一名大学生是可用的研究对象，有一二十名可作为未来研究对象（“成长良好的”）。

我不得不承认，在以往的研究对象中，我发现了自我实现者，但这类自我实现对社会中正处在发展中的青年来说是不可及的。

因此，通过与艾维林·巴斯金（E Raskin）博士和但·里德曼（D Freeman）合作，我们开始对一组相对健康的大学生进行调查。我们特意在大学生中选出最健康的1%。虽然该项研究进行了两年之久，但在几近完成之际被迫中断，不过它在临床层面还是让人获益匪浅。

我们也曾希望研究小说家和剧作家们塑造的那些人物，但没有发现有任何一个适用于我们的时代和文化。（这本身就是个引人深思的发现。）

至于是淘汰或是选中某一个研究对象，我们依据的是第一个临床的定义，该定义既有积极定义也有消极定义。反面的选择标准要求被选对象没有神经病、精神变态性格、精神病或这方面的强烈倾向。也许身心症要求更仔细的研究和筛查。在可能的情况下，我们会只用罗夏测试，但结果证明这些测试更能显示被隐藏的精神变态，并不那么适用于选择健康的人。筛选的积极标准是自我实现（SA）的确定的证据，但目前还是难以确切描述自我实现症候群。为服务于我们讨论的目的，自我实现也许可大致被描述为充分利用和开发天资、能力、潜能等等。这样的人似乎在竭尽所能，使自己趋于完美，这使我们想起尼采的规劝："成为你自己！"这类人群已经走到，或者正在走向自己能力所及的高度。他们的潜能要么是个人特有的，或者是人类物种共有的。

这一标准还意味着，无论是过去还是现在，研究对象对安全、归属、爱，尊重和自尊的基本需要均得到满足，对于理解和知识的认知的需要也得到了满足，或者在少数事例里，他们征服了这些需要。也就是说，所有研究对象都感到安全、毫不焦虑、认可、爱和被爱，自身的价值并且被尊重。他们已经明确了自己的哲学，宗教或者价值体系。至于基本需要的满足是自我实现的充分条件还是必要条件，这依旧是个未决的问题。

我们采用的选择方法大体上是之前方法的迭代，对自尊和安全感的人格症候群的研究中曾使用过该方法，本书附录二对此有详细描述。简单来说，这种方法以个人或文化信仰的非专业状态作为开端，包括比较自我实现症候群的各种拓展用法和定义，然后再更仔细地给它定义。在下定义时，仍然采用现实的用法（可称为词典学层次的用法），但是，同时排除在通俗定义中常见的逻辑和矛盾。

以修正过的通俗定义作为基础，我们筛选出了第一批研究对象小组，其中包括一组高质量、一组低质量。以临床风格对这些人进行尽可能仔细的研究，在实证研究的基础上，按照现在手中的数据进一步修改最初修正过的通俗定义。这样就得出了第一个临床定义。按照这个新的定义，对最初的研究对象进行重新筛选，保留一些人，淘汰一些人，补充一些新成员。然后，这组研究对象的数据就达到了临床层级。如果可能，再对此进行实验和统计研究，并且对第一个临床定义做相应修改、订正和补充。然后，根据这一新的定义进行再筛选。经过这样不断重复，一个最初模糊、不科学的通俗概念就能变得越来越精确，在特性上越来越便于操作，因而也越来越科学。

当然，一些客观的、理论的，和实际的考虑会干扰这一自我修正螺旋上升的过程。例如，在研究的早期，由于对通俗用法提出了不切实际的苛求，没有一个活人能符合这一定义。我们不能够因为有小毛病、错误，或者愚蠢而排除一个可能的研究对象。换言之，我们不能用完美来作为选择的标准，因为不存在完美的研究对象。

另一种难题属于这样的情况：在所有的情况下，都不可能获得临床工作通常要求的那种丰富而令人满意的数据。研究对象候选人在得知研究目的后，变得注意自己，变得冷淡僵硬，把所有的实验努力不当做一回事儿，或者干脆断绝合作关系。因此，鉴于早期研究经验，我们对老研究对象一直进行的是间接研究，实际上几乎是偷偷摸摸地在进行。只有较年轻的研究对象才可能被直接研究。

既然不能公开依旧在世的研究对象姓名，那么有两种必要心机就不可能得到，或者甚至连普通科学研究的要求都达不到，即调查的可重复性和是否能够公开获取得出结论的数据。我们克服了部分这样的困难，因为研究使用了公众和历史人物的有关数据，以及补充研究了一些青年人和可信的儿童。

研究对象可分成以下几类：

案例：

7 名非常理想和 2 名很有希望的同代人（相互交织的）

2 名非常理想的历史人物（晚年的林肯和托马斯·杰斐逊）

7 名很有希望的知名的历史人物（爱因斯坦、埃莉诺·罗斯福、简·亚当斯、威廉·詹姆士、史怀彻、A· 赫胥黎和斯宾诺莎）

不完全案例：

5 名相当肯定有某些不足，但仍然可用于研究的同代人

不完全的或可能的案例：

G.W. 卡弗、尤金 ·V. 德布斯、汤姆斯·埃金斯、弗里茨克赖斯勒、戈塞、帕布洛、卡萨尔斯、马丁·布伯、丹尼洛

由他人研究或建议的案例：

多尔斯、阿瑟 ·E. 席根、约翰·济兹、大卫·赫尔伯特、阿瑟·韦利、D.T. 铃木、艾德莱·史蒂文森、S. 阿勒奇蒙、罗伯特·勃朗宁、R.W. 埃米森、F. 道格拉斯、J. 舒马比特、B. 本奇刺、艾达·塔贝尔、H. 塔布曼、乔治·华盛顿、布林、乔治卡尔·穆恩辛格、J. 海登、C. 皮萨诺、E. 比·威廉·罗索（A.E.）、P. 雷诺

尔、H.W. 朗费罗、P. 克罗波特金、J. 阿特基尔得、汤姆斯·摩尔、E. 贝拉米、B. 富兰克林、J. 米尔、W. 怀特曼[①]。

搜集和描述数据

这里的数据不仅包含人们通常所收集的特殊的、分散的事实，更多地包含来自我对朋友熟人总括或整体印象的缓慢发展。很难营造一种情景向我的老研究对象们提问，或者对他们进行测验（尽管这对于年青的研究对象是可以做到的）。我偶尔才以一般社交形式与老研究对象联系。然而一旦有可能就可以随时向亲朋好友提问。

由于这个原因，也由于研究对象数量较少，以及多数研究对象的资料不完整，不可能进行任何定量描述，只能收集到一些混杂交错的印象，尽可能从中挖掘价值。

全面分析了所有这些印象后，可得出以下最重要且最有用的自我实现者总体性格，用作进一步的临床研究和实验研究。

① 另请参阅参考邦纳《人格心理学》第 97 页，布根塔尔《本真性的探求》和肖斯特罗姆手册及自传中用于测试自我实现的个人倾向性量表（POI）。

对现实更有效的洞察力和更加舒服的关系

人们注意到这种能力的最初形式是一种不同寻常的能力，它可以辨别人格中的虚伪、欺骗、不诚实，以及大体正确和有效地判断他人。在一次对一组大学生进行的非正式的实验中，发现了这样一种倾向性：与不太有安全感的（健康的）学生相比，有安全感的学生能够更为准确地评判自己的教授，也就是说，后者在S–I测验中得分更高。

随着研究的推进，可以逐渐明显看到，这一效率拓展到生活的其他许多领域——实际上是能观察到的全部领域。在艺术和音乐、智力、科学、政治和公共事务等方面，自我实现的这类人似乎能比其他人更敏捷更正确地看出被隐藏和混淆的现实。因此，该项非正式的调查表明，由于较少地受愿望、欲望、焦虑、恐惧的影响或较少地受由性格决定的乐观或悲观倾向的影响，无论他们手中掌握的是何种情况，他们对于未来的预测似乎总是比常人更准确。

最初这一点被称作优秀的鉴赏力或优秀的判断力，其含义是相对的而不是绝对的。但是，由于许多原因（部分原因会在下文阐述），现在有种越来越清晰的倾向表明：最好把它看成是对某个确实存在的事物（是现实，而非一套观点）的感知（不是鉴赏力）。我希望这一结论或者假说能够早日通过实验验证。

如果能够验证这一结论，那么它的重要性是最值得强调的。最近英国的精神分析学家蒙利·凯里（Money Kyrle）提出：她有理由认为神经官能症患者不但相对而且绝对无能，因为这类患者对于现实世界的理解不如健康人那样准确或有效。神经官能症并不是感情上的疾病，凯里在这点上认识有误！假如健康和神经官能症分别意味着对于正确和不正确地理解现实，事实命题和价值命题在这个领域就合二为一了。在原则上，价值命题就不仅仅是鉴赏或规劝的问题，而应该是可以通过实证展示的。如果人们深入思考过这一问题，就会清楚地认识到我们在这里可能逐渐构建起了一个真正的价值科学，同时这也是一个真正的伦理科学、社会关系科学、政治科学、宗教科学等等。

顺应不良或者极度的神经官能症绝对可能干扰感知，甚至可能影响光感、触觉或者味觉的敏锐度。但是这种作用很有可能在生理领域之外的感知范畴得到证实，例如艾因斯特朗（Einstellung）类似的实验。那么就自然要提到在许多近期的实验中，在健康的人群中，愿望、欲望、偏见对于感知的效用（这体现在最近的许多试验中）应该比患者人群小得多。先前的一系列考虑也都符合这一假设：对现实感知的优越性塑造了许多优越的能力，包括普遍意义上的推理、真理感知、推论、逻辑和有效认知。

这种与现实的优越关系包含一个令人印象尤为深刻和深受启迪的方面，本书第13章将详细讨论。过去我们发现，与大多数普通人相比，自我实现者可以轻而易举地从概念性的、抽象的、标签化的事物中分辨出新颖的、具体的和独特的东西。因此，他们生活在更加自然真实的世界中，而非生活在一堆人造的概念、抽象物、期望、信仰和刻板印象当中，而大多数人都对这些东西与真实的世界界限感到困惑。因此，自我实现者更倾向于感知实际的存在而不是他们自己或他们所属的文化群体的愿望、希望、恐惧、焦虑，以及理论和信仰。赫伯特·米德非常准确巧妙地将此称为“明净的眼睛”。

作为学术心理学与临床心理学之间的另一座桥梁，人们与未知事物的关系这一领域似乎大有可为。我们健康的研究对象通常不惧怕未知事物，也不会受到未知事物的威胁，在这一点上，他们与普通人大不相同。他们接受未知事物，与之相处融洽，同已知事物相比，他们甚至更容易被未知事物吸引。他们不但能容忍意义不明、结构不清的事物，甚至喜欢它们。爱因斯坦说过一句相当有代表性的话：“我们能够体验的最美的事物是神秘的事物。它是一切艺术和科学的源泉。”

的确，这类人是知识分子、科研人员和科学家，因此这里的主要决定因素可能是智力。然而，我们都知道，许多科学家智商很高，但是因为羞怯、惯性、焦虑或其他性格缺陷，只能单调地从事已知的工作、反复推敲、整理、分类，而不是做他们本该做的工作——去探索发现。

对于健康人来说，既然未知事物并不可怕，他们就不必去驱鬼，穿过墓地时也不必吹口哨壮胆，也不用花费时间抵御想象中的危险。他们并不忽视或者否认未知事物，不回避它们或自欺欺人地把它们看成是已知的事物。他们也不会过早地整理这些未知事物，将他们一分为二或者贴上标签。他们不固守熟悉的事物，对真理的追求也不像对确定、安全、明确以及秩序的需要那般令人不快。比如，戈德斯坦有关脑损伤或强迫性神经官能症的研究就有些言过其实。当整个客观情况有要求时，自我实现者可以在杂乱、不整洁、混乱、散漫、含糊、怀疑、不肯定、不明确，或者不精准的状态中感到舒适。（这一切，在科学、艺术或一般生活中的某些时候是完全合乎需要的。）

对大多数人来说，怀疑、尝试、不确定，以及因此必然产生的延迟决定是个折磨，但对某些人却是一个令人愉快的刺激的挑战，是生活中的高境界而非低境界。

对自我、他人和自然的接受

有许多在表面上可察觉的、一开始看起来不同的、互不相关的个人品质，可以理解为一种更为基本的单一态度的表现形式或衍生物。这个态度可以是对于首要的罪恶感、使人严重自卑的羞耻心和极度的焦虑感的相对缺乏。这与神经官能症患者形成鲜明对比，后者在任何情况下都可以描述为由于罪恶感、羞耻心和焦虑感，或由于其中之一二，而丧失了能力。甚至在我们文化中的正常成员也在太多不必要的场合，为太多事感到无畏的内疚、羞愧和不安。我们中的健康人发现，接受自我以及自己的本质，并对此不懊恼、抱怨，甚至不过多考虑都是可能的。

尽管他们自己的人性有种种缺点，与理想中的形象有种种差距，他们仍可以在没有真正感到忧虑的情况下，以斯多葛的方式接受它们。如果说他们是自满的，那就会传播错误的印象。我们必须说的是，他们能够以一个人在接受自然的特性时所持的那种毫不置疑的态度来接受脆弱、过失、弱点，以及人性的邪恶。一个人不会去抱怨水的滑湿、岩石的坚硬或者树木的翠绿。正如孩子睁大眼睛，用毫不挑剔和纯真无邪的眼光来看待世界，他们只是注意和观察事实是什么，而对它并无争论或者其他要求，自我实现者也是以同样方式看待自己和他人的人性的。当然，这并不同于东方的出世观念，不过出世观念在我们的研究对象中，尤其是在那些面对疾病和死亡的研究对象中也能观察到。

可以看到，这相当于用另一种方式来表达我们已经描述过的观点，即，已经自我实现的人对现实看得更清楚；我们的研究对象看见的是人性的本来面目，而非他们期望中的人性。他们的双眼所见的是面前的事物，并没有被各种纷扰的景象所影响，以至于歪曲、改变，或者粉饰真相。

第一个也是最明显的接受层次是所谓动物层次。自我实现者往往是优良强健的动物，他们的胃口很好，生活得非常快活，没有懊悔、羞耻，或者歉意。他们的食欲似乎一直很好、睡眠香甜。他们似乎很享受性生活，没有不必要的压抑，对所有相对来说的

生理性冲动也都是如此。他们不仅在这些低层次上能够接受自己，而且在各个层次上都能够接受自己，例如爱，安全、归属，荣誉、自尊等等。所有这一切都能被毫无疑问地接受下来，并认为是值得的，其原因仅仅在于：自我实现者倾向于接受自然所创造的，而不是因这些东西不合意而愤愤不平。普通人特别是神经官能症患者常有的反感、厌恶，例如挑食、厌恶身体的产物、体味以及身体功能等等，这些在自我实现者中是相对少见的。

与自我接受和接受他人的紧密相关的是：（1）他们没有防御性，没有保护色或者伪装；（2）他们厌恶他人身上的这种矫揉造作。假话、诡计、虚伪、装腔作势、面子、玩弄花招，以庸俗手法哗众取宠，这一切在他们身上都异常罕见。既然他们甚至能与自己的缺点和睦相处，那么这些缺点最终（尤其在后来的生活中）会变得令人感觉根本不是缺点，而只是中性的个人特点。

这并不意味着他们绝对不存在罪恶感、羞耻心，黯淡的心绪、焦虑和防卫性，而是指他们很少有不必要或者神经性的（由于不现实的）罪恶感等。动物性的过程，例如性欲、排尿、怀孕、行经、衰老等，是客观事实的一部分，因此必须接受。因此没有一个健康的妇女会因为自己的性别或者这个性别的任何生理特点而产生罪恶感或防卫心理。

真正让健康人感到内疚（羞耻、焦虑、忧伤或防卫）的是：（1）可以改进的缺点，如懒惰、漫不经心、发脾气、伤害他人；（2）不健康心理的顽固的残迹，如偏见、妒忌、猜疑；（3）虽然相对独立于性格结构，但可能是根深蒂固的一些习惯；（4）他们所属的种族、文化或群体的缺点。一般情况可能是这样：如果事实与最好成为什么或应当成为什么之间存在差异，健康人就会感到不满意。

自发性，坦率，自然性

自我实现者都可描述为在行为中具有相对的自发性，并且在内在的生活、思想、冲动等等中远远更有自发性。他们行为的特征是坦率、自然，很少做作或人为的努力。但是，这并不意味着他们一直不遵从惯例。假如我们实际计算一下自我实现者不遵从惯例的次数，就会发现记录并不高。他们对惯例的不遵从不是表面的，而是根本的或内在的。他们独特的不循规蹈矩以及自发性和自然性都源于他们的冲动、思想和意识。由于深知周围的人在这一点上不可能理解或者接受他们，也由于他们无意伤害他人或为某件琐事与别人大动干戈，因此面对俗套的仪式和礼节时，他们会善意地耸耸肩，尽可能地通情达理。例如，我曾见过一个人接受了别人给予他的荣誉。虽然他曾私下嘲笑甚至鄙视这个荣誉，但他并未因此而小题大做或伤害那些自认为在使他高兴的人们的感情。

其实，自我实现者的这种循规蹈矩的行为就像轻轻披在肩上的一盏斗篷，可以轻而易举地甩掉。实际上，自我实现者从不允

许习俗惯例妨碍或阻止他们做他们认为是非常重要或者根本性的事情。在这种时刻，他们不墨守成规的本质便显露出来，然而他们并不同于普通的波希米亚人或者反抗权威者，这些人小题大做，把对抗无关紧要的规章制度当作天大的事。

当自我实现者热切沉迷于某个自己主要感兴趣的事物时，他的这种内心态度也会表现出来。这时，他会毫无顾忌地摒弃平时遵守的各种行为准则。在遵从惯例上他仿佛需要有意识地做出努力，他对习俗的遵从仿佛是有意的、存心的。

最后，当自我实现者与那些并不要求或期待俗套行为的人们相处时，他们就会自愿地抛弃这种外部的行为习惯。这种相对的控制行为对他们来说是个负担，正如在我们的研究对象中可以看到的那样，他们偏爱与那些允许他们更自由、更自然、更有自发性的人们共处，这使他们能摆脱那些他们看来有时是费劲的行为。

从这个特点可以得出一个结论或推论：这些人有相对自主的、独特的、而非循规蹈矩的道德准则。有时，那些未经思考的观察者可能认为他们不道德，因为当情况似乎要求如此时，他们不仅会打破常规，还违反法律。然而事实恰好相反，他们是最有道德的人，尽管他们的道德准则与周围的人不尽相同。正是这种观察使我们坚信，普通人的一般的道德行为主要是遵从习俗的行为，例如，是基于被公认的原则的行为（被认为是正确的），而非真正的道德行为。

由于与一般习俗及普遍被接受的虚伪、谎言的疏远，以及与社会生活的格格不入，他们有时感觉自己仿佛是异国土地上的间谍或外侨，有时也表现得如此。

但愿我没有给人造成一种印象，仿佛他们试图掩盖自己的真实面目。其实，他们有时也刻意地释放自己，出于对习俗的刻板性和对传统的盲目性而短暂发怒。例如，他们可能会试图教训一个人，或试图保护一个人免受伤害或不公平的待遇。有时，他们可能会感到情绪在内心沸腾，而这些感情令人快乐甚至欣喜若狂，以至于压抑它们似乎就是在亵渎神明。据我观察，在这些情况下，他们并不为自己给予旁观者的印象而感到焦虑、内疚或羞愧。他们自己声称，他们之所以按惯例行事，仅仅是因为这样做不会引起什么大问题，或者因为其他类型的行为会伤害人们，或使人们感到难堪。

他们轻而易举地对现实的洞察，他们非常接近于动物或儿童的接受性和自发性，意味着他们对自己的冲动、欲望、见解以及主观反应的一种高级觉悟。毫无疑问，对这种能力的临床的研究证实了弗罗姆的看法：一般正常的、适应得很好的人，通常根本没有弄明白他是什么，他要什么，以及他自己的观点是什么。

正是像这样的一些调查结果，最终使得人们发现自我实现者与其他人之间一个最深刻的差异，这个差异就是：自我实现者的动机生活不仅在数量上，而且在质量上都与普通人不同。我们很可能必须为自我实现者另外创立一种具有深刻区别的动机心理学，例如，一种研究超越性动机或成长性动机，而不是匮乏性动机的动机心理学。将活着与为活着做准备作出区分，也许是会有益处的；也许动机的一般概念应该只应用于非自我实现者。我们的研

究对象不再进行一般意义上的奋斗，而是在发展。他们努力成长得日臻完善，努力以自己的风格发展得日益全面。普通人的动机是为了满足匮乏性的基本需要而奋斗。但是自我实现者实际上不缺乏任何一种基本需要的满足，然而他们仍然有冲动。他们工作，他们尝试，他们雄心勃勃，即使以非同寻常的方式。对他们来说，他们的动机就是发展个性、表达个性、成熟和发展，一句话，就是自我实现。这些自我实现者是否比常人更具有人类性吗？是否更能显示人类的本来面目？是否在分类学的意义上更接近人类？评判一个生物物种，是应该由它的残废的、不正常的、发展不全的样本为依据，还是由那些过度驯化的、受到限制的以及受过训练的模范为依据？

以问题为中心

我们的研究对象一般都强烈地关注他们自身以外的问题。用流行术语来说，他们是以问题为中心，而不是以自我为中心。他们自身一般不存在什么问题，一般也不太关心他们自己，这正与缺乏安全感的人们中发现的那种内省形成对照。自我实现者通常有一些人生的使命，一些待完成的任务，一些需要他们付出大量精力的自身之外的问题。

这些任务未必是他们喜欢的，或他们为自己选择的，而可能是他们所感到的责任、义务或职责。这就是为什么我们要采用“他们必须做的工作”，而不采用“他们想要做的工作”的说法的原因。一般来说，这些任务是非个人的或不自私的，更确切地说，它们与人类的利益、民族的利益或家庭的少数几个人有关。

除了几个例外，可以说，研究对象通常与那些我们已学会称为哲学或伦理学的基本争论和永恒问题有关。这些人通常生活在最合理的参照系里，他们似乎绝不会见树不见林。他们在价值的框架里工作，这种价值是伟大的，而不是渺小的，是宇宙的，而不是区域的，是从长远出发的，而不是短视的。总之，尽管这些人都很普通平凡，但都是这种或那种意义上的哲学家。

当然，这种态度对于日常生活的每个领域都具有意义。例如，我们最初研究的主要显著特点（伟大，脱离渺小，浅薄和褊狭等）就可以归入这种更普适的标题下。他们超越小事，视野开阔，见多识广，在最开阔的参照系里生活，笼罩着永恒的氛围，在社会及人际关系方面具有最极致的意义。它仿佛传递出一种宁静感，摆脱了对于紧迫事务的焦虑，而这使生活不仅对于他们自己并且对于那些与他们有联系的人都变得轻松了。

超然（detachment）的特性，离群独处的需要

的确，我的所有研究对象都可以离群独处而不会使自己受到伤害，也不会感到不舒适。而且，几乎所有的研究对象都比一般人更喜欢独处。

他们常常可以超然于物外，泰然自若，保持平静，对其他人能引起骚乱的事并不会打扰到他们。他们觉得远离尘嚣，沉默少言，平静安详简直易如反掌。因此，他们对待个人的不幸也就不像一般人那样反应强烈，甚至在不庄重的环境与情景中，他们似乎也能保持尊严。这也许是由于他们坚持相信自己对事件的解读，而不依赖于他人对该事件的感受或看法。如果他们的解读与他人的看法截然不同，那么他们就会蒙上严峻和冷漠的色彩。

这一超然的特性也许又与某些其他的品质有联系。首先，可以认为我的研究对象比一般人更客观（这个词的全部意义）。我们已经看到，他们是更以问题为中心而不是以自我为中心，甚至当问题涉及他们自己、他们的愿望、动机、希望或抱负时也是如此。从而，他们集中注意的能力是常人无法企及的。他们的专心致志又产生了例如心不在焉这种现象的副产品，也就是轻视以及不在乎外在环境的能力。例如，他们能够酣然入梦，食欲不受干扰，在面对难题、焦虑、责任时，仍然能够谈笑风生。

在与大多数人的社会关系中，超然都会招致一定的麻烦和难题。“正常的”人很容易把它解释为冷漠、势利、缺乏感情、不友好甚至敌意。相比之下，普通的友谊关系更加相互依恋，相互要求，更需要再三的保证、相互的敬意、支持、温暖，更具有排他性。的确，自我实现者在一般意义上不需要他人。然而，既然被需要和被想念通常是友谊和诚挚的表现，那么显然超然独立就无法轻易为普通人接受。

自主的另一层含义是自我决定，自我治理，作一名积极、负责、自我调节的、有主见的行动者，而不是一个完全为他人左右的兵卒，做一位强者而不是弱者。我的研究对象们自己下决心，自主拿主意，他们是自己的主人，对自己和自己的命运负责。这是一种微妙的素质，难以用语言形容，但却有着深刻的重要性。这些人使我懂得了我以前理所当然地视为正常的人类现象，即许多人不用自己的头脑做决定，而是让推销员、广告商、父母、宣传、电视、报纸等替他们做决定。这实际上是十分反常、病态、软弱的表现。这些人是供他人指挥的兵卒，而不是自己作决定，自己行动的人。因此他们经常感到无助、软弱、由他人摆布。他们是强权的牺牲品，软弱的哀怨者，不是决定自己命运，对自己负责的人。对民主政治和经济来说，这种不负责的态度无疑是灾难性的。民主、自治的社会必须由自我行动、自我决定、自我选择的成员组成，他们表达自己的意见，是自己的主人，具有自由意志。

根据阿希（Asch）和麦克里兰德做的大量实验，我们推测自我决定者约占人口的5%~30%，其比例的大小由不同的环境决定。在我的研究对象中，100%的人是自我行动者。

最后我必须要下一个结论，尽管它必将使许多神学家、哲学家和科学家感到不安：自我实现者较一般人拥有更多的“自由意志”，更不容易为他人所“决定”。不管“自由意志”和“决定论”这两个名词在实际应用中如何被定义，在这项调查中，它们是实证事实。此外它们是程度概念，其程度会有不同变化，而非非此即彼的概念。

自主性，对于文化与环境的独立性，意志，积极的行动者

纵观前文所描述的大部分自我实现者，在一定程度上，他们的一大特点是对于物质世界和社会环境的相对独立性。既然自我实现者是由成长性动机而不是匮乏性动机推进的，那么他们主要的满足就不是依赖于现实世界，或他人，或文化，或手段，或目的，总之，不依赖外界满足。更准确地说，他们自己的发展和持续成长依赖于自己的潜力以及潜在资源。如同树木需要阳光、水和养分，大多数人也需要爱、安全，以及其他基本需要的满足，而这种满足只能够来自外界。但是，一旦获得了这些来自外界的满足，并且这些来自外界的满足物填满了人的内在缺乏，就要开

始思考真正的问题了，也就是作为人类如何实现个人发展，即自我实现。

这种对于环境的独立性意味着以相对稳定性面临遭遇、打击、剥夺、挫折等类似因素。即使在可能促使其他人自杀的环境中，这些人也能保持一种相对的安详与愉快，因此，他们也被描述为“有自制力”。

对于大多数由匮乏性动机驱动的人，他们主要需要的满足（爱、安全、自尊、名誉、归属）必须来自他人，那么，他们就必然离不开这些有用的人。但是，由成长性动机驱动的人实际上却有可能被他人妨碍。对于他们，满足需要和好好生活的决定因素来自个人内心，并非来自社会。他们已经足够坚强，因此能够不受他人的赞扬甚至自己感情的影响。同自我发展以及自身成长相比，荣誉、地位、奖赏、名誉以及人们所能给予的爱都变得不那么重要了。我们必须记住，要达到这种相对独立于爱和尊重的境界，已知的最好的方法（即使并非唯一的方法）是在此之前被给予足够的同样的爱和尊重。

焕然一新的欣赏能力

自我实现者具有奇妙的反复欣赏的能力，他们带着敬畏、兴奋、好奇甚至狂喜，精神饱满地、天真无邪地反复欣赏人生的基

本快乐；而对于其他人，这些快乐也许已经变成陈旧的体验，这便是威尔逊所称的“新奇”（newness）。对于自我实现者，每次日落都像第一次看见时那样美妙，每一朵花都温馨馥郁，令人喜爱不已，甚至在他见过许多花以后也是这样的感受。他所见到的第一千个婴儿，依旧像他见到的第一个一样，是一种令人惊叹的产物。在他结婚三十年以后，他仍然相信他的婚姻的幸运；当他的妻子六十岁时，他仍然像四十年前那样，为她的美感到吃惊。对于这种人，甚至偶然的日常生活中转瞬即逝的事物也会使他们感到激动、兴奋和入迷。这些奇妙的感情并不常见，它们只是偶然有之，而且是在最难以预料的时刻到来。这个人可能已经是第十次摆渡过河，在他第十一次渡河时，仍然有一种强烈的感受，一种对于美的反应以及兴奋油然而生，就像他第一次渡河一样。

研究对象们会选择不同的美的目标。一些人主要向往大自然，另一些人主要爱儿童，还有几个人主要热爱伟大的音乐。但确实可以这样说：他们从生活的基本经历中得到了喜悦、鼓舞和力量。然而，他们中没有一个人，能够从去夜店，或者得到一笔巨款，或者一次愉快的宴会中获得上述同样的反应。

也许还可以加上一种特殊体验：对于我的几个研究对象来说，性愉悦，特别是性高潮提供的不仅是一时的快乐，而且还能增强某些基本的力量和复苏。有的人是从音乐或大自然中得到这种增强和复苏的。关于这一点，我将在神秘体验一节中做更多解释。

这种强烈丰富的主观体验很有可是与新鲜具体地紧密相连的一个方面，本质上是我们上文讨论的现实。也许我们所说的陈腐体验是因为我们不断用标签化的方法，或者停止以丰富的感觉去洞察这个或那个领域，因为这些领域或标签已被证实已不再具有优点、益处或者威胁性，要不然就是不能再把自我放入其中了。

我也相信对自身幸福的习以为常是人类罪恶、痛苦以及悲剧的最重要的非邪恶的起因之一。我们轻视那些在我们看来是理所当然的事情，所以我们往往用身边的无价之宝去换取一文不值的东西，留下无尽的懊恼、悔恨和自暴自弃。不幸的是，妻子、丈夫、孩子、朋友在死后比生前更容易得到爱和赞赏。身体健康、政治自由、经济富强等也是如此，我们只有在失去它们后才能了解他们的真正价值。

赫兹伯格（Herzberg）对工业中“保健”因素的研究，威尔逊对圣·尼奥兹对“阀限”的观察，我对“低级牢骚、高级牢骚和超级牢骚”的研究都表明：如果我们能像自我实现者那样对待身边的幸福，如果我们能像自我实现者那样保持幸运感并心怀感激，我们的生活质量将得到极大的提高。

神秘体验，高峰体验

威廉·詹姆斯很好地描述过那些被称为神秘体验的主观体验，对于我们的研究对象来说，虽然不是每一个研究对象都经历过，但这是一种相当普遍的体验。在上一个小节，我们描述了一种强烈的感情，这种感情有时强烈有力、杂乱无章、漫无边际，所以我们称之为神秘体验。我在对这一题目颇有兴趣和关注，我的几个研究对象首先在这方面支持了我。他们用朦胧而又通俗的措辞来描述自己的性高潮，后来我记起很多作家都使用过这样的措辞来描述他们笔下的神秘体验。这些神秘体验都拥有一些相同的感觉：视野无垠，前所未有的强烈冲击却又孤立无援，浓烈的狂喜、惊奇、敬畏，对自己身处的时空浑然不知，这最终使人确信，某种极为重要、有价值的事情发生了，在某种程度上，哪怕在日常生活中，研究对象的体验也被改变或者增强了。

把这些体验从所有神学的或超自然的领域中剥离出来是非常重要的，尽管在过去的几千年里，它们总是被联系在一起。因为这种体验是一种自然的体验，可能属于科学的范围，我将其称之为高峰体验。

我们可以从研究对象那里得知，这种体验也能够以较低的强度出现。神学文献通常假设：在神秘体验与所有其他体硷之间，有一种绝对的性质上的差异。一旦将神秘体验从超自然的领域中分离出来，并把它作为自然现象来加以研究，就可以按照从强烈到微弱这样一个连续的数量级来加给神秘体验分级。我们会发现，许多人，甚至可能大多数人都经历过微弱的神秘体验，如果条件有利，其发生的频率会更高，甚至可以每天都体验到。

很明显，强烈的神秘体验或高峰体验极大地增强了任何一种含有自我丧失或自我超越的体验，例如贝尼迪克特所描述的：这是一种以问题为中心、高度集中的献身行为，它会带来强烈的感官体验，对音乐或艺术忘我且热切的欣赏。关于高峰体验的进一步研究请参考拉斯奇《神离》和我的《宗教、价值及高峰体验》《存在心理学》《关于高峰体验的研究》《Z 理论》等。

自从 1935 年我开始此项研究以来（现在仍在进行中），我逐渐了解该领域，并且渐渐将注意力更多地集中在高峰者与非高峰者的区别上。在我刚开始研究的时候，我并没有这么关注这二者的区别。很可能两者之间只是程度与数量的差别，但这却是非常重要的差异。对此我已作了详细的陈述。如果非得简要总结一下的话，非高峰型的自我实现者似乎是更讲究实际，追求效率的人，他们体型匀称，在这个世界上生活得成功顺遂。而高峰者除了上述特点外，似乎也生活在存在的领域中，生活在诗歌、伦理、象征、超越的境界里，生活在神秘的、个人的、非体制的宗教之中。生活在终极体验中。我预测这将是性格遗传学所说的重要的“种类差别”之一，它对于社会生活来说尤为重要，因为尽管那些“纯粹健康的”非高峰型自我实现者似乎更可能推动人类社会进步，成为政治家、社会中的工作人员、改革者、领导者，而那些超然的高峰者则更可能投身诗歌和音乐的创作、哲学及宗教。

社会意识

阿尔弗雷德·阿德勒创造了“社会意识”这个词，它描述了自我实现的研究对象们所表达出的人类感情，这是现有唯一一个恰当描述了这种感情的词。尽管自我实现者偶尔对人类会表现出气愤、不耐烦、或者厌恶（下文将具体阐述），但他们对人类怀有深深的认同、同情和爱。正因为如此，他们拥有帮助人类的真切愿望，就好像所有人类都是同一个大家庭里的成员。一个人对于自己兄弟的感情总体上是爱，哪怕他愚蠢、软弱、时而卑鄙龌龊，但原谅兄弟还是比原谅陌生人容易。

如果一个人的眼界不够开阔，所经历的历史时期又很有限，那么他就可能体会不到这种与人类同一的感情。毕竟，自我实现者在思想、冲动、行为、情感上与其他人大相径庭。当自我实现者需要在这些方面要表达自己的时候，他们的方式与这片陌生的土地格格不入。无论人们多么喜欢自我实现者，也几乎没有什么人能真正理解他们。自我实现者经常因普通人的缺点苦恼气愤，甚至愤怒，而对自我实现者来说，普通人就是讨厌麻烦，有时甚至会造成痛苦的悲剧。无论自我实现者与普通人之间的差距有多大，自我实现者却总是感到与这些他们讨厌的生物有着最基础的亲缘关系。如果不说有自我实现者能感受到优越感，至少他们肯定能够认识到：许多事情他们都能比普通人做得更好，他们能够洞察许多普通人察觉不到的事情，他们能够清楚明了地知晓一些大多数人视而不见的真理。这便是阿德勒所说的老大哥态度。

自我实现者的人际关系

与任何其他成年人相比，自我实现者拥有更深刻的人际关系（尽管不比儿童的感情深厚相比）。他们比一般人拥有更多融合的、伟大的爱，更完美的同一性，以及更多的突破自我界限的能力。然而，他们的这些人际关系有一定的特殊性。首先，我观察到：与普通人相比，这些关系中的其他成员很有可能更健康，更接近自我实现者，常常是非常接近自我实现者。考虑到这一类人在总人口中只占很小的比例，这里的选择性就很高了。

这种现象以及某些其他现象导致的一个结果是：自我实现者只与少数几个人有这般特别深刻的联系。他们的朋友的圈子较小，深爱的人也就那么几个。部分原因在于在这种自我实现的状态中去亲近他人似乎需要很多时间。忠诚奉献不是一时的事情。有一位研究对象这样说过："我无暇顾及许多朋友，也就是说，如果是交真正的朋友的话，没人能做到。"在我的小组里，唯一的例外是一位妇女，她似乎特别善于交际，似乎她这一生的天职就是与她的家庭成员、家庭成员的家庭成员，以及她的朋友们、朋友的

朋友们维系亲近、温暖、美好的关系。这也许是因为她没有接受过教育，因此没有正式的工作和事业。这种专一的排他主义的确能够与普遍的社会意识、善良、爱和友谊（正如前文所描的那样）并存。对于几乎所有的人，自我实现者往往都倾向于表现出和蔼，或者至少耐心。他们对儿童有一种特别温柔的爱，并且儿童们也喜欢接近他们。在一种特殊但是非常真实的意义上，他们爱或者更确切地说同情整个人类。

这种爱并不意味着缺乏鉴别能力。事实上，他们能够也确实会以严厉的口吻，严肃地对待那些应受谴责的人，特别是那些伪善的、自命不凡的、言辞浮夸的，或者自我吹嘘的人。但是在与这些人面对面接触的时候，他们也未必总会表现出评价低的信号。有句话可以解释其中缘由："毕竟大多数人没有什么了不起，尽管他们本来有可能出人头地。他们犯各种愚蠢的错误，感到极为痛苦，但仍不明白为何他们的本意是好的，却落得如此下场。那些令人不愉快的人往往会在深深的痛苦中付出代价。他们应该受到怜悯而不是攻击。"

也许最简明的解释是：他们对他人的敌对反应是因为（1）理所当然的；（2）为被攻击者或某一个人好。按照弗罗姆的意思，他们的敌意不是以性格为基础的，而是反应性的或情境性的。

还适合一提的是，我所收集过数据的所有研究对象还表现出另一个特点：他们至少吸引一些钦佩者、朋友甚至信徒、崇拜者。自我实现者与他们的钦佩者之间的关系往往是单方面的。钦佩者们的要求总是多于被钦佩者所愿意给予的。而且敬佩者们的热心常常使被钦佩者为难、苦恼甚至厌恶，因为这些敬佩者常常越界。当被迫建立这种关系时，通常是这样一幅景象：我们的研究对象一般是和蔼的、令人愉快的，却尽可能有礼貌地回避崇拜自己的人。

民主的性格结构

从最有可能的意义上，我的所有研究对象无一例外地都可被称为是民主的人，我这么说是基于之前对于民主的和集权主义的性格结构的分析。但这种分析过于详尽，这里不便重复，我们只简练地描述这种行为的某几个方面。这些人都具有明显的或者浅表的民主特点。对于任何性格相投的人，他们可以也的确表示友好，完全不在别人的阶级背景、教育程度、政治信仰、种族或肤色。实际上，他们甚至好像根本意识不到这些区别，但普通人却觉得这些区别显而易见且非同小可。

他们不但具有这个最明显的品质，他们的民主感情也更为深厚。例如，他们认为无论一个人有什么其他特点，只要有所擅长，就可以向他学习。在这种学习关系中，他们并不试图维护任何外在的尊贵或者保持地位、年龄之类的优越感。甚至应该说，我的研究对象都具有某种可以称之为谦逊的品质。他们都非常清楚地意识到：与可以了解的以及他人已经了解的相比，自己懂得太少了。正因为如此，只要他人能够有所长，只要他人知道一些他们不知道的东西，掌握一些他们不会的技能，他们就可以放下姿态向其学习，表达真诚的尊重甚至谦卑。只要一位木匠是位好木匠，或是某样工具的大师，亦或是行业中的佼佼者，他们就会表达这种真诚的尊重。

我们必须小心地将这种民主感情与缺乏对品味的鉴别力、不分青红皂白地将一个人等同于另一个人的做法区分开。这些研究对象本身就是杰出人物，他们选择的朋友也是杰出人物，但他们是性格、能力、天赋上的杰出人物，而不是出身、种族、血统、家族、家庭、寿命、青春、声誉或权力方面的杰出人物。

自我实现者有用一种难以理解，深奥又模糊的倾向：只要对方是一个人，他们就会给予一定程度的尊重，即便面对恶棍，他们似乎也不愿超越某种底线去降低、贬损或侮辱其人格。然而这一点与他们强烈的是非、善恶观是共存的。他们更可能，而不是更不可能去抗击恶人恶行。对于自己的愤怒，他们不会如同普通人一般模棱两可，茫然若失或意志软弱。

区分手段与目的、善与恶

我没有发现任何一个研究对象常常把握不好如何区分自己实际生活中的是与非。无论能否用言词将这种状态表达清楚，他们很少在日常生活中表现出混乱、疑惑、矛盾，或者冲突，而普通人在处理道德问题时经常遇到这些问题。可以这样说，这些人有强烈的道德观和明确的道德标准，他们只做正确的事，杜绝任何错误的事。毋庸讳言，他们的对错观和是非观念往往不会拘泥于习俗礼教。

大卫·列维博士曾提出的一个方法可以很好地表达我所描述的这个品质：若在几个世纪之前，这些人会被称为与上帝同道或神一般的人物。在我的研究对象中，有几个有宗教信仰，但是他们倾向于把上帝描绘成形而上学的概念而不是有形的人物。如果只能从社会行为的角度来解释宗教，那么这些人，包括无神论者都属于宗教信仰者。但如果我们更为保守地使用“宗教”这个术语，强调超自然的因素和正统的宗教观念（当然是更为普遍的用法），那么我们的答案就截然不同了——他们当中几乎无人有宗教信仰。

大部分情况下，自我实现者的手段行为几乎总是与目的行为大相径庭。通常情况下，他们着眼于目的而不是方法，方法非常明确地从属于目的。然而，这种说法过于简单，我们的研究对象情况更为复杂。其他人看作是经历和活动的手段，对他们来说却是目的。在某种意义上，我们的研究对象更有可能从自己的角度出发纯粹绝对地欣赏做这件事本身，他们通常既能够为了自己享受前往某处的愉悦，又能体验到达目的地的快乐。他们有时还能将最为稀松平常的日常惯例转变成能够带来内在愉悦的游戏、舞蹈或者戏剧。韦特海默曾指出，大多数孩子非常富有创造性，他们具有一种能力，能够转变陈腐的程序、机械呆板的体验。例如，在他的某个实验中，孩子们非常热衷于遵循某种方法或某种节奏把书从一个书架运往另一个书架这种结构化游戏。

富于哲理的、善意的幽默感

很早之前便有研究发现：自我实现者的幽默感不同于一般类型的幽默感。由于我的研究对象都拥有该特点，所以很容易就发现了这一点。对于一般人感到滑稽的事情，他们并不感觉好笑。因此，恶意的幽默（以伤害某人来搞笑），优越的幽默（嘲笑他人的自卑和劣势），反禁忌的幽默（不好笑的、俄狄浦斯式的、隐晦下流的笑话）都不会使他们捧腹大笑。这种幽默的特点在于：他们认为幽默更多地与哲理，而非其他事物紧密相连。这种幽默也可被称为真正的幽默，因为它主要包含了普遍地取笑人类的愚蠢，忘记自己在宇宙中的位置，或者试图妄自尊大。这种幽默有时以自嘲的形式出现，但不会以受虐狂或者小丑般的形式出现。林肯的幽默就是一个很合适的例子。林肯很可能从来没有用玩笑伤害他人，他的许多甚至绝大部分玩笑都有某种深意，远不止引人发笑。与寓言类似，这种幽默似乎是以更易于接受的方式寓教于乐。

如果简单地以玩笑数量为依据，可以说我们的研究对象不如普通人那样幽默。在他们的玩笑当中，富有思想、哲理的幽默比普通的双关语、笑话、妙语、揶揄和巧辩更为常见。前者往往引起会心一笑而非捧腹大笑；这种玩笑需要视当时具体的情况而定，无法生搬硬套；它是自发的，无法计划，并且往往无法重复。由于一般人习惯于笑话故事和逗人发笑的材料，因此，也就不奇怪为什么他们认为我们的研究对象过于严肃庄重。

这类幽默会有很强的感染力，人类的处境，人类的骄傲、严肃、奔波、忙碌、野心、努力、策划都可以是有趣的、诙谐的甚至滑稽可笑的。我认为我是在置身于一间摆满“活动艺术”的房间之后才理解了这种幽默的态度。对我来说，“活动艺术”拙劣地模仿了人类生活，还充斥着喧嚣、动荡、混乱、仓促、劳碌等等一切。这种幽默态度也脱离了专业工作本身，在某种意义上，这些工作也是一种游戏，在认真严肃的同时，也可以轻松对待。

自我实现型的创造力

这是我们研究或观察的所有研究对象的共同特点。无一例外。每个研究对象都以这样或那样的方式显示出具有某些独到之处的创造力或独创性。本章较后部分的讨论可以帮助大家全面地理解这些独到之处。但有一点需要强调的是：自我实现型的创造力与莫扎特那样具有特殊天赋的创造力是不同的。我们不妨承认这个事实：所谓的天才们显示出的能力是我们无法理解的。总之，他

们似乎被专门赋予了一种趋力和能力，而这些趋力和能力与该人人格的其余部分没什么关系，所有证据都表明这是与生俱来的。我们在这里不考虑这种天赋，因为它不取决于心理健康或基本需要的满足。而自我实现者的创造力似乎与未失童贞的孩子们的天真的、普遍的创造力一脉相承。它似乎是普遍的人性所含有的基础的特点——所有人与生俱来的一种潜力。随着被文化同化，大多数人逐渐丧失了这种特点。但是某些少数人似乎保持了这种以新鲜、纯真、直率的方式看待生活，或者先是像大多数人那样丧失了它，但又在后来的生活中失而复得。桑塔耶那将之称为“第二次天真”，这个名字再合适不过了。

在我们的一些研究对象身上这种创造力并不是以写书、作曲、创造艺术作品这些常见的形式出现，相反，它可能要卑微得多。作为健康人格的一种体现，这种特殊类型的创造力投射出这个世界或者影响这个人所从事的任何活动。从这个意义上看，会存在富有创造力的鞋匠、木匠、文员。一个人会以源于自己性格本质的某种态度，某种精神来做任何一件事。人甚至能像儿童一样富有创造性地去看这个世界。

在这里为了讨论方便，我们需要辨别这个特性，将它与那些引起它出现和由它导致的特性分开看待，尽管事实上并非如此。也许，我们在这里讨论创造力时，仅仅是从另一个角度，也就是从结果的角度来描述那些我们之前称为更好的新颖性、更深的穿透力和更强感知效力。这些人似乎更容易看到真实的、本质的东西。正因为如此，他们比那些狭隘的人更具有创造力。

此外，正如我们看到的那样，这些人较少受到约束、限制、制约，总之，他们没有怎么被社会和文化同化。用正面的术语来表达就是：他们更自然、更具自发性和人性。别人在他们身上看到的创造力，也是这因此产生的结果之一。假如我们像研究儿童的那样，假设所有人都曾经是自然的，并且他们的最深的根基或许还在，但是，他们除了这种内在的自然外还有一整套表面的但却强大的抑制，那么这种自发性必然会受到制衡，也就不会出现得过于频繁。假如没有扼杀力量，我们也许可以期望每个人类都会显示出这种特殊类型的创造力。

对文化适应的抵抗，超越任何一种特定的文化

单纯从赞同文化和文化同一性这个意义上说，自我实现者都属于适应不良。虽然他们在许多方面能够与文化和睦相处，但从某种深刻的、意味深长的意义上，也可以说他们全都在抵制文化适应，并且在某种程度上他们的内在已经超脱于他们所沉浸的文化。在有关文化与人格的文献中极少讨论抵制文化塑造，里斯曼（Riesman）已明确指出：保留剩余部分对于美国社会尤其重要，现在手头仅有的数据已经彰显了这种重要性。

总的看来，这些健康人与远不如他们健康的文化之间的关系异常复杂，至少可归纳为以下这几种：

1. 所有的人在选择衣服、语言、食物，以及做事的方式时，都会受限于显而易见的习俗。但是他们这并不是真的因循守旧，当然也更非追赶潮流。

这种表现性的内在态度通常表现为：通常来说社会上流行的习俗并不会妨碍他们，甚至换一套交通规则也未尝不可。虽然他们把生活弄得安宁舒适，但绝不至于过分讲究，小题大做。这里我们可再次看到这些人的一个普遍倾向：他们可以接受大多数他们认为不重要、不可改变或对他们个人没有根本关系的事情。由于我们的研究对象不太关心对鞋子、发型或在宴会上的礼貌、举止和风度，这难免会招致别人对他们耸耸肩膀。

但是，他们勉强接受无伤大雅的习俗并不等同于对同一性的热切肯定，因此他们在接受习俗时往往草率敷衍，或者寻求捷径以达到直接、坦率、节省精力等等目的。在压力之下，当遵从习俗变得过于恼人或需要付出高昂代价的时候，浅表的习俗就暴露出自己浅薄的一面，抛开它如同扔一件斗篷一样轻而易举。

2. 从青年的或狂热的角度来说，这些人几乎没有一个可被称为权威的反叛者。虽然他们不断地因不公正而爆发出愤怒，但他们并没有显示出对于文化的主动的不耐烦，或者时而出现的、长期不断的不满，他们并不急于改变文化。我的一个研究对象年轻时是个狂热的反叛者，他组织了一个工会，在那时这是一项非常危险的工作，但是现在他已厌恶绝望，放弃了这份工作。他逐渐习惯了缓慢的社会改革（这个文化和时代中），因此最终转向了青年教育领域。其余的研究对象都表现出了某种对文化进步的冷静的、长期的关心。在我看来，这意味着承认变革的缓慢以及变革所带来的毋庸置疑的益处和必要性。

这绝不意味着他们缺乏斗争性。当快速变革成为可能时，这些人会立即表现出变革所需要的果断和勇气。虽然在一般意义上他们不属于激进派，但是我认为他们很有可能成为激进派。首先，最重要的一点是他们是一群知识分子（应当牢记是谁选择了他们），大多数人已有了自己的使命，并且认为自己在为改进世界进行真正重要的工作。其次，他们是一群现实的人，他们似乎不愿去做巨大的但却无谓的牺牲。在更为激烈的情况下，他们很有可能要放弃自己的工作，投身激烈的社会运动，例如，德国和法国的反纳粹地下活动。我觉得，他们反对的不是斗争而是无效的斗争。

经常提出讨论的另一点是关于享受生活、过得愉快的希望。这一点与整日狂热的反抗几乎水火不相容。此外，在他们看来，后者似乎牺牲过大，又无法获得预期的微小的成果。他们大多数人在青年时期都有斗争的经历，都曾经急躁、热情，但现在他们大多懂得对于快速变革的乐观是毫无依据的。这个人群现在致力于在日常生活中寻求一种能被认可的、冷静、心情愉快的方法从内部改良文化，而不是从外部去反对、斗争。

3. 与文化分离的内在感情不一定是有意识的，但在几乎所有研究对象身上都有所表现，在将美国文化作为一个整体讨论时，或将美国文化同其他文化进行比较时，尤为如此。实际上，他们似乎经常疏远文员，仿佛他们不属于这种文化。他们对文化的评价褒贬不一，会欣然接受也会严词拒绝某些文化，这表明了他们依靠自己的眼光从美国文化中取其精华去其糟粕。总之，他们对文化进行权衡、分析、辨别，然后作出自己的决定。

这种态度的确与常见的消极顺从文化大相径庭，在许多有关集权主义人格的研究中那些具有民族中心主义的研究对象身上可以发现后者。这种态度也不同于全然拒绝，毕竟与其他确实存在的文化相比，而不是与想象中的完美文化（或者像一些口号所说的一样：现在就超脱一切！）相比，一个文化中总有一些相对的精华。

自我实现的研究对象独立于他人，喜欢独处，这在前文已有所描写，他们不像一般人那样对熟悉的和习惯的事物有强烈的需要及偏爱，这些情况或许都体现了他们独立于文化的特点。

4. 由于种种原因，他们可以称为有自主性的人，他们受自己的个性原则而不是社会原则的支配。正是在这个意义上，他们不仅仅是或不单纯是美国人，广义上说，他们比其他人在更大程度上属于人类这个物种的成员。假如严格地去解读，那么说这些人高于或超越了美国文化就会引起误会。因为他们毕竟讲美国话、有美国人的行为方式和性格等等。

然而，如果我们把他们同过度社会化，行为机器化或者种族中心主义相比较，我们就会压抑不住内心的激动而假定：这个研究对象小组不仅是另一个亚文化群的小组，而且没有那么适应文化适应、没有那么平均、也没有那么模式化。这里隐含了程度问题，他们处在一个连续相之中，这个连续相是按照对文化的相对接受到与文化的相对分离的顺序排列的。

如果这个假定可以站得住脚，我们至少能够从它再推演出一个假设：无论在哪一种文化中，比普通人更独立于自己文化的人们，其民族性较弱，而且与本社会中发展不充分的人相比，他们彼此之间在某些方面的相像程度更高。

总之，不完美的文化能否孕育出好人或者健康的人？通过观察终于可以回答这个老生常谈的问题了。美国文化有可能产生相对健康的人。他们复杂地结合了内在自主性与外在接受性，成功在美国文化中生活下去。当然，前提必须是这种文化能够包容拒绝完全文化同一的独立超然。

这当然不是理想的健康。显然，我们不完美的社会一直把约束和限制强加于我们的研究对象。这些约束和限制使他们不得不保留自己的一些秘密。他们越是保留自己的一些秘密，他们的自发性就越少，他们的某些潜能就更难实现。既然在我们的文化中（或许在任何文化中）只有很少人能够达到健康，那么这些达到健康的人就会因为自己的性质而感到孤独，从而降低自发性和自我实现[①]。

---

① 塔玛拉·登多（Tamara Demdo）博士在这个问题上的确为我提供了很大帮助。

自我实现者的瑕疵

小说家，诗人和散文作家们常犯的错误是过分夸张一个好人的好，结果没人愿意做这种好人。人们把自己对完美的希望，以及对自己缺点的罪恶和羞愧，投射在各种各样的人身上，对于这些人，普通人对他们要求的远比自己给出的要多。因此，人们通常认为教师和牧师是没有欢乐，没有世俗欲望和弱点的人。我认为大多数试图描写好人（健康人）的小说家都做了这样一件事：把这些好人塑造成自命不凡的讨厌鬼，提线木偶，或者不真实的虚假投影，而不是描述他们本来的样子：身体强健、精神饱满、朝气蓬勃。我们的研究对象会表现出人类共有的缺点，他们也有愚蠢、挥霍或粗心的习惯。他们会显得顽固、令人厌烦或恼怒。他们并没有摆脱浅薄的虚荣心和骄傲感，特别是涉及他们自己的作品、家庭或孩子时更是如此。他们也不是不会发脾气。

我们的研究对象偶尔会表现出异常的、出乎意料的无情。必须记住，他们是非常坚强的人。如有需要，他们能表现出外科医生式的冷静，这完全超越了常人的能力。假如他们有谁发现自己长期信任的人不诚实，就会毫不犹豫切断这份友谊，并不为此痛苦。另一位女性研究对象与并不相爱的人结婚，她在决定离婚时表现出的果断几乎近于残忍。他们中的一些人能很快从亲友死亡中恢复过来，所以显得有些无情。

这些人不仅坚强，而且不为大众观点所左右。在一次宴会上，一位妇女在结识新的朋友，但对方的乏味俗套使得这位妇女很是生气，于是她故意摆出自己平时不会使用的言行来使对方讨厌自己。也许有人会说，她这样做未尝不可，但人们不仅会对她本人而且会对组织聚会的主人采取敌对的态度。虽然我们这位研究对象想要疏离这些人，但男女主人却并无此意。

我们可以再举例子，该案例的主要起因源于研究对象沉溺于非个人世界。当我们全神贯注或者沉醉于自己的兴趣时，当他们热切地专注于某个现象或问题时，他们会对其他事情心不在焉，毫无幽默感，忘记通常的社交礼貌。在这种情况下，他们不喜欢聊天、玩笑、聚会等的特点往往表现得更加明显。他们的言行可能使人感到很痛苦、震惊、羞辱或者感情受到伤害。这种超然独立至少令人不快，前文已列举过由此引发的其他后果（至少从旁人的角度说）。

甚至他们的善良也能使他们犯错，例如，出于怜悯心而与某人结婚；与神经官能症患者、不幸的人和大家讨厌的人走得太近，事后又感到后悔；有时纵容无赖行骗的行为发生在自己身上；由于给予的东西超出了通常的范畴，间接鼓励了寄生虫和精神变态者等等。

最后，前面已指出，这些人也不是没有罪恶感、焦虑、悲伤、自责、内心的矛盾和冲突。但是这些现象并非由神经官能症引起，然而今天大多数人（甚至包括大多数心理学家）却无视这一事实，他们通常仅凭以上现象就认为这些人不健康。

大家最好都学一学我从中吸取的教训：人无完人。其实，好人、非常好的人，乃至伟人都是可以找到的。事实上确实存在着创造者、先知、哲人、圣人和革命家。即使这些人中龙凤只是凤毛麟角，他们的存在也给人类的未来带来了希望。然而，他们也会不时流露出易怒，暴躁、乏味，自私或沮丧等弱点。为了避免对人性失望，我们必须首先放弃对人性的幻想。

价值与自我实现

自我实现者以哲人的态度接受自我、接受人性、接受众多的社会生活、接受自然和客观现实，这自然而然地为他的价值体系打下了坚实的基础。在全部的日常个人价值判断中，很大比例上都是对这些价值的接受。他所赞成或不赞成的，他所忠诚的，他所反对的或提倡的，他所高兴的或不高兴的，往往可以理解为是这种接受的潜源特质的表面衍生物。

自我实现者的内在动力不仅自然地（且无一例外地）为他们提供了这种基础（因此至少从这个意义上看，充分发展的人性或许是全球的、跨文化的），而且同样的这些动力还提供了其他决定因素。这些决定因素包括：（1）他与现实的特别舒适的关系；（2）他的社会意识；（3）他基本满足的状态，从这种状态中会产生流动，例如一些附带现象，由过剩、财富、溢出和丰裕带来的各种结果;（4）他与手段和目的之间典型的区别关系，等等（见前文）。

这种处世态度所产生的一个最为重要的结果，也是它的合理性，就是：在生活的许多方面，冲突、斗争以及选择时的犹豫和矛盾减轻或消失了。很明显，“道德”很大程度上是不接受或不满意的附带现象。在无宗教信仰的人里，许多问题似乎没有道理，并且淡化了。其实，与其说这些问题被解决了，不如说它们被看得更清楚了，它们原本一些内在固有的问题，而只是一些病态的人所制造的问题，例如，打牌、跳舞、穿短裙、显露头部（在某些教会里）或不显露头部（在另一些教会里）、饮酒、只吃某些肉类或只在某些日子里吃肉。对于自我实现者来说，不仅这些琐事变得微不足道，而且整个生命进程在一个更重要的水平上继续发展，例如，两性关系，对身体构造及其功能的态度，对死亡本身的态度等。

这种对于更深层次探寻的追求使笔者想到，那些被视作道德、伦理和价值的许多其他东西，可能仅仅是一般人普遍心理病态的副产物。许多冲突、挫折和威胁（它们使强迫一般人做出某种选择，价值就在选择中表现出来），而对于自我实现者，这些冲突，挫折和威胁都消失或者解决了，正如关于一个舞蹈的争论被平息一样。他们觉得两性表面上不可调和的斗争不再是斗争，而是快乐的协作，成人与儿童的利益其实根本没有那样强的对抗性。对他们来说，不但两性间和不同年龄间的差异是如此，天生的差异、阶级、种性之间的差异、政治的差异、不同角色间的差异，宗教

差异等等也是如此。我们知道，这些差异都是孕育焦虑、恐惧、敌意、进攻性、防御性和嫉妒的肥沃的温床。但现在看来，它们似乎并非必然如此，因为我们的研究对象对于差异的反应，就很少属于这种不值得追求的类型。他们更倾向于享受而不是惧怕差异。

师生关系就是一个明显的范例。我们研究对象中的教师的行为方式非常健康，这是因为他们对整个情况的理解不同于一般人。例如，他们将它理解为愉快的合作，而不是对意志、权威或尊严等的冲突。他们以自然的坦率代替了做作的尊严，前者很不容易受到威胁，而后者容易且不可避免地要受到威胁。他们并不试图做出无所不知、无所不能的样子，也不搞威吓学生的权力主义。他们并不认为学生之间或师生间的关系是竞争关系，他们也不会摆出教授的架子，而是保持像木匠、管道工一样普通人的本色。所有这一切创造了一种没有猜疑、无忧无虑、没有敌意和自卫的课堂气氛。这在婚姻关系、家庭关系以及其他人际关系中也同样如此，当威胁减弱了，这些类似的对威胁的反应往往也就消失了。

绝望的人与心理健康的人的原则和价值观至少在某些方面是不同的。他们对于自然界、社会以及自己心理世界的感知（理解）有着深刻的区别，他们所在的组织和经济条件在一定程度上决定了该人的价值体系。对于基本需要满足匮乏的人来说，周围的世界充满危险，就像是生活在丛林中，又像生活在敌人的领土上，在这里充满着（1）那些他可以支配的人（2）那些可以支配他的人。他的价值体系就像任何丛林居民的价值体系那样，不可避免地受低级需要特别是生理需要和安全需要的支配和组织。那些基本需要得到满足的人则不同，由于基本需要的充分满足，他能够把这些需要及其满足看得无所谓．并全力以赴地追求更高级的满足。也就是说，两者的价值体系不同，事实上也必然不同。

在已经自我实现了的人的价值体系中，其最顶端部分是绝对独一无二的，并且它是个人独特的性格结构的体现。根据定义，这种情况必定如此，因为自我实现就是实现一个自我，而没有两个自我是完全相同的。只有一个雷诺尔（Renoir），一个布拉姆斯（Brahms），一个斯宾诺莎（Spinoza）。我们已经看到，我们的研究对象有很多共同之处，但同时他们更加完全地个人化、更加鲜明成为他们自己，他们也不像任何常人对照组的成员那样，容易彼此混淆，也就是说，他们之间相似之处甚多，但又迥然不同。他们同迄今描述过的任何一类人相比，都有着更加彻底的个人化，同时又有着更加完全的社会化，有着对人类的更深刻的认同。他们既更接近种族认同，也更接近他们独特的个性。

自我实现中二分的消失

目前为止，我们或许可以通过对自我实现者的研究，最终归纳和强调出一个非常重要的理论上的结论。本章及其他章节有好

几处断定，在过去被认为是截然相反、对立或二分的东西，其实只对不健康者存在。在健康者看来，这些二分已经解决，截然对立已经消失，许多过去认为是不可调和的东西，可以合并结合为统一体。

例如，在健康的人身上，心与脑、理性与本能或认知与意动之间由来已久的对立消失了，它们的关系由对抗变成协作，它们相互没有冲突，因为它们表达的是同样的意思，得出的是同样的结论。一句话，在健康的人身上，欲望与理性相互吻合、天衣无缝。圣奥古斯汀说“挚爱上帝，为所欲为”，这句话可以恰当地解释为“做健康者，为所欲为”。

在健康人身上，自私与无私的二元对立消失了，因为他们每一个行动从根本上看既是利己又是利他。我们的研究对象有高尚的精神生活，同时又喜爱声色口腹之乐，他们认为性爱是通往精神和“宗教”世界的道路。当责任等同于快乐，工作等同于消遣时，履行职责并且讲求实效的人同时也是在寻求快乐，体验快乐，这时职责与快乐、工作与消遣也就不再相互对立了。如果社会同一性最高的人本身是最个人化的人，假如最成熟的人也怀有赤子之心，假如最讲道德伦理的人同时有最风流、欲望最强，那么继续保留这些区别还有什么意义？

关于以下对立我们也有同样发现：善良与冷酷、具体与抽象、接受与反抗、自我与社会、适应与不适应、脱离和同一、严肃与幽默、认真与随便、庄重与轻浮、酒神与太阳神、内倾与外倾、循规蹈矩与不合习俗、神秘与现实、积极与消极、男性与女性、肉欲与爱情、性爱与教友爱等。对于这些人，本我、自我和超我互相协作，并不发生冲突，它们的利益也无根本分歧，而神经官能症患者则恰好相反。他们的认知、意动和情感结合成一个有机统一体，互相渗透，并非典型的亚里士多德式。高级需要和低级需要的满足不是互相对立，而是趋向一致，许多重要哲学中的两难推理都可以有两种以上的解答，或者根本没有答案。假如成熟的人根本不会面临两性之同的冲突，假如这种冲突仅仅是成长的阻碍或削弱的征兆，那么谁还愿意选择这种冲突的关系？谁会深思熟虑地、颇有见识地选择心理病理学？当我们同时发现两位女性都是健康的妇女时，我们还有必要在好女性和坏女性之间选择吗？仿佛她们之间是相互排斥的？

如同其他方面一样，健康人与普通人之间的巨大差异不仅体现在程度上，还体现在类型上，由此产生了两种截然不同的心理学。我们越来越清晰地看到：研究有缺陷、发育不全、不成熟和不健康的人只会产生残缺的心理学和哲学，而对于自我实现者的研究，必将为一个更具普世意义的心理科学奠定基础。

第十二章

自我实现者的爱情

Motivation and Personality

关于爱情这一主题，经验科学提供的材料少到令人惊讶。尤为奇怪的是，在我们看来，这理应是心理学家们的特定工作职责，然而他们居然也在这个问题上缄口不言。或许，这只不过又一次证明了学院派易犯的过失：他们更愿意做那些轻而易举的事情，而不愿去做职责所在的事情；就像我认识的一位天性愚钝的厨房帮厨，有一天，他把餐馆里所有的瓶瓶罐罐都打开了，只因为他最擅长做这个。

我必须承认，由于我承担了这项工作，我才更加理解了这个问题。在任何传统（研究）中，爱情都是异常棘手的主题，在科学领域更是难上加难。我们如同站在无人之境的最前沿，处于正统心理科学的传统方法鲜有用武之地的位置。（事实上，正是由于传统方法的不足，我们才需要发展一系列新方法，进而研究爱情以及其他人类特有的反映。）这转而引领了一个不同方向的科学哲学的发展。

我们的任务是很明确的：我们必须理解爱情；我们必须能够传授它、创造它、预知它，否则世界就会迷失在敌对与怀疑之中。目标的重要性甚至会给予我们在本书中提供的那些不甚可靠的材料以价值和尊严。前面章节已经叙述了这项研究、这些问题以及主要发现；那现在我们面临的具体问题是，“关于爱情和性爱，自我实现者能够给我们一些怎样的教益呢？”

两性之爱的一些特征的初步描述

首先，我们必须从两性之间爱情的一些广为人知的特征说起，然后再探讨我们关于自我实现者研究的较为特殊的结果。

描述爱情的核心必须是主观的或现象学的，而不能是客观的或行为主义的。没有任何描述、没有任何言语能够将爱情体验的全部传达给一个未曾亲身体验过爱情的人。爱情体验主要是由一种温柔、挚爱的情感构成的（如果一切顺利），一个人在爱情中还可以感到愉悦、幸福、满足、兴高采烈甚至心醉神迷。我们可以看到这样一种倾向：爱者总想与被爱者更加接近、更加亲密接触，总想触摸他、拥抱他，总是思念着他。而且爱者看待自己所爱的人要么是美丽动人的，要么是温柔善良的，要么是富有魅力的，总而言之是称心如意的。在任何情况下，只要望着爱人或与爱人相处，爱者就感到愉快，而一旦同对方分开，就感到忧郁。也许由此便产生了将注意力专注于爱人的倾向，同时也产生了淡忘周围其他人、感知范围狭窄从而忽略身边许多事物的倾向。好像对方具有与生俱来的魅力，吸引了自己的全部注意和感知。这种互相接触、彼此相处的愉快情绪，也想在尽可能多的与所爱的人相处的情况下得以展现——在工作中、在玩乐中、在审美与知识的追求中。并且，爱者还经常渴望与对方分享愉快的经历，以至我们时常听人说，愉悦的经历由于心上人的在场而让人更加愉快。

最终，在爱者身上理所当然会唤起一种特殊的性冲动；在典型的情况下，这直接表现于生殖器的变化中。被爱者仿佛具有一种世界上其他人不可企及的特殊力量：能够使对方的生殖器勃起、或者从体内分泌液体出来，唤起有意识的性欲，并产生常常伴随着性冲动的强烈感受。但这并非本质，因为在那些由于年老体衰的而不能性交的人身上，我们也可以看到爱情。

这种想要亲密的渴望不仅是肉体上的，而且还是心理上的。它时常以两人之间私密的特殊情趣而得以表现。除此之外，我时常还观察到恋爱中的男女双方逐渐发展起了一套秘密语言，一些他人不懂的有关性爱的私密话语，以及一些只有这对爱人才懂得的特殊玩笑和手势。

如此慷慨的、想要给予并取悦对方的心情也是颇具特色的。爱者竭尽所能为被爱者效劳、给予对方馈赠，并从中获得特殊的乐趣。①

爱人之间还普遍存在一种希望更加全面地了解对方的意愿，一种对心理上的亲密和亲近的渴求，以及一种对彼此完全了解的期望。普遍而言，彼此分享秘密会获得格外的愉悦。也许，这些

---

① 自我实现的爱，或存在之爱，倾向于自由地奉献自我，全身心的、恣意的、毫不保留的、无所隐瞒的、不会去计较下述从女大学生当中收集的语句：“不要轻易放弃”“不要让他轻易得手”“就让他没有把握”“他不应该对我太有把握”“我就是要让他吃不准”“不要把自己太快或太彻底地交付给他”“如果我太爱他，那他就是主宰了”“在爱情中，爱得更多的一方一定处于弱势”“就要让他有一丝担心”。

都是人格融合这一更为广泛的标题之下的一些例证；关于人格融合，我们将在后文探讨。

关于慷慨的倾向和为被爱者效劳，有一个普遍的例子是：爱者常常沉浸于十分常见的幻想之中，即，想象自己为心上人作出了巨大的牺牲。当然，除此之外还有其他形式的爱的关系，如朋友、兄弟、父母与孩子之间的爱。我至少必须在此提及我在从事这些研究的过程中产生的一个猜测，即对他人存在（Being）的纯洁的爱，或者叫做存在之爱（B-love），在一些（外）祖父母身上也可以见到。

自我实现的爱情关系中的防卫解除

西奥多·赖克（Theodor Reik）定义爱情的一个特征是，所有的焦虑不安都烟消云散了。这一特征在健康人身上异常明显。毫无疑问，在这种关系中，他们倾向于愈发彻底的自发性，卸下防卫，抛弃伪装、尝试和努力。随着这种关系的进一步发展，彼此的亲密、真诚和自我表达也与日俱增，所有这一切达到最高点时便是一种罕见的现象。源自这些人的报告表明：与被爱者相处能够让人做自己、使人感到自然自在；“我可以身心放松、不拘礼数”。这种真诚还包括任由对方看到自己的错误、弱点、生理上的和心理上的缺点。

在健康的爱情关系中，会少有要竭力展现自己最好的一面的倾向。正因如此，人们便无须掩饰自己中老年时期的身体缺陷，不必藏匿自己的假牙、背带、束腰紧身衣以及其他类似的东西。他们没有必要保持距离、保持神秘、维护光彩照人的形象，也无需将自己的心曲或秘密隐藏不露。这种防卫的彻底解除与一般大众关于这一问题的民间智慧是背道而驰的，更不必说一些精神分析学家的理论了。例如，赖克相信，做一个好的朋友与做一个好的爱人是相互排斥、彼此矛盾的。但是，我的研究数据，或者说我的认识似乎证明了相反的情况。

可以肯定的是，我的认识还与那种认为两性之间具有内在敌对倾向的古老理论相悖。两性之间的这种敌对倾向，对异性的无端猜疑，认同自己的性别并与同性联合起来反对异性的倾向，甚至“异”性这一措辞本身，都每每可以在我们社会中的神经病患者甚至普通民众身上见到；但这一切绝不会出现在自我实现者身上，至少我目前掌握的研究资料证实了这一点。

另一个与民间智慧相悖的关于性欲与爱情的深奥理论是：有明确的迹象表明，在自我实现者身上，爱情的满足与性欲的满足的水平均随着爱情关系的时间发展而日益提升。在健康人当中，很显然严格意义上的感官满足与肉体满足是随着对伴侣的日益熟悉而非以奇出新得到提高的。当然，毫无疑问，性爱伴侣身上那些新奇的东西也非常令人兴奋、诱惑十足；但是我们的数据表明，由此得出一个普遍的结论是很不明智的，尤其对自我实现者而言，情况显然不是如此。

我们可以将自我实现的爱的这一特征加以概括，得出一个普遍结论：健康的爱情在某种程度上意味着防卫的解除，也意味着自然举动和真诚相待的增强。健康的爱情关系往往使双方的言谈举止自然流露，逐渐了解彼此，并依然相爱。当然这意味着，随着一个人越来越熟悉和深刻地了解另一个人，他（她）就会喜欢他（她）所见到的一切。如果伴侣极端恶劣而非心地善良，那么，与日俱增的熟悉便不会产生日益渐浓的喜爱，而只能徒增敌对和厌恶。此前我曾就“熟悉度”对绘画作品产生的影响稍有研究，上述的一切让我回想起此番研究的一个发现：随着与日俱增的熟悉，优秀的绘画作品越来越为人们欣赏和享受，而拙劣的作品则愈发无人问津。当时，要界定判断绘画作品优劣的些许客观标准着实困难重重，以至于我不愿发表这一发现。如果允许我有一定的主观性，那我要说，这人越好，那么随着熟悉的加深，他们就越惹人喜爱，而人越差，那么随着了解的加深，他们就愈发招人厌恶。

在我的研究对象的报告中，健康的爱情关系所产生的最大的满足之一就是它促使了最大限度的自然而为、最大限度的自由自在、最大限度的卸下防卫且免受威胁。在这样一种关系中，一个人完全没有必要警戒、隐瞒、极力取悦对方、紧张、谨言慎行、压抑或拘束。我的研究对象（自我实现者）说，他们可以做自己、完全感受不到对方对他们有所要求或期望，他们能够感到自己在心理上（同样也在身体上）是一丝不挂的，与此同时，他们能感到被爱、被需要以及安心。

这一点罗杰斯描述得很好，"'被爱'在这里或许有着它最深刻且最普遍的含义，即，被深入地理解和被由衷地接受……我们爱一个人只能爱到以下程度，即，我们没有受到他的威胁；只有当他对我们的反应，或者他对那些于我们心有戚戚焉的事物的反应能够为我们所理解的时候，我们才能去爱……因此，如果一个人对我充满敌意，而且当时我在他身上看到的也只有敌视的态度，那么我敢肯定，我一定会采取某种防卫的方式来回应这种敌意"。

门宁格描述了同一问题的另一面。"我们自己不被赏识的感觉对爱的损害比恐惧对爱的损害要小一些；我们每个人都能或多或少模糊地感到这种恐惧，唯恐他人看穿我们的面纱，看穿那些由传统和文化强行加持在我们身上的压抑的面纱。正是这一点导致我们有意回避亲密的关系，只与他人保持肤浅的友谊，低估且不珍惜他人，以免对方过于欣赏自己。"我们的研究对象常常超越了传统的以礼相待这类低级需求，能够更加自由地表达他们的敌意和愤怒。这一点更进一步支持了上述结论。

爱与被爱的能力

我的研究对象（自我实现者），无论过去还是现在，都为他人所爱，同时也爱着他人。在几乎全部（也不完全是全部）能够获得有用数据的研究对象中，这一点往往会得以下结论：心理健康源自爱的获得而非爱的剥夺（其他事情也是一样）。纵然禁欲主义不失为一种可行的方法，挫折也有某些良好的效果；可是，基本的需求满足仍是我们社会中健康的先兆或性格倾向。这不仅适用于被爱，也适用于爱他人。（除了爱的需求外，其他需求也同样必要，这一点为心理学病态人格所证明，特别被列维研究的纵情恣欲的精神变态者所证实。）

毋庸置疑，自我实现者此时此刻爱着他人，同时也为他人所爱。由于某些缘故，我们最好说，他们有着爱的力量和被爱的能力。（虽然这句话听起来好像是在重复前一句话，但事实上却并非如此。）这些都是临床观察到的事实，都是众所周知的，很容易被证实或驳斥的。

门宁格敏锐地指出，人类着实想要互爱，但却不知道如何互爱。在健康人身上却不尽然。他们至少懂得如何去爱，并且能够爱得自由自在、轻松愉悦且顺其自然，绝不会陷入纷争、威胁或压抑。

但是，我的研究对象（自我实现者）在使用“爱情”这一词汇时却是小心谨慎。他们仅把爱情一词用于寥寥几人，绝不会用于芸芸众生，他们往往将爱上某人与喜欢某人或者待人友好、与人为善以及兄弟情谊截然分开。在他们看来，爱情这个词意味着一种强烈的感情而非一种温柔的或冷漠的情感。

自我实现的爱情中的性欲

在自我实现者的爱情生活中，性行为具有独特且复杂的本质，我们可以从中获得许多教益。他们的故事并不那么简单，其中交织着许多线索；当然我也不能断言我掌握了许多数据，毕竟这类信息很难从私人那里得到。但是总体而言，至少据我所知，他们的性爱生活是具有典型性的；在对其进行描述的时候，我们可以对性与爱的本质作出可能的猜测，既有积极的结论，也有负面的结论。

一方面，我们可以说，在健康人当中，性与爱能够而且在很多时候完美地融合在一起的。诚然，这两者是不同的概念，我们也无意将两者毫不必要地混淆在一起；但是，我们必须说，在健康人的生活中，性与爱往往相互结合，且相交相融。事实上，我们还可以说，在我们所研究的这些人的生活中，随着时间推移，性与爱更不是、也更不能彼此分离。有些人说，一个能够在没有爱情的情况下享受性快感的人必定是一个病人；当然，我们不能像这些人一样言语尖刻。但是，我们的确可以沿着这个方向探究。平心而论，自我实现的男人和女人总的说来往往并不是为了性交而去寻求性活动，而且在性交中也并不仅仅满足于此。目前我还没有充分的材料证明他们宁愿舍弃那种没有一丝爱意的性行为；

但是，我有许多实例可以证明，性活动在没有爱情或爱意的情况下至少是暂时被放弃或者拒绝了。[①]

我们在上一章探讨的另一个发现是，人们都有一个非常深刻的印象：性快感在自我实现者身上达到了最为强烈、最令人心醉神迷的完美状态。如果说爱情是对完美事物的向往、对彻底融合的渴求，那么，自我实现者有时叙述的那种性欲高潮就是获得了爱情。我得到的报告中所描述的那些体验的确达到了极高的强烈程度，因此我把它们视作神秘体验来加以记录是完全有道理的。有些措辞太大了，简直让人难以接受；有些太好了，着实令人难以置信；有些太妙了，似乎是盈不可久……这些措辞已经与那些描述它们被不可控制的力量横扫一空的报告联系在一起了。这种完美而又热烈的性与爱的结合，与我们将要阐述的其他特征一起，构成了若干自相矛盾的说法，现在我想就这些悖论进行讨论。

在自我实现者身上，性高潮既比在普通人身上更为重要，同时又不比在普通人身上那么重要。它经常是一种高深莫测，近乎神秘的体验；但倘若性欲没有得到满足，这些人也可以忍受。这并不是一个悖论或矛盾，它是由动态的动机理论而引起的。更高（需求）层次的爱使那些较低层次的需求、挫折感、满足感变得不

① 奥斯瓦尔德·施瓦茨在 1951 年的《性爱心理学》一书中第 21 页写道，“性冲动与爱情尽管具有本质的区别，但是彼此相互依存、相辅相成。这种性与爱的高度融合，只有在完美的、成熟的人身上才能得以体现。这是所有性爱心理学的一个基本理念。如果有人能够单纯地享受生理的性快感，那么他会被刻上性低能（性不成熟，或诸如此类）的烙印”。

再重要，甚至可以忽略；但是更高层次的爱也使人们在得到满足之时，更加全心全意地去享受。

自我实现者对待爱情与其对待食物的态度颇为相似；这些人一方面津津有味地享受美食，另一方面又认为食物在整个生命的蓝图中相对而言并不重要。当他们享用珍馐美馔的时候，他们就是在全情投入地享受，对人的动物本能以及诸如此类本能并不采取嗤之以鼻的态度。但是，在通常的情况下，满足口腹之欲在整个生活中相对并不那么重要。这些人并不需要饕餮盛宴，他们只是面对着玉盘珍馐就尽情享用罢了。

同样，在乌托邦哲学中、在天堂里、在优渥的生活中、在价值哲学和伦理哲学层面，食物占据的位置相对而言并不重要。食物就是某种基本的东西，被认为是理所当然的，是建立更高层次事物的一块基石。这些人当然知晓，只有当基础建立起来，更高层次的东西才能够相应地建立起来；但是一旦这些低层需求获得了满足，它们便从意识中悄然而退，人们便很少关注这些了。

自我实现者的性生活与此别无二致。如前所述，即使性行为在人生哲学中并不扮演任何核心角色，他们还是可以全心全意地去享受，而这是普通人无以获得的享受。性是某种可以享受的事物，是理所当然的，是某种其他事物可以建立于其上的，是某种像水或食物一样非常重要的且完全可以当作水或食物来享受的事物，只不过满足也是理所当然的。自我实现者一方面比普通人更为强烈地享受性生活，另一方面又认为性行为在整个人生中并不那么重要。这明显是一个悖论，但是我认为上文所述的那种态度已经解决了这一悖论。

我们必须强调一点，自我实现者对待性行为的这种复杂态度很可能导致这样一种情形：性欲高潮时而可以带来神秘体验，时而又可以忽略不计。这就是说，自我实现者的性快感或十分强烈，或毫无波澜。这与那种认为爱情是一种飘飘欲仙的迷狂、一种心神恍惚的状态、一种神秘体验的浪漫观点背道而驰。的确，自我实现者的性快感可以是十分微妙的，并非时时刻刻都是如此强烈；它可以是一种风流潇洒、欢快愉悦的体验，不必每时每刻都要严肃深刻，更不必成为彼此必须承担的责任。这些人的性生活并不总是在巅峰时刻；他们通常处在一个平均水平上，轻松愉快地享受鱼水之欢，把它当作一种拨云撩雨、身心愉悦、妙趣横生的体验，而不追求翻云覆雨、颠鸾倒凤、水乳交融的极致体验。当自我实现者相较疲惫之时，情况更是如此。这时他们自然就会进行比较轻松愉快的性活动。

自我实现的爱情彰显出自我实现者总体上的许多特征。例如，其中一个特征是，这种爱情是建立在健康地接纳自己和他人的基础之上的。许多事物别人不能接受，但他们却能欣然接受。例如，尽管在这些人身上婚外的风流韵事相对少有，但他们却比普通人更坦然地承认自己对他人的性吸引力。我有这样一个印象，即，自我实现者倾向于与异性保持一种相对从容的关系，同时，他们易于接受为异性所吸引的现象，但同时，与其他人相比，他们对如此的吸引力不为所动。同样，在我看来，他们谈论起性行为来也远比常人自由、随性、不囿于传统。所有这一切归结起来就是对性生活的接受，这种接纳，与那种更为强烈、更为深刻、更为合意的爱情关系一道，使得自我实现者没有必要去寻求婚外作为补偿的或者神经质一般的风流韵事。这一有趣的现象证明了接纳与行为并不具有关联性。自我实现者易于接受各种性爱事实，正因如此，他们才更容易相对地保持一夫一妻制。

有这样一个实例。一位女性与她的丈夫长期分居，我从她那里获得的所有信息都表明，她参与了滥交。她对于这些风流韵事感到其乐无穷。她五十五岁了。这一切都是她亲口告诉我的，除此以外，她没有向我透露更多细节。在交谈中，她没有流露出丝毫的内疚或者焦虑不安的情绪，也没有一丝做了错事的感觉。很显然，一夫一妻制的趋势与追求贞洁或者对性欲的弃绝并不是一回事。只是爱情关系越是深刻而满足，就越没有同妻子或丈夫以外的人发生性关系的各种冲动。

正因为自我实现者能够如此这般地接受性生活，他们才从中获得了强烈的愉悦享受。我在健康人的爱情中发现的另外一个特征是，他们并不断然区分两性的作用和人格。也就是说，不管是在性行为中还是在爱情中，他们都不认为女性是被动的，男性是主动的。这些人的性别意识非常清楚，因而他们毫不介意自己承担起异性在一些文化层面的角色。特别值得注意的是，他们既可以是主动的也可以是被动的爱人，这在性行为与性交中已经展现得淋漓尽致了。亲吻和被亲吻，在性交中处于上体位或是下体位，占据主动、保持沉默或接受示爱，挑逗或被撩拨……这一切在两性双方中均可看到。各种报告表明，两性在不同时刻均可以从对方那里得到享受；仅仅囿于主动性交或被动性交则被认为是一种缺陷。对自我实现者而言，两性都能获得其独有的快感。

如果我们继续深入，我们便会想起施虐狂与受虐狂。在这个过程中，服从与被动，甚至接受痛苦与被剥削利用时都别有一番乐趣。同样，在紧握、拥紧、咬紧时，在施虐时、甚至在给予并接受痛苦时，只要不超过一定的限度，他们都能够感到一种积极主动的快感。

这很可能与他们坚定自己的性别意识、男子气概或女性气质有关，因此我还有一种强烈的感觉：越是健康的男性越易于为天资聪慧、勇气可嘉、能力突出的女性所吸引，而不会像那些信心不足的男性似的担惊受怕。

上述情况再一次证实了二元对立在自我实现中是如何普遍获得解决的；一般的两分法之所以显得有理有据，只是因为人们不够健康。

这一点与达西（D'Arcy）的论点恰好一致。达西认为，性爱与无私的爱是截然不同的，但在最优秀的人身上，两者却能融为一体。他谈到两种爱情，要么是男子气概的，要么是女性气质的；要么是主动的，要么是被动的；要么是以自我为中心的，要么是谦逊有礼的。的确，在一般人看来，上述这些都是处于两个极端，相互对立的。但是，这在健康人身上，则迥然不同。在这些人身上，二元对立对应得到了解决，个体变得既主动又被动、既自私又无私、既有男子气概又具女性气质、既以自我为中心又温恭自虚。达西承认，这一点虽极为罕见，但确实存在。

尽管我们的数据有限，但由此我们还是可以胸有成竹地得出一个否定结论，即，弗洛伊德关于爱情源于性欲或将两者等同对待的观点是极其错误的。[①] 当然并不只是弗洛伊德有这样的误解——许多孤陋寡闻的普罗大众也持有同样的观点——但弗洛伊德可能被视为在西方文明中维护这一谬误的最具影响力的人。弗洛伊德的著作处处都强烈地表明，他对这一问题偶尔也有不同的想法。例如，有一次他谈到儿童对母亲的情感源于自我保护的本能（self-preservation instincts），类似于在被哺育或被照顾之后油然而生的那种感激之情，“（儿童对母亲的情感）源自早期童年，是在自我保护的本能驱使的基础上形成的”。在另一处，他认为这种情感是通过反应形成的，此外他还将这种情感解释为精神层面的性冲动。在希区曼曾经的一次演讲中，他声称一切爱情都是儿童恋母的再现，“儿童从母亲的双乳吮吸乳汁，这是所有爱情关系的模型。爱情目标的发现只是一种重溯”。

但总体而言，在弗洛伊德提出的各种理论当中，最为广泛接

① 迈克尔·巴林特在 1948 年出版的第 29 期《国际精神分析杂志》上发表了《生殖器型之爱》，第 34–40 页写道，“如果有人阅读精神分析的文献，查阅生殖器型的爱情，会发现两个惊人的事实：1. 关于生殖器型之爱的文献远比性前期之爱少得多；2. 几乎所有关于生殖器型的爱情的描述都是消极的。”又见迈克尔·巴林特于 1936 年第 17 期《国际精神分析杂志》发表的《精神分析治疗的终极目标》，第 206–216 页。

受的是：温柔是压抑目的的性欲。[1]坦率地讲，对弗洛伊德而言，温柔是偏斜的或乔装的性欲。当我们遭到禁止、从而不能实现性交这一性目的之时，当我们一直渴望性交但却不敢勇于承认这一点之时，妥协的结果便是温柔和情感。但实际情况却恰恰相反，每当我们邂逅温柔和情感，我们不必沿袭弗洛伊德的观点，把它们仅仅视为压抑目的的性欲。从这一前提还可以推演出另一个似乎是不可避免的论点：如果不去压抑性欲，如果每个人都可以随心所欲地与任何人交合，那就毫无温柔爱情可言了。按照弗洛伊德的说法，乱伦禁忌和压抑性欲是爱情之源。其他观点，请参见巴林特《生殖器型之爱》和杰克尔斯、伯格乐《移情之爱》。

弗洛伊德学派讨论的另一种爱情是生殖器型的爱情，他们在给生殖器型的爱情下定义时每每只强调生殖器，而不提及爱情。例如，这种爱情常常被定义为强盛的性交能力、达到性高潮的能力以及通过男女生殖器结合（无须依赖阴蒂、肛交、施虐、受虐等）达到性高潮的能力。当然，较为细致复杂的观点虽然少见，但也不是完全没有。我以为，在弗洛伊德传统中，迈克尔·巴林

① 西格蒙德·弗洛伊德在《文明及其不满》一书中第22页写道，“这些人把他们主要看重的东西从被爱转移到爱他人，从而使自己独立于对象的意愿；为了避免自己失去所爱的对象，他们不是把自己的爱仅仅给予某一个对象，而是一视同仁地给予全人类；为了避免由生殖器型的爱情带来的不稳定和失望，他们远离爱的性目标，并把这种本能转化成一种其目标受到控制的冲动。这样他们就在自己的内心产生了一种均衡的、稳定的、温柔的爱，这种爱与暴风雨般的强劲猛烈的生殖器型的爱情不再有任何外在的相似之处。”

特[①]和爱德华·希区曼的那些观点最有见地。

温柔是如何纳入生殖器型的爱情之中的，这仍是一个谜；因为人们在交合中是绝不会压抑性目的的（性交是为了性目的）。弗洛伊德对满足目的的性爱不置一词。如果我们能够在生殖器型的爱情中找到温柔的表现，那么除了压抑目的之外，我们还必须找到其他与性爱无关的根源。萨蒂（Suttie）的分析十分有力地揭示了弗洛伊德这一观点的劣势。赖克、弗洛姆（Fromm）、德·福雷斯特（De Forest）以及其他一些弗洛伊德主义修正者的分析亦是

---

① 迈克尔·巴林特在1948年出版的第29期《国际精神分析杂志》上发表了《生殖器型之爱》（34–40页），在第34页写道，“为避免诱惑（尤其是负面影响），让我们来分析一个理想的案例——矛盾之后的生殖器之爱，没有任何既爱又恨的矛盾情绪，也没有性前期的对象关系，1. 面对对象，不会有贪念、贪求无厌或渴望吞噬对方的想法；2. 不会有想要伤害、羞辱、摆布、主宰等施虐的想法；3. 也不会为了自我的性欲与快感而亵渎或轻视对方。即使为对方厌恶或仅仅被对方的一些不愉悦的特征所吸引，也不会处于危险的境地；不会有肛交行为；4.（男性）不强行鼓吹自己的阴茎，无惧对方的以及自己的性器官，也不嫉妒男性或女性的外生殖器，无感于自己或对方性器官的不完整或缺陷，等。没有阳物崇拜或阉割情节……那么在以上列举的性前期特点都不存在的情况下，生殖器型的爱情又是什么？我们爱恋我们的伴侣，1. 因为他（她）使我们得到满足；2. 因为我们也能够满足他（她），我们可以近乎同时享受完整的性高潮……满足生殖器的需求显然是生殖器之爱的必要不充分条件。我们所了解的是，生殖器之爱不仅仅是对伴侣满足了自己的生殖器的需求而心怀感激或心满意足；而且，这种心情不会因为是单方面的或彼此的而有所不同。这又是什么？我们在生殖器的需求满足之外发现了真爱关系：1. 理想化；2. 温柔；3. 一种特殊形式的认同。简言之，人类生殖器型的爱情这一表述，着实用词不当。我们所谓的生殖器型的爱情，融合了不同元素、生殖器的需求满足以及性前期的温柔表现……面对这种融合所带来的压力，人们的一种表现是可能需要定期回溯某些快乐的时光，例如回到无法进行现实验证的婴儿期。

如此。阿德勒（Adler）早在1908年就断言：对爱情的需求并非源自性欲。

关心、责任，需求的融合

良好的爱情关系的一个重要方面就是所谓的需求认同，或者说将两个人的基本需求的诸多层次融合为一个单一层次。其结果就是，一个人可以感觉到另一半的需求，如同是其自身的需求一样，同时，他也认为自己的需求在某种程度上似乎也属于另一半。一个人的自我得以扩大，进而涵盖了彼此；为了某种心理目的，这两人在一定程度上似乎属于一个整体、一个个体、一个自我。

阿尔弗雷德·阿德勒也许是首位以专门的形式提出这一原则的精神病学家，后来艾瑞克·弗洛姆又特别在《自为的人》一书中非常出色地表述了这一原则。在书中，他是这样定义爱情的：

“原则上，就对象与自己的关系而论，爱情是不可分割的。真正的爱情是成果的表达，意味着关心、尊敬、责任和了解。它并不是在被他人感动的那种意义上的‘情感’，而是为了爱人的成长与幸福所作的积极努力，而这一切又植根于自身爱的能力。”

施里克（Schlick）也很好地表述了这一定义：

“社会冲动是人的一些性格（的表现），由于这些性格，关于另一个人愉悦与否的状态的观念本身就是一种令人愉悦或令人不快的体验（同样，由于这样一种冲动，仅仅是感觉到另外一个人、单单是他的存在，便可带来愉悦的情绪）。有这些倾向的人是将他人快乐的建立视为自己行动的目的。一旦这些目的实现了，他也可以享受到由此带来的快乐；因为不仅是这样的想法，而且他人表达喜悦的真实感受，都使其身心愉悦。”

需求的认同一般是通过承担责任、呵护、关怀他人而得以表现。爱着自己妻子的丈夫从妻子的快乐中获得的喜悦足以与他自己的愉悦相比拟。疼爱自己孩子的母亲宁愿自己咳嗽，也不愿她的孩子咳嗽；事实上她甘愿为她的孩子承担病痛，因为自己得病远不如眼睁睁地看着自己的孩子生病那么痛苦。关于这一点，我们可以从美满的婚姻和不幸的婚姻中，夫妻对疾病以及随之而来的护理所作的迥然不同的反应得到极好的佐证。发生在一对恩爱夫妻身上的疾病是夫妻双双的疾病，而不是其中一人的不幸。他们会自然地承担起相同的责任，就好像两人同时遭难一样。相亲相爱的家庭的这种原始共产主义精神通过这种方式加以彰显，不仅仅是通过共享食物或钱财而显现。在此，我们看到了“各尽所能，按需分配”这一原则的最美好且最纯粹的范例。这里，我们需要对这一原则做的唯一改动就是，对方的需求就是自身的需求。

假如夫妻关系和谐，病弱的一方完全可以依靠爱着自己的伴侣的悉心照顾和呵护，并且完全不会感到自己受到了威胁，完全可以放弃自我意识，如同一个小孩在父母的怀抱中入睡时所表现出来的那样。而在关系欠佳的夫妻那里，我们经常可以看到，疾病在夫妻之间制造了紧张。对于一位以体力彰显男子气概的猛男而言，疾病和羸弱如同一场灾难。对于一位以选美比赛所要求的外表吸引力来定义女性魅力的女子而言，疾病、羸弱以及其他任何减损其外形魅力的形式都是一场悲剧；如果她的丈夫也以同样的方式来界定女性魅力的话，那么对他而言亦是如此。我们作为健康人完全规避了这种错误。

如果我们记住这一点：人归根到底是互相独立的，用外壳包裹着的，每个人都处于自己的小躯壳之中；如果我们认同，人说到底不能像了解自己那样互相了解；那么，群体之间和个人之间的一切交往都像是“两个孤独的人努力互相保护、互相接触、互相问候”（里尔克）。在我们所有的这些努力中，只有健康的爱情关系是填补两个独立的人之间不可逾越的鸿沟的最为有效的方式。

在建立关于爱情关系以及利他主义、爱国主义等的理论的历史上，自我的超越问题已经是老生常谈了。在专业层面对这一倾向所进行的精彩绝伦的现代分析是由安吉亚尔（Angyal）在其书中提出的。书中，他探讨了他称为同律性（homonomy）倾向的各种实例，他将这种倾向与自主的倾向、独立的倾向、个性的倾向等进行了对比。越来越多的临床实验和历史证据表明，安吉亚尔要求在系统心理学中为这些各式各样的超越自我界限的倾向留有余地，是完全正确的。而且，似乎很明显的是，这种超越自我界限的需求很可能成为类似我们对维生素和矿物质的那种需求，也就是说，如果这种需求得不到满足，那么人们就会以某种方式患病。应该说，最令人满意的、最为完满的一个超越自我的做法，莫过于投身于健康的爱情关系。

健康的爱情关系中的乐趣与愉悦

前文提到的弗洛姆与阿德勒的观点都强调了结果、关心和责任。这些确实是言之凿凿，但弗洛姆、阿德勒和其他持有类似观点的学者都忽略了在自我实现者的健康爱情关系中，一个十分显著的方面，即乐趣、欢喜、兴高采烈、感觉良好、愉悦。自我实现者能够在爱情与性交中享受快乐，这是他们的一个特征。性行为常常变成一种游戏，在这种游戏中，欢声笑语与喘息一样平常。弗洛姆和其他一些论述过这一问题的严肃思想家描述理想的爱情关系的方式，是将其变为某种任务或负担，而非嬉戏或乐趣。弗洛姆说："爱情是一种生产形式，创造自己与他人的某种联系。它意味着责任、关心、尊重和了解，以及希望别人成长和发展的意愿。它在保持双方的完整性的条件下表现了两人的亲密关系"。毋庸讳言，弗洛姆所说的这种爱情听起来好像是某种契约或伙伴关系而不是一种自然流露的嬉戏。要知道，两人彼此倾心的原因并不是物种福利、繁衍任务或者人类的未来发展的需要；尽管健康人的性生活常常是颠鸾倒凤、登峰造极，它也完全可以比作儿童游戏或木偶游戏，因为它是愉快的、幽默的和嬉戏的。下面我们会更为详细地分析，健康人的性生活从根本上并不像弗洛姆暗示的那样，是一种努力奋斗，它基本上是一桩乐事和享受，而这与努力奋斗完全不是一回事。

接受他人的个性，尊重他人

所有探讨过理想的或健康的爱情这一问题的严肃思想家都强调对他人个性的肯定、渴望他人成长的意愿，以及对他人独一无二的人格的基本尊重。对自我实现者的观察有力地证明了这一点：他们都异乎寻常地具备了为伴侣的胜利感到喜悦而不是受到这种胜利的威胁的罕见能力。他们的确以一种蕴涵深刻而基本的方式尊重自己的伴侣。奥佛斯特里特（Overstreet）说得很好，“对一个人的爱，意味着对那个人的肯定而不是占有，意味着乐意让他拥有充分表达自己独一无二的男子气概的权利。”

弗洛姆关于这一问题的表述也令人印象深刻：“爱情是一种自发性的最重要的组成部分；并非那种要把自己消溶于另一个人的爱情，而是一种自发肯定他人的爱情，即在保持个性的基础之上将个人与他人结合起来的爱情。”在这方面，一个最感人的例子就是，一个人即使他妻子的光芒盖过了他，他始终对他妻子的成就感到由衷的自豪。另一个例子就是嫉妒的消失。

尊重通过许多途径得以展现，而这许多途径，顺便说一句，尊重应该与爱情关系的效果本身区别开来。尽管爱情和尊重常常是相伴相随的，但是两者可以彼此分开。即便是在自我实现的层面，没有爱情也可以体现尊重。我不敢断言离开尊重的爱情是否能继续，但这也可以是一种可能性。许多可以被视为是爱情关系的表征或特质常常也可以被看作是尊敬关系的特征。

尊重他人意味着承认他是一个独立的存在，是一个不同的、自主的个体。自我实现者不会随便地利用别人，控制别人，或对别人的愿望置之不理。他愿意给予对方一种基本的、不可削减的尊严，不会毫无必要地使其蒙羞。这一点不仅适用于成人之间的关系，而且同样适用于自我实现者与小孩之间的关系。他完全可能以真心的尊重来对待小孩，而在我们的文化中，其他任何人在现实生活中都是做不到这一点的。

两性之间这种尊重关系的一个有趣的方面就是，这种尊重关系经常是以一种正好相反的方式来解释，即被解读为缺乏尊重。例如，众所周知，大量所谓尊重女性的标志性举措，事实上都是过往不尊重女性所遗留下来的残余，时至今日，也还可能是无意识地表现了对女性的极端蔑视。如当一位女士走进房间，男士总要起身示意，将她延请入座并帮她挂好外套，进出门也是女士优先，给她呈上最好的东西，一切都让她先行挑选……以上所表现出的这些文化习惯，从历史学和动态发展的角度而言，都蕴涵着这样一个观点，即，女性是弱者，她们没有能力照顾自己；因为所有这一切举动都意味着保护，就如同对弱者和无能者的保护一般。总体而言，具有自尊心的女人对诸如此类的尊敬常常感到厌恶，因为她们清楚地知道所有这些举动都可能预示着正好相反的（不尊重的）含义。自我实现的男人是真正地且从根本上视女性为伴侣、是完全与自己平等的朋友；而不是把她们看作是具有弱点的人类成员。因此就传统意义而言，他们表现得更加从容、随性，更加亲切熟悉、不拘小节。我发现这一点很容易引起误解，我居然还看到有人指责自我实现者对女性缺乏尊重。

爱情作为终极体验、钦慕、惊喜、敬畏

爱情有着诸多美好的效用，但这并不意味着爱情是由此激发而出，也不意味着人们是为了获得这些效用才彼此相爱。我们在健康人之中看到的爱情最好是用自发的钦慕来加以描述，用我们在被一幅精美绝伦的绘画作品打动时所经历的那种感受上的、别无所求一般的敬畏和欣喜来加以描述。各种心理学文献对报偿与目的、增强与满足已经谈论得太多了，而对我们称为终极体验（与方法体验相对）的方面，或者说一个人在其自身就是报偿，这一美好事物面前所感到的敬畏则著述太少。

在我的研究对象（自我实现者）身上表现出的钦慕和爱情，在很多时候其本身并不要求报偿、无益于任何目的；而是在经历

诺思罗普（Northrop）笔下的东方意识，即具体而丰富的、完全是为其自身的、表象的意识。

这种钦慕无欲无求，也一无所得；没有目的，不求实用。与其说它是主动的不如说是被动的，是一种近乎道家思想中简单接受的表现。一位敬畏的感知者受其自身体验的影响，几乎完全听任于自己的体验。他用天真纯净的目光注视着、凝视着世界，如同一个小孩，既不表示同意，也不表达反对，既不表示赞许，也不提出批评，然而他对经验所具备的内在的、引人注目的特性感到心醉神迷，任其进入自己的心扉、实现其效用。就像有时我们任凭海浪将我们拍倒，不为别的，只是为了好玩，此时我们处于一种热切的被动状态，我们可以将上述体验比做这种热切的被动状态，或者更确切地讲，我们可以将它比作我们对徐徐落日的一种不受个人情感影响的兴趣和一种敬畏的、不外化的欣赏。面对落日，我们无能为力。从这个意义而言，我们并未将自我投射到这一体验中去，也没想过要像我们做的罗夏墨迹测验一样把这份体验加以塑造。它也不是任何事物的信号或象征；我们对其钦慕，并不是因为我们得到了报偿。它与牛奶、食物或其他身体需求毫无关系。我们可以欣赏一幅绘画作品但并不渴望拥有它，我们可以欣赏一株玫瑰但并不想采摘它，我们可以欣赏一个漂亮婴儿但并无意绑架他，我们可以欣赏一只鸟儿但并不想把它关入笼中；同样，一个人也可以以一种无所作为的或一无所求的方式钦慕和欣赏另一个人。当然，钦慕和敬畏与其他一些确实将人们联结在一起的方式是一同存在的，它并不是人们唯一的联系，但着实是其中的一部分。

或许，在这一观察中，最为重要的结果会与大多数爱情理论相抵触，因为诸多理论家都认为，人们是在驱使之下并非受到吸引而爱上另一个人。弗洛伊德探讨的是压抑目的的性爱，赖克谈论的是压抑目的的力量，其他人谈及的是对自我的不满，进而迫使我们创造出一个由我们自身投射出去的幻象，即一位不真实（因为是被高估了）的伴侣。

但有一点似乎很清楚，即健康人是以一种第一次面对伟大的音乐所产生的被彻底征服的、荡涤心灵一般的反应方式而彼此相爱的。即使事先并没有想到要被音乐征服，但情况就是如此。霍妮在一次演讲中定义非神经质的爱情是认为对方本身就是爱情目的而不是达到目的的手段。随之而来的反应就是去享受、去钦慕、去喜悦、去凝视、去欣赏，而不是去利用。圣伯纳德（St. Bernerd）描述得十分贴切：

“爱情并不寻求超越自我的原因，也不追求极限；爱情就是其本身的果实，是其自身的乐趣。因为爱，所以爱。我爱，就是为了爱……”

在神学文献中，此类观点层出不穷。人们努力将上帝之爱与凡人之爱区别开来，因为他们相信：无私的钦慕与利他（主义）的爱只能是一种超能力，而非凡夫俗子所能天生具备的。当然，我们必须反驳这一观点，要知道当人处于最佳状态之时、在得到充分发展之时，也显示出了许多此前被视为超自然特权的特质。

私以为，如果把这些现象置于我在前几章提出的各种理论考虑的框架之中，我们就能深切地理解这些现象。首先，我们来思考缺乏性动机与成长性动机的区分。我已经指出，自我实现者可以被定义为不再受安全需求、归属需求、爱情需求、地位需求和自尊需求驱使的人，因为他们的这些需求已经得到了满足。那么一个已经获得了爱情满足的人为什么还要恋爱呢？一个被剥夺了爱情的人之所以恋爱，是因为他需要爱情；追求爱情，是因为他缺乏爱情，因而他才被驱使去弥补这一致病的缺失（缺乏之爱，D-love）。[①] 自我实现者肯定不是出于这样的原因而去恋爱的。

自我实现者不需要弥补任何缺失，但是我们要知道，他们是已经摆脱了缺失，能够去寻求成长、成熟与发展了；一言以蔽之，他们可以去履行并实现其最高的个体与种族的本质。这些人所做的一切事情都来源于他们的成长，并且无须刻意就可以将他们的成长表现出来。他们去爱，因为他们就是爱他人的人，正如他们善良、诚实、不矫揉造作；是因为他们本性如此，这些都是自然流露的，就像一个壮汉之所以强壮，并非其主观意愿，一朵玫瑰之所以芬芳，并非刻意为之，一只小猫之所以从容自如，并非因为它甘愿如此，一个小孩之所以有孩子气，并非因为他愿意幼稚。此般现象只不过是由身体发育或心理成熟驱使罢了。

在自我实现者的爱情中，几乎不存在考验、压力或努力，而

① 参见我的《存在心理学》，第 42–43 页，存在之爱（B–love）与缺乏之爱（D–love）的区别。

这一切都强烈地支配着普通人的爱情。用哲学话语来说：自我实现者的爱情一方面既是存在，另一方面又是形成；可以称之为存在之爱（B-love），即对他人的存在的爱。

超然与个性

自我实现者保持着一定程度的个人性、独立性和自主性，乍看之下，这与我在前文描述的那种认同和爱情是格格不入的；这一事实似乎造成了一个悖论，但这只是一个表面上的悖论。正如我们所见，那种超然的倾向和需求认同的倾向，同与他人建立深刻的相互关系的倾向在健康人身上可以并存。事实是，自我实现者在所有人中既是最有个性的，同时又是最具利他主义精神、最热衷交际和最富有爱人之心的人。在我们的文化中，我们将这些特质置于一个单一的连续体的相互对立的两极，这显然是一个现在亟需加以纠正的错误。在自我实现者身上，这些特质是并行不悖的；在他们身上，二元对立得以解决。

在自我实现者身上，我们看到了健康的自私、良好的自尊和不情愿毫无理由作出牺牲的特质。

在他们的爱情关系中，我们看到的是爱的伟大能力与既十分尊重他人又极其自爱的融合。这一点的表现是，我们不能在普通的层面上说这些人像一般的恋人那样相互需要。他们可以如胶似漆，但在必要时又可以从容分开；他们之间不是相互依偎在一起，也没有钩子或铁锚等固定。我们可以明确地感受到，他们从对方那里获得了极大的乐趣，但他们又达观开阔，能够接受长时间的分离或死亡，依然保持坚强。经过最刻骨铭心的、最心醉神迷的爱情生活，这些人仍旧保持自我，自始至终都是自己的主宰，即使他们从对方那里获得了极致的乐趣，他们依然按照自己的标准生活。

显而易见，如果这一发现得到证实，那么我们就有必要对我们文化中关于理想的或健康的爱情的定义进行一番修正，或者至少是扩充。我们习惯于根据双方自我的完全融合、独立性的遗失和个性的放弃，而非根据个性的强化而下定义。如果这是真实的话，那么眼前的事实似乎是：个性得到了强化，自我在某种意义上与他人融合在一起了；但从另一方面而言，自我又像往常一样，独立且强大。超越个性与强化个性这两种倾向必须被视为是相伴相随的，而不是矛盾对立的。此外，这意味着超越自我的最佳方式就是拥有强大的个性。

健康的恋人拥有更高的品味和更强的感受力

在关于自我实现者的报告中，最为显著的一个优势是他们无与伦比的感受力。他们远比普罗大众更能有效地洞悉真理、感受现实，无论其结构、个性具备与否。

这种敏锐性主要以对性爱与爱情伴侣的一种绝佳的品味（或感受力）表现在爱情关系之中。由我们研究对象（自我实现者）的密友、丈夫、妻子组成的群体比随意的抽样调查得到的结果要好得多。

这并不是说，我们所观察的所有婚姻关系以及对性爱伴侣的选择都达到了自我实现的水平。这其中也有些许错误，尽管这些错误在某种程度上都可以得到解释，但它们都证明了这样一个事实，即，我们的研究对象（自我实现者）并不完美，并非无所不知。他们也有自己的虚荣心，也有自己特殊的弱点。例如，在我所研究的那些人之中，至少有一个人是出于同情而非出于平等的爱情而结婚的。有人面对不可避免的问题，而娶了一位比自己年轻许多的女人为妻。斟酌而言，他们对伙伴的品味要比一般人好得多，但绝非完美。

仅仅是这一点也足以驳斥一个普遍的信念，即，认为爱情是盲目的，或者根据一种更为复杂精细的说法，认为爱者必然会对自己的伴侣评价过高。很显然，虽然这对一般人而言可能是真的，但对健康的个体而言就未必如此了。的确，有的材料甚至表明，健康人的感受在爱情中要比不在爱情中更为有效、更为敏锐。爱情使得爱者能够在对方身上看到一些别人完全忽略了的品质。[①]这个错误很易犯，因为健康人能够与他人因为明显缺陷而不能爱上的人坠入爱河。然而，这份爱情并不是对缺点视而不见，他们只是忽略了这些感受到的缺失，或者不视其为不足罢了。因此，身体缺陷，以及经济、教育和社会缺陷对于健康人而言远不比性格缺陷重要。所以，自我实现者很容易对平淡无奇的人一往情深。这就是他人口中的盲目，但是我们最好称之为高品位或良好的洞察力。

我曾经有机会观察过这种高品位在几位相较健康的男女大学生身上的发展过程。他们越是成熟，就越不为诸如帅气、漂亮、跳舞出众、乳房丰满、身体强壮、身形高挑、身材匀称、美颈修长这样一些特点所吸引，而越是讲究彼此适合、仁慈善良、彬彬有礼、乐于陪伴、体贴入微。在有些实例中，他们还与这样一些人相爱，这些人具有那些几年前被认为是着实令人厌恶的特征，如体毛浓重、身材肥胖、不够聪明等。在一位年轻的小伙子身上，我看到其潜在的心上人在逐年减少，起初他可以被任何一位女性迷住，排除法也是仅仅建立在过胖、过高等身体条件上，但最后他只想与所有认识的姑娘中的两位发生性关系。他现在所关心的

① 奥斯瓦尔德·施瓦茨在 1951 年的《性爱心理学》一书中第 100–101 页写道，“有一点再怎么强调也不过分，那就是爱情赐予恋人的神奇的能力主要在于发现爱的美德的能力，这些美德是实际具备的，但对没有灵感的人而言是看不见的，美德不是被爱人用虚幻的价值观来粉饰心爱之人而虚构的，爱不是自欺欺人”。第 20 页写道，“毫无疑问，爱情有一个强大的情感元素，但本质上是爱是一种认知行为；其实，爱情是握个性最内在核心的唯一方法。”

是她们的性格特征而不是身体特征。

我认为，研究终会表明，增进健康比简单的年龄增长更有效果。

我们的数据还驳斥了另外两个普遍理论：一个是反向吸引，另一个是相似者易成婚（同配通婚）。事实是，同配通婚是一种与诸如诚实、真挚、善良和勇敢等一些性格特征相关的习惯。在相较外在和表面的特征方面，在收入、社会地位、教育、宗教、民族（国家）背景、外表长相方面，自我实现者同配通婚的程度比普通人要低得多。自我实现者不为差异或陌生所威胁；的确，他们反而对此感到好奇。他们远远不像普通人那般需要熟悉的口音、衣着、食物、习俗和仪式。

至于反向吸引，在以下范围内适用于我们的研究对象（自我实现者），即，我从他们身上看到了他们对自身不具备但对方具备的技艺和才能的由衷的钦佩。具备如此优势的潜在伴侣对于自我实现者（无论男女）而言更具吸引力。

最后，我希望大家注意以下这一事实：本章最后几页为我们提供了又一个例证，证明由来已久的二元对立理论，即，冲动与理性、理智与情感之间的二元对立已经得到了解决或者被否定。我的研究对象（自我实现者）与他们所爱的人都是要么通过认知的标准，要么是意欲的标准来进行合理的选择。也就是说，他们是根据冷静的、理智的、不偏不倚的考虑，进而直觉地、性欲地、冲动地被适合他们的人所吸引的。他们的意愿与他们的判断相一致，互相协作而非对立拮抗。

这让我们想起，索罗金（Sorokin）曾试图论证真、善、美肯定是积极地相互联系的。我们的数据似乎证实了索罗金的观点，但只有在健康人身上才是如此。出于对神经病患者的尊重，我们必须在这个问题上保持谨慎。另请参阅参考文献第449条。

第十三章

对于个体和类属的认识

Motivation and Personality

引言

对于所有经验、行为和个体，心理学家都持有两种不同的态度。心理学家也许会研究一种经验或行为本身，把它们看成是与众不同且独具特征的，也就是说，把它们视为有异于整个世界上任何其他的经验、个人或行为。或者，在对经验作出反应的时候，心理学家也可以不将其视为是独一无二的，而是将它们看作是典型的，即某种经验类别、范畴或标签中的一个例证或代表。这就是说，心理学家并不是在最严格的层面上检查、注意、感受乃至体验某一事件的；他的反应就好似一位档案管理员只消查看几页文档，便可将其归入甲类、乙类或他类。我们可以用“标签化”（rubricizing）一词来表示这一做法。对那些不喜欢新词的人而言，“BW 似的抽象活动”（abstracting BW）一词也许更好一些。B 和

W 分别代表伯格森（Bergson）[①] 和怀特海德（Whitehead），这两位思想家对我们理解这一危险的抽象活动贡献最大。[②]

这种区别是随着对作为心理学基础的基本理论进行严肃研究而自然产生的副产品。总体而言，绝大多数美国人的心理活动都是这样进行的，就好像现实是稳固不变的而非变化发展的（是一种状态而不是一个过程），好似分离的、附加的，而非互相联系、

① 即使理性承认它不认识呈现给自己的对象要归类于哪里；它仍坚信，它的无知只在于不知道是哪个经过时间考验的范畴适合新事物。在随时准备打开的抽屉中，我们把它放入哪一个呢？在已经剪裁好的服装中，我们让它穿哪一件呢？属于这个，还是那个，或是其他？而“这”“那”“其他”总是一些已经设想好的、预先知道的事物。有一种观点认为，面对一个新的对象，我们可能不得不创造一个新的概念，或者一种新的思维方式，而这种创新的观点是令人难以接受的。然而，哲学史已经向我们展示了系统之间的永恒的冲突，新物体是不可能正合我意地真正进入我们现有的概念，我们需要为其量身定制。但是，我们的理性并不会走入极端，而是乐于一劳永逸地骄傲着谦虚地宣布新事物只是与现有概念相关，并非绝对原则。这个初步声明，使其毫不犹豫地运用其习惯性思维；因此，这是打着“它不触及绝对原则”的幌子，对一切事物作出绝对的判断。柏拉图首先建立了该理论，即，要想真正地了解（一个事物）主要在于找到其理念，也就是说，要迫使其进入一个任由我们支配的预先存在的框架之中——好似我们已经暗中掌握了一切普遍性的知识。但这种理念是人类天生的理智，遇到新事物总是能将其归置于某个原有类目之下；可以说，从某种意义而言，我们都生而为柏拉图主义者。（参考伯格森《创造进化论》，第 55–56 页）

② 感兴趣的读者可以继续了解以下几位心理学家，他们此前所做的区分与本章的观点或多或少有些相似。库尔特·勒温（Kurt Lewin）对比了亚里士多德和伽利略的科学方法；高尔顿·奥尔波特（Gordon Allport）主张用“个人学的”以及“普遍性的”方法研究人格科学，最近，广大的语义学家强调经历之间更多的是差异性而非相似性（约翰逊《困境中的人们》），这些观点都与本章的论点相似，并在本章写作的准备过程中也有所运用。我们还将在下文提到科特·戈德斯坦（Kurt Goldstein）的抽象—具体二分法（《机体论》）所提出的几个有趣的问题。与此相关的还有伊塔德（Itard）的《野孩子阿维龙》。

形成格局的。这种对现实的动态发展和整体分析的盲目无知造成了学院派心理学的诸多弱点和失败。即便如此，我们还是没有必要制造二元对立，或者选边站队。现实既有稳定性又富有变化，既有相似性又有差异性；“整体—动态论”也有可能像“原子—静态论”一样片面且教条主义。在本章中，如果说我们强调一方而牺牲另一方的话，那是因为我们必须让画面圆满、恢复平衡。

在本章中，我们将根据以下一些理论思考来探讨认知问题。笔者深信，诸多被视为认知的东西其实都不过是认知的替代品而已，都只是一些经过了两道手的把戏。人们都是生活在流动变化的现实之中，但人们往往又不愿承认这一事实，由此造成的那些生活中的紧急事件就使得这些二手把戏成为了不可缺少的事物。我在本章中特别希望对这一观点进行一番阐述。由于现实是动态发展的，而且由于普通西方人只能较好地认识静止不动的事物，这样我们大量的注意、感觉、学习、记忆和思想所处理的，实际上不过是那些从现实中静态地抽象出来的事物或者某些理论建构罢了，而非现实本身。

也许有人会认为本章旨在讨伐抽象和概念，为了避免这种误解，我想明确说明一点：离开了概念、概括和抽象化，我们将无法生存。但关键在于，它们必须建立在经历而非空洞的基础之上；它们必须植根于实实在在的现实之中、并与其联系在一起；它们必须具备有意义的内容，而不能只是一些词句、标签和抽象概念。本章所要论述的是那种病态的抽象概念，那种“把具体事物简化归结为抽象概念的理论”，以及抽象理论的危险性。

注意的标签化

“注意”的概念与“感觉”的概念之间存在着一定的差别。相对而言，注意的概念更侧重于那种有选择性的、准备性的、有组织性的和动员性的行动。这些行动不一定完全是由人们所注意的现实的本质而决定的，也不一定都是纯粹的、全新的反应。众所周知，注意也要由个体有机体的本质、人的兴趣、动机、偏见以及过去的经历等来决定。

然而，下面这一事实更接近我们的论点：在注意的反应中，我们可以觉察到新颖的、特质的注意，与陈规化的、标签化的注意（标签化的注意，即，某人可以在外部世界中辨认出一套业已存在于他的脑海中的范畴）之间的区别。换言之，注意有可能只不过是为了在世界上辨认或发现那些我们自己已经放置在那里的事物，这是一种在经历发生之前预先对它进行判断的行为。也可以说，注意有可能只是将过去合理化、或者只是为了努力保持现状，而不是对变化的、新颖的和演变的事物的真正的认识。我们只消注意那些已知的事物，或者将那些新颖的事物改换成熟悉的事物的模样，这一点不难做到。

这种陈规化的注意对有机体的好处和坏处都是显而易见的。很显然，如果我们仅仅是要把一种经历标签化处理或者归入某一类，这就意味着我们可以节省许多精力和体力，我们根本就不需要竭尽全力，进行全心投入的注意。而且，标签化不要求全神贯注，并不需要有机体使出浑身解数。注意力高度集中，对于感知或理解一个重要的或新奇的问题是必不可少的；但我们都知道，这也是极其劳心费神的，因此这种做法比较少见。普罗大众一般都喜欢精简的读物、凝练的小说、文摘杂志、千篇一律的电影和充满陈词滥调的谈话；总之，大众都力求避免真正的问题，或者至少强烈地偏爱那些墨守成规的伪科学思想。以上这些就是上述结论最好的明证。

标签化是一种部分的、象征性的、有名无实的反应，而非一种完整的反应。它使得行为的自动性成为可能，也就是说一个人有可能同时做几件事情，而这又意味着，低级活动只要以一种类似于反应的方式进行下去，就会使高级活动成为可能。总而言之，我们没有必要去注意经验中那些我们熟稔于心的因素。这样，我们就不必作为个体、服务生、门卫、电梯操作员、清洁工以及任何身着工作服的人而去进行感觉了。①

这里涉及一个悖论，因为以下两种情况同时成立：（1）我们倾向于不去注意那些不能贴上我们已经构建好的标签的事物，例如奇怪的事物；（2）正是那些异乎寻常的、尚不熟悉的、险象环生的或咄咄逼人的事物最容易吸引我们的注意力。一个陌生的刺激有可能是危险的（例如，黑暗中陡然一个声响），也有可能是不

① 关于更多实验实例，参见巴特利特（Bartlett）《记忆实验》的精彩研究。

危险的（例如，窗户上的新窗帘）。我们会将全部的注意力给予那些陌生且危险的事物，对那些熟悉和安全的事物，我们的关注最少，而对那些新奇却安全的事物，我们往往给予不多不少的关注，不然就将其转化为熟悉和安全的事物，即标签化处理。[①]

有一种有趣的推测是从这样一个奇怪的倾向出发的，即，新颖陌生的事物要么根本不能引起我们的注意，要么就势不可挡地吸引着我们的注意力。我们中的大多数人（不甚健康的）似乎都只对那些威胁性的际遇作出反应；就好像注意只能被看成是对危险作出的反应似的，注意似乎是在警告我们必须采取某种应急反应。这些人对那些不具威胁性的、没有危险的体验置之不理，这些体验似乎根本就不值得注意，人们也没有必要对它们作出任何其他认知上或情感上的反应。对这些人来说，生活要么是一场危险的际遇，要么就是在危险之间暂时松弛下来。

但是对有些人而言，情况却并非如此。这些人并不仅仅对危险的情况作出反应；或许他们更有安全感、更自信，因而能够回应、注意甚至沉醉于那些不但没有危睑反而令人兴奋的体验。我们已经指出，这种积极的反应，无论是柔和的还是强烈的，无论是一种浅尝辄止的愉悦享受还是一种势不可挡的心醉神迷，都如同应急反应一般，调动了有机体的自主神经系统以及五脏六腑。

① 假如一个人从出生到死亡都把新的事物同化为原有的事物中，每当有新事物气势汹汹地违背了或破坏了他熟稔于心的一系列概念时，他所做的是看透这些不寻常，然后将其视为乔装的旧相识，没有什么事情能比这更令人惬意了……对于那些遥遥在望的事物，我们没有参考概念，也没有衡量标准，面对这类事物我们既不好奇，也不惊讶。（詹姆斯《心理学原理》，第二卷，第110页）

这两种体验的主要差异在于，人们从内省中感到一种体验是令人愉快的，而另一种体验则是令人不悦的。这一观察使我们看到，人类不仅被动地适应世界，而且还积极地从世界中获得享受，甚至还主动地将自己的影响施于世界。大多数这类差异都可以用精神健康（权且这样称呼）这一因素的变化来加以解释。对于那些相对焦虑不安的人而言，注意概莫能外是一种紧急机制，世界趋向于被简单地划分为危险和安全两种类别。

这种注意与标签化注意之间的真正差异是由弗洛伊德关于“自由浮动注意”[①] 这一概念所提出来的。弗洛伊德之所以向人们推荐被动的而不是主动的注意，是因为主动的注意总是将人们的一系列期望强加到真实的世界。如果现实的声音过于微弱，那这些期望足以将其淹没。弗洛伊德建议我们屈从、谦卑和被动，只去

① 因为，每当一个人刚刚有意识地把注意力集中到一定程度，他就立刻开始对他面前的材料进行选择；在他脑海中有一点会被格外清晰地固定住，而其他的则随之被忽略；他在这种选择中会遵循他对自己喜好的事物的各种期待。然而，这正是万万要不得的；如果一个人在这种选择中完全遵循自己的期望，那么就会出现这样的危险，即，他除了能够发现那些已知的事物之外，其他的别无所获；如果一个人遵循着自己的各种喜好，那么任何需要感知的事物就必定会被弄得虚假不实。我们不要忘记，一个人所听到的事情的意义，无论如何，多半只有在以后才会被认识到。

医生都要求病人不加评论和选择地将他身上所发生的一切如实沟通，我们将会看到，均匀分布注意的原则是这般要求的必然结果。病人服从“心理分析的基本原则”会给医生的治疗工作带来极大便利，但如果医生自己不遵循均匀分布注意的原则，他就会失去诸多方便。对于医生而言，这一原则应该这样来表述：一切有意识的努力都必须排除在注意力之外，一个人的“无意识记忆”应该充分发挥作用；或者，我们可以用纯粹的术语来表述这一原则：一个人只需要倾听，而不必费力记住任何特殊的事情。（《弗洛伊德文集》，第 324–325 页）

关心现实会告诉我们什么，使我们所感觉到的一切都由物质的内在结构来决定。这一切等于是说，我们必须把经历看成是独一无二的，看成是与世界上所有其他事物完全不同的，我们需要作出的唯一努力就是去把握经历的本质，而非去试图发现它是如何适应我们的理论、格局和概念。这就意味着鼓励以问题为中心，反对以自我为中心。如果我们想要把握我们面前的某一经历本身及其内在的本质，我们就必须最大限度地撇开自我、经历、预想、希望和恐惧。

在此，把科学家和艺术家研究某一经历的各自不同的方法作一番我们驾轻就熟的（甚至是千篇一律的）对比，也许对我们有所帮助。如果我们让自己去构想“真正的科学家”和“真正的艺术家”这样的抽象概念的话，可能准确的说法是，科学家基本上是力求把经历加以分类，将某一经历与其他经历联系起来，将它置于其在关于世界的一元哲学中应有的位置上，探寻这一经历在哪些方面与所有其他经历的相同或相异之处。科学家倾向于赋予这一经历一个名称，为它贴上一个标签，把它放在其应有的位置，一言以蔽之，把它进行分类。而艺术家则不同，根据伯格森、克罗齐等人的观点，如果他具备一位艺术家应有的样子，那么他最感兴趣的就是他的经历所具有的独一无二的特征。他必须把一个个经历视为单独的对象。每只苹果都是各不相同的；每一位模特、每一株树、每一颗脑袋都是如此——没有任何一样东西是与别的东西完全相同的。有一位评论家在评论一位艺术家时说道：“他看见了别人视而不见的东西。”他对于把经历加以分类，或把它们归入到脑海中的卡片目录的行为毫无兴趣。他的任务是要发现经历的新奇之处，然后，如果他有才华，再采取某种方式定格这一经历，让那些不那么善于感知的人也能看到经历的新奇之处。齐美尔（Simmel）所言极是，“科学家发现某物是因为他了解它，而艺术家了解某物则是因为他发现了它。”①

我们还可以再作一个类比，把上述差异解释得更清楚。我称其为“真正艺术家”的那些人还另在至少一个特征上有别于常人。简要而言，他们在看到每一次日落、每一朵鲜花、每一株大树的时候似乎都能感到同样的欣喜和敬畏，都能调动起自己全部的注意，都能作出强热的情感反应，好像这是他们生平所见的第一次日落、第一朵鲜花和第一株大树一样。普通人面对任何奇迹，无论其多么不可思议，只要同一奇迹发生了五次，他们就会对此无动于衷。而在一位真诚的艺术家眼中，同一奇迹哪怕是已经出现了千百次，仍然能够在他心中产生一种不可思议的感觉。“他能够更加清晰明彻地看待世界，因为对他而言，世界是常新的。”

① 像所有的陈规一样，这些陈规也是危险的。本章所隐含的一个观点是，科学家也可以变得更凭直觉意思、更具艺术气质，他也可以更加欣赏并尊重未经加工的、直接的经历。同样，在科学家眼中的对现实的研究和理解中，除了要使艺术家般的反应更加合理和成熟之外，还应该加深这种艺术家般的反应。给艺术家和科学家的劝告实际上是一致的：“看清整个现实”。

感觉的标签化

陈规化的概念不仅适用于对偏见的社会心理分析，而且还适用于感知这一基本心理过程。感知也许并不是对真实事件的内在本质的吸收或记录。在多数情况下，感知都是在对经历进行分类，为它贴上标签，而不是对其进行检查；这种行为不能称之为真正的感觉。我们在这种千篇一律的，或是标签化的感知中所做的一切，与我们在言谈中使用陈词滥调别无二致。

例如，当我们被介绍给另一个人的时候，我们有可能对他感到新鲜，并且力求把他当作一个与生活中其他人不甚相同的独一无二的个体来加以了解或感知。然而，我们却往往给他贴上标签，或者把他归于某一类人。我们将他置于某一范畴或某一标签之下，而不是把他视为一个独一无二的个体；我们把他看作是某一概念中的一个实例，或者某一范畴中的一个代表。例如，他是中国人，而不是有名有姓的王龙，不是那个与他哥哥有着完全不同的梦想、抱负和恐惧的王龙。要不然他就被贴上以下标签：或一位百万富翁，或社会的一分子，或一位贵妇人，或一个小孩子，或犹太人或者别的什么人。[①] 换言之，一个进行陈规化感知的人着实应该更类似于档案管理员而不是照像机。档案管理员有一个装满文件夹的抽屉，她的任务就是将办公桌上的每一封信件归入甲类、乙类或他类的相应文件夹中。

在标签化感知的许多例证中，我们可以列举出以下人们感知各种事物的倾向：

1. 熟悉、陈旧的，而非陌生、新颖的事物；

2. 系统化、抽象化的，而非实际的事物；

3. 有组织、有结构和单一的，而非混乱的、无组织的和模棱两可的事物；

4. 已经命名的或可以命名的，而非没有命名的和不能命名的事物；

5. 有意义的，而非无意义的事物；

6. 传统的，而不是非传统的事物；

7. 意料之中的，而非意想不到的事物。

---

① 这种廉价的小说代表了其包括内容、形式和评价在内的各种形式的语言僵化。情节、人物、动作、场景和“道德（寓意）”都相对标准化。在很大程度上，这些故事也涉及标准化的词汇和短语，正是在此基础上，大部分角色都不是以个体而是以类型的身份出现的，例如：女罪犯、侦探、可怜的打工姑娘、老板的儿子等。（约翰逊《困境中的人们》，第 259 页）

广大的语义学家也会指出，一旦个体被归于一个类别，其他人就倾向于对这一类别而非个体自身作出反应。

而且，每当某个事件是陌生的、具体的、模棱两可的、尚未命名的、没有意义的、异乎寻常的或者出乎意料的，我们还是会有强烈的倾向把这一事件加以扭曲，削足适履地将它塑造成一个更为熟悉、更为抽象、更有组织的形式。我们易于把事件当作某些范畴的代表，而不是根据这些事件本身将它们视为是独一无二的和自具特征的。

在罗夏（墨迹）测验，格式塔心理学、投射测验和艺术理论的文献中，我们都能够找到关于所有这些倾向的不计其数的描述。早川（Hayakawa）在艺术理论中曾经以一位艺术教师为例："这位教师经常告诉他的学生说，他们画不出一只独特的手臂，这是因为他们只是把手臂看作是一只普通的手臂；而且，由于他们这样认为，他们往往就以为他们知道一只手臂应该是什么样子。"夏特尔（Schachtel）的书中也充满了这类有趣的例子。

显然，一个人如果只是为了将某一刺激物归类于一个早已构建的范畴系统中去，那么他对这一刺激物就无须了解很多；但是如果他是为了理解并鉴别这一刺激物，那就没有这么容易了。真正的感知应该将刺激物视为独一无二的，要完全掌握它、吸收它、理解它，因而也就需要耗费极其多的时间，这可不比贴标签、编目录，顷刻间即可完成。

标签化远没有新颖的感知那样有效，很有可能主要就是因为它具有瞬间完成的特点。在标签化感知中，只有那些最为显著的特征才能用于决定反应，而这些特征容易引人误入歧途。因此，标签化感知易招致错误。

因为标签化感知同样也使得人们不大可能去改正原先的错误，导致这些错误尤为重要。一个习惯于标签化行事的人会强烈地倾向于保持原来的状态，任何与陈规老套不相符合的行为都只能算作例外，无须认真对待。例如，假如我们出于某种缘故确信某人不诚实，然后我们想单设一局纸牌游戏捉住他，虽然我们以失败告终，但是我们仍旧称其为小偷，认为他之所以变得诚实，是出于某种特殊的缘故，或者是为了掩人耳目，或者是懒惰作祟，诸如此类。如果我们对他的不诚实深信不疑，那么即使我们从未发现他做过不诚实的事情，这也无济于事。我们只是将他视为一个恰巧不敢在我们面前玩弄戏法的小偷。或者我们可以将他这一与平常不一致的做法视为有趣的行为，认为它并不代表此人的本性，不过是表面现象而已。如果我们坚信中国人像谜一样高深莫测，那么即使我们看见一位爽朗大笑的中国人，那也不会改变我们对中国人的成见，即，他只不过是一位古怪的、异常的或怪异的中国人罢了。关于标签化或陈规化的这种认识在很大程度上可以回答下面这一由来已久的问题，即，人们如何会在真理已经昭然若揭的时候还要固执地坚信谬误。我知道，对于这种拒绝接受证据的态度，人们通常认为完全用压抑或一般来说用动机力量就可以加以解释。毫无疑问，这种观点有一定的道理。但问题是，这一观点是否揭示了全部真理，其内部与自身是否就是一个充分的解释。我们的讨论表明，人们看不到证据，是另有原因。

如果我们自己处于接受这种陈规化态度的一端，我们就可以略微地体会到那种强加于对象身上的歪曲行径。当然，每一位黑人、每一位犹太人都能证实这一点，但这也常常适用于所有其他人。例如以下表述，“哦，他就是个服务生”或“又是一个姓琼斯的人”，诸如此类。如果我们像这样被随意地归于一类，与其他诸多我们感到在很多方面与之完全不同的人混为一谈，我们通常会感到自己受到了冒犯、不得赏识。关于这一点，威廉·詹姆斯表述得最好，“理智在处理对象时所做的第一件事就是将它与别的东西一并归类。但是任何对我们具有举足轻重的重要性、能够唤起我们的献身精神的对象都使我们感觉到它好像必定是自成一格、独一无二的。假如一只螃蟹知道我们如此干脆利落、毫无歉意地将它归类于甲壳动物，并以此对它进行处置的话，它也可能会怒不可遏，然后说，‘我不是这样的东西。我就是我自己，仅仅是我自己’”。

学习的标签化

一种习惯往往是企图通过使用以前某一成功的解决方法来解决眼下的某一问题。这意味着：（1）必须将眼下的问题置入某一问题的范畴；（2）必须选择对于这一特定范畴的问题最有效的解决办法。因此，这就必然要涉及分类法，即标签化。

习惯现象再好不过地描述了一个同样适用于标签化注意、感知、思维、表达等的现象，即：一切标签化的结果都是试图“要把世界冻结起来”[①]。但实际上，世界在无休止的变化之中，宇宙万物都处于发展过程之中。从理论上讲，世界上没有任何东西是静止不动的（虽然为了某些实际的目的，许多东西是静止不动的）。如果我们必须十分认真地看待理论的话，那么，每一次经历、每一个事件、每一种行为都以这种或那种方式（无论重要与否）有别于此前曾经发生过的或者将来还要发生的一切其他的经历、行为等。[②]

如此一来，正如怀特海也曾反复指出的，把我们关于科学与常识的各种理论和哲学都建立在这一基本的且不可避免的事实的基础之上，似乎是合情合理的。但事实上，我们中的大多数人都

---

① 因此，智力本能地选择了随便一个像是此前已经知晓了的既定情景，搜索出这个情景，以便它可以应用于“同类相生”的原则。常识预测未来就属于该原则。科学将这种能力带向了最为精确和准确的程度，但是并没有改变其本质特征。与普通知识一样，科学只是关注重复的方面。虽然整体是原创的，但科学总是会设法把它分析成与过去大致再现的元素或方面。科学只能对其自身能够重复的事物起作用。（伯格森《创造进化论》，34–45 页）我们应该再次提及一点（参见本书第一章、第二章，以及附录二），现在另有一种科学哲学兴起，涉及知识与认知的另一个概念，其中包括整体性（以及原子论）、独特性（以及重复性）、人性和自身性（以及机械性）、变化性（以及稳定性）、先验论（以及实证主义）。参见我的《科学心理学》和波兰尼的《个人知识》。

② 没有两样事物是相同的，也没有一样事物一直保持不变。如果你清楚地意识到这一点，那么，按照习惯行事，有些事物就是相同的，有些事物就是保持不变的，这完全没问题。因为要与众不同，必须有所作为，然而有些事物就是做不到这一点。只要你意识到差异是一直存在的，而且你要判断它们是否确实有差别，你就可以有一种习惯了，因为你知道什么时候该把习惯放在一边。没有任何习惯是万无一失的。习惯对不依赖习惯或不坚持遵循习惯的人有用，无论在什么情况下，对于不太明智的人，习惯往往会导致效率低下、愚蠢和危险。（约翰逊《困境中的人们》，199 页）

并不是这样做的。以前曾经有人相信虚无空间的存在，那些亘古不变的事物被漫无目的地推入这一空间；虽然现在我们那些最富有经验的科学家和哲学家都摒弃了这样一些旧观念，但这些口头上遭到摒弃的观念作为我们所有不太需要动用智力的反应的基础仍然继续存在。虽然我们已经而且必须接受一个变化发展的世界，但我们却很少满怀热情地面对这一切。我们依然是牛顿忠实的信徒。

所有可列为标签化的反应，都可以做以下这样一个重新的界定："为了能够掌控世界，它们都企图冻结、静止或阻止这个不断运动、富于变化的过程世界，"仿佛我们只有在这个世界静止时才能驾驭它。关于这种倾向的一个例子是，静态—原子论数学家为了以一种静止的方式来对待运动和变化，于是就发明了一个巧妙的戏法，那就是微积分。为了本章的目的起见，那些心理学方面的例子也许更加切题；但是，我们有必要驳斥以下论点，即，习惯以及所有复制性的学习，都无一不是这种倾向的例证，这种倾向使得头脑静止的人要冻结这个过程世界，使之暂时静止不动，因为他们不能驾驭或应对一个不断变化的世界。

正如詹姆斯很久以前提出的，习惯是保守性的机制。为什么会这样呢？一方面，因为任何习得性的反应，仅仅由于其存在便足以阻止对同一问题的其他习得性反应的形成。但是另外还有一个原因，虽然同样重要，但是通常却被习得理论家们忽略了；这就是，学习不仅仅是肌肉反应，而且也是情感偏好。我们不仅仅学习讲英语，我们还学着喜欢并偏爱英语[①]。如此一来，学习就不完全是一个中立的过程了。我们不能说，“如果这一反应有误，我们就轻易地忘却它，或者用一个正确的反应来代替它，”因为通过学习，我们已经有些束缚自己并献上了自己的一片忠诚。因此，如果我们愿意学好法语，那么当我们所能找到的唯一的老师口音不好时，我们最好不学，待我们找到一个好老师时学习起来会更为有效。基于相同的原因，我们不能同意科学领域中那些不切实际地对待假设和理论的人的观点。他们说，“即便是谬论也聊胜于无。”如果前述考虑尚有些道理，那么真正的情况绝对没有如此简单。正如一句西班牙谚语所说的，“习惯起初如蛛丝，然后宛如钢缆。”

这些批评绝不适用于一切学习，而只适用于原子论式的和复制性的学习，即，对孤立的特别的反应的辨别和回忆。许多心理学家在他们的著作中把这种复制性学习看作好像是过去对现在有所影响的唯一方式，或是过去的经验教训能够有效地用于解决现在问题的唯一方式。这是一个天真的设想，因为我们在这个世界上实际习得的许多东西，即，过去那些最为重要的影响都既不是

---

① 《文选编者》——阿瑟·吉特曼：

自从一位文选编辑在书中选用了莫尔斯、波恩、波特、布利斯和布鲁克的甜蜜的事，随后的文选编辑，毫无疑问都引用了莫尔斯、波恩、波特、布利斯和布鲁克。

由于一些轻率的文选编辑不揣冒昧印刷了选集，假定，从你到我忽略了自己对于经典的布鲁克、莫尔斯、波特、布利斯和波恩的判断。

心怀蔑视的评论家经过我们的诗句，将一致地哭泣“这是什么样的选集啊，竟然遗漏了波恩、布鲁克、波特、莫尔斯和布利斯！”

原子论式的，也不是复制性的。过去最为重要的影响、最有影响力的学习类型，是我们所谓的特质性或内在性学习，即，对我们所有经历的特质的一切影响。因而，经历并不像捡硬币一样是有机体一个一个获得的；如果这些经历有某些深刻影响，它们就会改变整个人。因此，某一悲剧性的经验就会使他由一个不成熟的人变为一个更为成熟的人，能够使他变得更加明智、更加宽容、更加谦逊，并使他能够更好地解决成年人生活中的所有问题。与之相反的理论则会认为，这样一个人只是以某种特殊的方式获得了处理或解决如此这般某一特定问题（例如他母亲的离世）的技巧；除此之外，他并无任何别的变化。这个例子实际上比通常那些把一个错误的音节同另一个错误音节盲目联系起来的例子更为重要、更为有用、更具典型性，而后者在我看来除了与其他错误音节有关系外，与世界上的其他一切毫不相干。[①]

---

① 正如我们所努力证明的，记忆并不是一种把往事存入抽屉中或记载到登记簿上的能力。这里并没有什么登记簿或抽屉可言；准确地说，记忆甚至根本上就不是一种能力，因为能力总是间歇性地发挥作用，只有当它愿意或者能够的时候，它才会有作用；然而，把一些过去的事物堆砌到另一些过去的事物上，如此举动是不可能有任何休息或松懈的……

但是，即使我们对此没有清楚的认识，我们还是模模糊糊地感受到我们的过去总是闪现在我们面前。如果没有我们自从出生以来所经历的整个这段历史的凝结——不，还有我们出生之前的历史，因为我们都带有我们父母的性格，那么我们是什么呢？我们的性格又是什么呢？毫无疑问，我们在进行思考的时候仅仅依靠我们过去的一小部分，但是当我们渴望、意欲和行动的时候，我们则必须依靠我们的整个过去，包括我们心灵的最初倾向。如此看来，我们的过去，作为一个整体，是以冲动的形式显现的，是以观念的形式而被感受到的。（伯格森《创造进化论》，7–8 页）

如果世界是处于一个过程之中，那么每时每刻就都是全新且独一无二的。就理论而言，所有问题都必定是新的。根据过程理论，任何一个典型的问题都是以前从未遇到过的，都是从根本上不同于任何其他问题的。一个与过去的问题十分相似的问题，根据这一理论都必须理解成一种特殊的情况而非一种典型的情况。如果真是如此，那么凭借过去以寻找一个特定的解决办法就不仅是有益的，而且也有可能是危险的。我相信，实际观察会证明这一点不仅在理论上是正确的，而且在实际上也是真实的。无论如何，任何一个人，不管他持有什么样的理论偏见，都会同意这样一个事实，即，至少有些生活问题是全新的，因而必须有新颖的解决办法。①

从生物学观点来看，习惯在人的适应方面有双重作用，因为它们既是必要的，同时又是危险的。它们必然意味着存在某种不真实的东西，即，一个一成不变、静止不动的世界，但它们通常又被当作人类最有效的适应工具之一，而适应又意味着有一个变化发展、生机勃勃的世界。习惯是一种业已形成的对某一情况的反应或对某一问题的答案。因为它已经形成了，它就会发展成一

① 正是因为我们的才智总是试图重建，并用现有的事物重建，于是它放走了每段历史中的每一个全新的时刻。它不承认这种不可预见性。它拒绝所有的创造。这个明确的前提产生了一个明确的结果，可预测性作为它们的一个功能，恰好满足了我们才智的需求。我们也能理解，一个明确的结束需要通过明确的手段来实现。在这两种情况下，我们都要运用到已知的事物，也就是与已知相结合，简言之，与重复的陈旧事物相结合。（伯格森《创造进化论》，180 页）

种惰性，抗拒变化。[①] 但是当某一情况发生变化，我们对它的反应也应该随之而发生相应的变化，或者做好迅速变化的准备。因此，习惯的存在有可能比毫无反应更加糟糕，因为习惯阻止我们并使我们不能及时对某一新的情况作出必要的新的反应。在论述同样的问题时，巴特利特谈到“外部环境的挑战，部分是在改变，部分也是持续不变的；因而它要求我们作出易变的调整，但又不允许有一个崭新的开始。”

如果我们从另一个观点来描述这一悖论，也许能把这一点解释得更清楚。可以说，我们养成习惯是为了在处理反复出现的情况时节省时间、努力和思考。如果一个问题以同样的形式一再出现，无论何时，我们的心里就会自动冒出某种习惯性的答案，进而为我们节省了大量的思考。这样看来，习惯无非就是对某一反复出现的、一成不变的且亲切熟悉的问题的反应。我们之所以可以说习惯是一种“好像”反应（as-if reaction）——“好像这个世界是静止的、不变的、常在的”，原因就在于此。诸多心理学家都注意到习惯作为调节机制的重要性，因而都一致强调重复性；上述的那种解释毫无疑问就是由此而生的。

在许多时候，这种情况都是按它应该的那个样子出现的，因为毫无疑问，我们经历的诸多问题实际上都是重复的、熟悉的、

① 受过去反应影响的能力，因为很可能有些不准确，通常被称为“经验修改”；在整体上，该能力与需求冲突、由形形色色不断变化的环境引起，以应对适应性、流动性以及各种反应。它一般具有双重作用，一是导向陈规行为，二是产生相对固定的连续反应。（巴特利特《记忆实验》，第 128 页）

相对不变的。一个从事所谓比较高级的活动——思考、发明和创造的人会发现，作为先决条件，这些活动需要无数精细的习惯来解决日常生活中的小问题，以便创造者能够自由地把他的精力投入到所谓更高级的问题中去。但这里却又牵涉到一个矛盾，甚至可以说是一个悖论。实际上，世界并不是静止的、熟悉的、重复的、不变的；相反，它常常处于一个变化的过程中，是常新的，总是要发展成某一其他的东西，变动不居，刚柔相易。我们毋需讨论这一点是否合理地概括了世界所有方面的特征；为了论述的方便，我们不妨认为世界上的某些方面是恒定不变的，而另一些方面则不是如此，这样我们就可以避免不必要的、形而上的辩论。如果我们认可这一点，那么我们也就必须承认，无论习惯对于世界上那些恒定不变的方面是多么地有效用，当有机体必须处理世界那些变化无常、起伏不定的方面时，当有机体必须解决那些独一无二的、崭新的、以前从未遇到过的问题时，习惯就肯定会起某种阻碍作用。①

---

① “这是人类面对这个世界的其中一幅图景：在这个世界上，他必须用日益精准的反应来适应世界的无限多样性，他必须找到摆脱周围环境的完全控制的方法，只有这样，他才能生存下去，成为世界的主人。”（伯格森《创造进化论》，第 301 页）
“我们的自由如果不通过不断的努力来加以更新，那么在它被肯定的那一刻，它就会养成习惯，而这些习惯将会扼杀自由，自由会被自动性所毁坏。即使是最活跃的思想也会在其程式化的表达中变得枯燥、僵化。言词与思想格格不入；字母会毁灭精神。”
习惯可以是发展的附属品，但绝不是主要手段；我们应该从这个角度对其加以规范。习惯只有在节省时间和节约能源的范围内才是发展的附属品；但即使如此，除非节省的时间和节约的能源能被我们的才智用于修正其他行为，否则也毫无发展可言。例如，你越是习惯了剃须，在剃须的时候你就有越多自由的空间去考虑一些对你而言是重要的问题。这有很多好处；当然除非在考虑这些问题时，你总是得出相同的结论。（约翰逊《困境中的人们》，第 198 页）

这里我们就遇到了一个悖论。习惯既是必要的同时又是危险的，既是有用的同时又是有害的。毫无疑问，习惯能节省我们的时间、努力和思考，但却使我们付出了很大的代价。它们是适应性的一个最重要的武器，但它们却又对适应性起着阻碍的作用。它们是解决问题的办法，但归根到底却又与崭新的、非标签化的思想背道而驰，也就是说，面对新问题它们便束手无策了。尽管习惯在我们适应这个世界的时候有效用，但是它们却常常阻碍着我们的发明与创造，也就是说，它们常常阻碍着我们去使这个世界适应我们自己。最后，它们往往以一种懒惰的方式代替了真实的和崭新的注意、感知、学习和思想。①

最后我们还可以补充一点，如果我们得不到一套量规（参照系），复制性记忆就更是困难重重。关于这一结论的实验方面的证明，感兴趣的读者可以参见巴特利特的那本写得极好的书。夏特尔在这一问题上也有着卓越的见解。在此，我们还可以补充另外一个例子，这个例子幸而也十分容易查证。笔者曾经在一次夏季田野调查中对一个印第安部落进行了实地考察。在考察期间，笔者发现，无论尝试多少遍，都很难记住那些自己十分喜爱的印第安歌曲。笔者可以跟着一位印第安歌手把一首歌唱上十多遍，但

① 因此，我们提到的因素——天性懒惰，本性不情愿、喜欢将新的事物与陈旧的、传统的和成功的事物进行同化——这都使得我们的思想不得发展。在历史上，真正强烈的智慧碰撞与打破传统思维的时期是少之又少的。柏拉图和亚里士多德的思想从希腊时代一直延续到文艺复兴时期，而伽利略和笛卡尔在文艺复兴时期的思想则为自然科学提供了一系列基本概念，这些概念直到近期也不需要有多少修改。因此，在大多数的中间时期，思考主要是一个锻炼的过程。

是过不了五分钟，就不能独自地把这首歌唱出来了。对于任何一个具有良好音乐记忆的人而言，这都是一个令人困惑不解的经历；只有当笔者意识到印第安音乐在基本结构和性质方面非常独特，因而人们不能对照着一个参照系来进行记忆，他才能够理解这一经历。另外还有一个更简单的例子，也许每个人都会遇到。这就是，一位讲英语的人在学习譬如西班牙语时所遇到的困难，与在学习像俄语这样的斯拉夫语时所遇到的困难是不大相同的。西班牙语、法语或德语中的诸多词汇在英语中都能找到相应的同源词，这位讲英语的人可以把这些同源词作为参照系。但是由于这些同源词在俄语中几乎完全不存在，如此一来，学习俄语就变得极其困难了。

思想的标签化

在该领域内，标签化包含以下某一方面或某几方面的含义：（1）人们仅有陈规化的问题，或者不能感知到新的问题，或者以普罗克拉斯提斯式的（Procrustean，译者注：强求一致的）方式重新塑造这些问题，这样，它们就可以被归为熟悉的问题而非全新的问题了；（2）人们仅仅使用那些墨守成规的、生搬硬套的习惯和技巧来解决这些问题；（3）人们在遇到生活中的所有问题之前已经有了一系列预先制好的、直截了当的、且干燥乏味的解决办法和答案了。这三种倾向加在一起，就几乎完全可以抑制人类的发明和创造。[①]

但这几种倾向强烈地驱使着我们，以致像伯格森这样深刻的心理学家都难免给理智下了错误的定义，好像理智除了进行标签化的判断之外其余什么也不做了。例如，伯格森说，“理智（是）……一种把相同的事物联系起来的能力，是一种感知并且同时也制造重复性的能力。”“对不可预见的和全新的事物加以解释，总是意味着将其溶于一个在不同秩序里的陈旧的或已知的因素之中。理智既不能承认真正生成的事物，也不能接受全新的东西；这就是说，在这里它又一次放走了生活的一个本质方面……”“……我们像对待那些无生命的东西一样对待有生命的东西，并且把一切现实，不管它是怎样迁流不停，都将其置于边界清楚且内容固定的形式之下来加以思考。我们只有在不连续的、一丝不动的、僵死的环境中才感到舒适自在。理智的特征是它天生就不能理解生命。”但是伯格森本人的理智却驳斥了这一过度概括。

① “……清晰和秩序使得当事人能够处理可以预见的情况。它们是保持现存的社会状况的必备基础。但只有它们还远远不够。超越清晰和秩序对于处理那些不可预见的情况、对于进步、对于发现那些激动人心的事物是必要的。生命如果仅仅囿于一致性就会退化。把经验中的那些模糊混乱的元素组合起来的一个能力对于新的进步是很关键的。”（怀特海《思想方式》，108页）

“生活的本质在于已经建立起来的秩序受到挫折。我们的世界拒绝接受完全的一致性，那死气沉沉的影响。由于拒绝了这种影响，这个世界就朝着一个新的秩序进发，并把这种秩序当作重要经验的基本前提。我们必须解释朝向各种秩序形式的目标、朝向新秩序的目标、以及成功和失败的衡量尺度。”（怀特海《思想方式》，119页）

陈规化的问题

首先，一个强烈地倾向于标签化行为的个人，做出的第一步努力通常就是要避免或忽视任何类型性的问题。那些罹患强迫症（compulsive-obsessive）的病人都以一种极端的形式证明了这一点：因为他们不敢面对任何突如其来的事情，所以他们要控制并安排生活的每一个方面。任何一个没有现成答案，而需要有自信、勇气和安全感才能加以处理的问题，都会给他们造成严重的威胁。

如果一定要感知问题，那么首先要做的是将这一问题归位，把它看成是一个熟悉的范畴中的一个代表（因为熟悉的事物不会使人焦虑不安）。我们的尝试就是要发现，“这一特殊问题能够置入以前曾经经历过的哪一类问题中去呢？”或者“这一问题适合于哪一个问题范畴呢？——或者，它能够被挤进去吗？”这样一种置入反应当然只有在人们感知到相似性时才有可能。我们不想去讨论相似性这一复杂问题，指出下面这一点就足够了：这种对于相似性的感知并不一定就是对被感知的现实的内在本质所进行的谦逊的和被动的记录。以下事实证明了上述结论：不同的人是根据不同的、适合于他们个人气质的标签来进行分类的，然而他们却都能成功地把经历标签化。这样的人不愿意陷入茫然不知所措的境地，他们要把所有不能忽视的经历统统加以分类，即使他们感到有必要把某种经历加以裁剪、挤压甚至歪曲。

克鲁克香克（Crookshank）的文章是我所知道的讨论这一问

题的最好的文章之一，在他的文章中，他讨论了医学诊断所涉及的那些问题。心理学家们将会更加熟悉诸多精神病学家对待他们病人的那种严格的分类学的态度。

陈规化的技巧

一般而言，标签化的一个主要优势在于，只要一个人把问题成功地置入某一范畴之中，随之就会自动出现一套应对这一问题的技巧。这还不是标签化的唯一理由。一位医生在治疗一种已知的、尽管治不好的疾病时比在医治疑难病症时常常感到更为轻松一些；由此我们可以理解，那种把问题置于某一范畴的倾向其背后隐藏着很深的动机。

如果一个人以前曾经多次处理同一问题的话，那么适当的机器就等于是加满了油，即可使用。当然这就意味着一个人强烈地倾向于按以前的方式来处理问题；正如我们所见，习惯性的解决办法既有好处，又有坏处。在这里我们可以再列举它的一些优势：易于执行、节省精力、自动性、情感偏好、没有焦虑，等。而主要的劣势则在于，没有灵活性、适应性和发明创造性；就是说，习惯通常会造成这样一个后果，即，人们以为这个动态的世界能够被当成静止的世界来加以对待。

关于陈规化思维技巧的影响，陆钦斯（Luchins）对Einstellung（译者注：态度、姿态、定势）所作的那些有趣的实验为此提供了一个绝妙的实例。

陈规化的结论

这一过程中最广为人知的例子大概就是合理化。为了我们的研究目的起见，这一或类似的过程可以做如下界定，即，人们事先就有一个现成的观念或已成定局的结论，然后再进行大量的思维活动来支持这一结论，或为其寻求证据。（“我不喜欢那个人，于是我要为此去找一个正当的理由。”）这种活动其实不过徒有思考的外表而已。它并不是最佳意义上的思考，因为它不顾问题的本质就得出了自己的结论。愁眉不展、讨论激烈、竭尽全力去寻找证据，所有这些都不过是掩人耳目的烟务弹罢了，其实思考还没有开始，结论就已经注定了。人们还常常连这种思考的外表都不要，他们甚至疲于做这种貌似思考的姿态，简单地相信就够了。这比合理化更省事。

所有心理学家都知道，一个人完全有可能按照他们一生中的前十年所获得的一套完整的观念来生活，这套观念也许从未有过、将来也不会有任何哪怕是细微的改变。的确，这样一个人也许智商很高，因而能够把大量时间用于智力活动，从这个世界中选取哪怕是零星半点的证据以支持他现成的观念。我们不可否认，这种活动间或对这个世界也十分有用，但心理学家们似乎都明显地愿意在生产性的、创造性的思维活动与最熟练的合理化活动之间在字面上做出区分。合理化活动常常使人对真实世界熟视无睹，对新的证据无动于衷，扭曲人们的感知和记忆，使人们丧失掉对一个瞬息万变的世界的改造能力和适应能力；与这样一些更为引人注目的现象相比，与思维方式停止发展的其他迹象相比，合理化行为偶尔有的一些好处也是微不足道的。

但是合理化活动并不是我们所能列举的唯一的例子。当一个问题激发了我们的各种联想，使我们从中挑选出最契合这一特定场合的某一关联时，这也是标签化。

标签化思维看上去好像与复制性学习有一种特殊的相似性或关系。我们以上列举的三种类型的过程易于被当作习惯活动的特殊形式来加以处理。这里明显地牵涉到与过去的某种关系。解决问题的办法实际上不过是从过去经验的角度来对新的问题进行分类和解决的技巧而已。那么，这种思维方式经常是相当于在漫不经心地处理和重新安排以前获得的复制性习惯和记忆。

整体—动态思维（holistic——dynamic thinking）更明显地是与感知过程相联系的，而不是与记忆过程相联系；理解了这一点，它与标签化思维之间的区别就可以看得更加清楚一些了。整体思维所做的主要努力就是尽可能清楚地感知一个人所遇到的问题的内在本质，正如韦特海默（Wertheimer）在他最近出版的书中所强调的，卡托纳（Katona）认为这是“努力在问题中感知其解决办法”[①]。每一问题都是以其自身的情况和风格而被仔细审视的，简

① 有意思的是，格式塔学派的心理学家的思维在这方面与各种现代哲学家的思维方式相似，他们往往倾向于认为问题的解决方式与问题本身相同或就是赘述罢了，例如，“当有充分的理解时，任何特定条目都属于已经很清楚的类别之下。因此，它只是对已知现象的重复。从那种意义而言，这就是同义反复的赘述。”我认为，合乎逻辑的实证主义者也保持这样的立场，或者至少曾经如此。

直就好像人们以前从未碰到过同样的问题一样。这种努力是为了搜寻出问题的内在的本质，而在联想思维中却是为了发现这一问题是如何与人们曾经经历过的问题相联系或相类似的。[①]

这并不意味着人们在整体思维中从不利用过去的经验。人们当然要利用过去的经验，而关键在于，人们是以一种完全不同的方式来利用这些经验的，这一点在上文关于所谓的内在学习（即，学做你潜在要成为的那个人）的讨论中已经描述过了。

毫无疑问，联想思维的确会出现。但我们所讨论的是，究竟哪一种思维应被当作中心、范式或理想的模式。整体—动态思维理论学者们的论点是，思维活动，如果它具有任何意义的话，应该是具有发明创造性和独特性这样的意义。思维是一种技巧，凭借着它，人类能够创造出某种新的东西，而这又意味着，思维必须不时地与已经得出的结论发生冲突，并且在这个意义上思维是革命性的。如果它与一种思想的现状发生冲突，那么它就成为了

① 在实际意义中，就行为而言，这一原则可以简化为这样一句箴言："我不知道——让我们来看一看。"这就是说，每当一个人面对一个新的情景时，他并不是毫不犹豫地用以前已经明确决定好了的方式来作出反应。当一个人说"我不知道——让我们来看看"的时候，他应该对这一情景与以前的情景的任何不同方面保持敏感，并且根据情况随时作出适当的反应。

我们应该明确认识到，这种处理新情况的方法并不涉及优柔寡断。它并不代表未能"下定决心"。相反，它代表了一种不半途而废地下决心的方法。它提供了一个保险措施，以免我们凭借第一印象对他人作出错误的判断；例如，在面对一位女司机时，在谴责某人时或在坚定支持他人时，我们的态度就是基于道听途说或者草率地根据熟人的情况而作出反应。我们对个体、差异和变化作出错误的反应，就仿佛他只是一类人中的一员，和所有其他成员的一样；因为我们非常肯定我们对于这类人的看法，于是我们就会作出不当的反应。

习惯、记忆或我们业已习得的事物的对立面；（这不因为别的，）只是因为它从定义上说就必须与我们业已习得的事物冲突。如果我们曾经所学和我们的习惯运转良好，我们就可以以一种自动的、习惯的和熟悉的方式来进行反应。也就是说，我们用不着进行思考。从这一观点来看，思考可被看成是学习的对立面，而非一种学习类型。如果夸张一点说，思考几乎可以被定义为一种突破习惯、忽略经验的能力。

人类历史上那些伟大的成就所彰显的那种真正的创造性思维还牵涉到另外一个动态因素。这就是它那富有特征的胆魄、冒险和勇气。如果这些词语用在这里不是十分贴切，那么，当我们想到一个胆怯的小孩与一个勇敢的小孩之间的差异时，我们就能清楚地理解这些词语的含义了。胆怯的小孩必须紧紧地倚靠着他的母亲，因为母亲代表者安全、熟悉和保护；而较为大胆的小孩则不然，他们往往会更加自由地去冒险，能够离家远行。那种与胆怯地抱紧母亲相似的思维过程就是胆怯地抓住习惯不放。对于一位大胆的思考者——这种说法几乎是多余的，就像说“一位思考的思想者”一样——其在冒险离开安全熟悉的港口时必须能够突破定势，能够摆脱过去、习惯、期待、学识、习俗和惯例，摆脱焦虑不安的情绪。

许多人的观点是通过模仿或依靠权威的建议而形成的，这类实例提供了另外一种类型的陈规化结论。它们一般都被看作是人类健康天性中的基本倾向。但是如果我们把它们看作是某种轻微的心理病症，或者某种与心理病症非常接近的事物，这样认为也许更为确切一些。当牵涉到比较重要的问题时，这一类观点主要就成为一些过分焦虑不安、过于墨守成规和过于懒惰的人（一些毫无主见的、不知道自己的观点是什么的、不相信自己观点的人）对一种没有组织结构的情景的反应，而这种情景没有固定的参照系。①

在生活的绝大多数领域中，我们所得出的结论和解决问题的办法多半都属于这种类型；我们在思考问题的时候，总是瞥着别人得出了什么样的结论，以便我们也能得出同样的结论。显而易见，这样的结论并不是真正意义上的思想，也就是说，这种结论并不是由问题的本质所决定的，而是一些从别人那里捡拾来的陈规化结论，我们相信别人胜过相信自己。

这样一种立场无疑有助于我们理解这个国家的传统教育为何远远不能达到其预期目的。这里我们只想强调一点，这就是，我们的教育几乎从不努力去教人学会直接审视现实。相反，却让人戴上一副预制的完整的眼镜，借此去观察世界的每一个方面，例如，应该相信什么，应该喜欢什么，应该赞同什么，应该对什么感到内疚。一个人的个性很少能够得到充分的发挥，也很少有人鼓励他鼓起勇气以自己特有的风格去看待现实，或打破旧习，或勇于提出自己的不同意见。在高等教育中，各种陈规化的观点也

① 弗洛姆（Fromm）《逃避自由》在关于这种情景的动态变化方面有一个绝好的讨论。同一主题在艾茵·兰德（Ayn Rand）的小说《源泉》（The Fountainhead）中也讨论过。有鉴于此，《1006 年的那些事》（1066 and All That）一书既有趣，又很有教益。

比比皆是，我们可以在任何大学的课程表中找到这方面的证据；在这些课程表中，不管课程的实际情况如何变化、难以形容、神秘莫测，都被一致地安排为三个学分，而且更为奇巧的是，这些课都不多不少正好上十五周；它们就像橘子一样被整齐地分为彼此不同、相互独立的门类。① 这类标签不是从现实中得来的，相反，它们是被强加到现实中去的。现在开始出现了一种所谓的“平行教育制度”，或者可以称为“人文教育”，这种教育制度旨在纠正传统教育制度的弊端。

所有这些都再明显不过了。但是对此应该采取什么样的措施就不那么清楚了。诸人在审视了标签化思维之后都极力推荐这样一个措施，这就是让学生逐渐摆脱标签的束缚，学会去关注那些新奇的体验和那些具体且特别的现实。在这一点上，怀特海所言极是：

我个人对传统的教育方法的批评是，它们过于关心思维的分析活动以及程式化信息的获得。我的意思是说，我们本应去加强那种对单独事实进行具体评价的习惯，但我们却往往忽略了这一

---

① 科学常被当作某种稳固不变的事物来教给人们。其实科学是一个知识系统，其生命和价值依赖于它的变化不定，只要新的事实或新的观点暗示着其他的可能性，它就应该立即修正它那些最珍爱的解释。可惜，目前科学并不是以这样一个知识系统来教授的。

“我是这所大学的主人，
凡我所不知道的，
都一概不是知识。”（怀特海《思想方式》，59 页）

点；我们完全注意不到单独事实中出现的各种价值之间充分的相互作用，我们只是一味地强调各种抽象的阐述，而这些抽象的阐述却完全忽略了不同价值之间的这种相互作用。

目前我们的教育把以下两者结合了起来：一方面对少数几个抽象概念进行全面透彻的研究，而另一方面对其余大量的抽象概念的研究则相对较少。我们的教育程序过于迂腐了。学校的普通训练按道理应该引导年轻人对事物进行具体把握，应该满足他们做具体事情的渴望。在这里当然也离不开分析，但这种分析只要描述出不同领域中各自的思维方式就足够了。在伊甸园里，亚当是先看到动物，然后再给它们命名的；而在我们的传统制度中，儿童先给动物命名，然后才看到它们。

这样的专业训练只能涉猎教育的一个方面。而这一方面的重心在才智上，其主要工具是印刷成册的书籍。但专业训练的另一方面的重心应该在直觉上，毋需与整体环境分离。其目标是即刻对整体进行分析，而尽可能少地去粗取精对整体进行分割。现在我们最需要的那种一般性，就是对各种价值进行直接评价。

陈规化和不完全的理论化

人们都普遍承认，理论的建立意味着选择和排斥，而这又意味着，我们必须期待一种理论把世界的某些方面解释得更清楚，而另一些方面则无需如此。大多数不完全的理论的一个特点就是，它们都是一套的标签或门类。但是从来就没有什么人设计过一套所有现象都与之恰好契合的标签，疏漏之处总是在所难免；有些现象介于各种标签之间，有些则好像可以同时归类于好几个不同的标签。

而且，这种标签化理论几乎向来就是吸引人的，因为它强调了现象的某些性质，认为这些性质比其他性质更为重要，或者至少是更值得注意。这样，所有这类理论，以及其他一些抽象概念都容易减损或忽略现象的某些性质，也就是说，容易遗漏部分真理。由于有这样一些排斥和选择的原则，一切理论就一定被期待仅仅对世界持有一种不公平的、独断的和偏颇的看法。也完全有可能的是，即使这一切理论都结合在一起，也不能使我们对现象和世界有一个完整的认识。那些理论家和知识分子往往体会不到一种经历的全部主观丰富性，而那些在艺术和情感方面十分敏锐的人则常常能够体会到这一点。很有可能我们所谓的神秘体验正是这种对特殊现象的所有特征进行充分认识的绝好的和极致的表现。

通过对比，我们上述的这些考虑就显露出了特殊化的单个经历的另外一个特点，这就是其非抽象的特点。但这与戈德斯坦（Goldstein）所说的“具体”并不是一回事。当一位大脑受损的病人具体行事的时候，他实际上并不能看到对象或经历的全部感官特征。他所看到的只是由这一特殊情景所决定的某一特征，而且他也只能看到这一特征，例如一瓶酒就是一瓶酒，而不是别的什么东西，它不可能是一种武器、一件装饰，也不可能是镇纸或者灭火器。如果我们把抽象活动定义为一种选择性的注意，它不管是出于什么原因，只注意到某一事件的无数特征中的一些而不及其余，那么，戈德斯坦的病人可以说都在进行抽象活动。

如此看来，把经历进行归类与具体领会经历、利用经历与欣赏经历，以一种方式对它们进行认知与以另一种方式对它们进行认知，在所有这些行为之间显然都存在着某种差异。在那些专业心理学家当中，几乎没有人认识到这一点，而那些着笔神秘体验与宗教体验的作家们都强调了这一点。例如，阿尔道斯·赫胥黎（Aldous Hurley）说：“随着一个人的成长，他的认识在形式上日益发展成概念性的、系统性的，认识中那些与事实相关的实用的内容也骤然大增。但是人们原有的那种对事物进行直接把握的能力却会出现某种退化，人的直觉也会变得迟钝起来，甚至荡然无存，这样一来，他所取得的那些收获就被抵消了。”[①] 但是，直接的欣

① 关于神秘体验论，请参见阿尔道斯·赫胥黎所著的《长青哲学》和威廉·詹姆斯所著的《宗教经验之种种》。

赏评价并不是我们与自然的唯一关系，事实上，从生物学意义上讲，它在我们与自然的所有关系中是最不紧迫的，因此我们不要因为理论和抽象概念有危险就给它们打上烙印，这样做是十分愚蠢的。理论和抽象概念的优势是巨大的、显而易见的，特别是从交流沟通方面来看，从对世界的实际控制方面来看更是如此。如果我们有责任提出建议，我们或许要这样来提出我们的规劝：知识分子、科学家等人通常进行的认知活动并不是他们的武器库中的唯一武器，如果他们牢记这一点，那么他们的认知活动无疑就会变得更加有力。的确，研究工作者的武器库中还有其他的武器。如果说这些武器通常都被移交给了诗人和艺术家，那是因为人们不懂得，这些被忽略的认知形式能够通向另一部分真实世界，而这一部分世界是那些一味地进行抽象活动的知识分子所看不到的。

而且，正如我们将在附录二中所见，整体论的理论活动也是完全可能的。在这种理论活动中，事物并不是切割分离的；它们是完整的，都作为整体的一些方面而彼此关联，无一例外地包含在同一整体之中，如形影一般须臾不可分离，在各种不同层次上展现出一幅壮丽的图景。

语言与命名

语言主要是一种体验和传达常规信息的绝佳方式，亦即是一种标签化的手段。当然语言也试图界定和传达那些特殊具体的东西，但却常常由于其最终的理论目标而以失败告终。[①] 它在处理

① 例如，我们阅读詹姆斯·乔伊斯的作品或者其他关于诗学理论讨论的当代作品。诗歌旨在传达或者至少是表达一种大多数人“无法说出”的特殊体验，它要把那些本质上无言的情感体验用语言表达出来。它企图用那些系统化的标签来描绘一种新鲜的和独一无二的体验，而那些标签本身却既不是新鲜的，也不是独一无二的。在这样一种无可奈何的情况下，诗人所能做的一切，就是用这些词语来创造一系列类比、比喻或新的句式等，通过这些手段，虽然他还是不能描述出一种体验本身，但他却希望借此在读者身上触发起类似的体验。他有时居然能成功，这不得不说是一个奇迹。如果他试图使单词本身独一无二，那么沟通会像在詹姆斯·乔伊斯的作品以及现代非写实艺术作品一样受损。V. 林肯在1946年9月28日出版的《纽约客》(The New Yorker)中讲述了一个不寻常的故事，接下来的故事介绍能够有效地表达上述观点：

为什么我们从来都没有准备，为什么所有的书籍和我们朋友的智慧在最终的活动中对我们毫无用处？我们读过多少临终前的场景，多少年轻爱情的故事、婚姻不忠的故事、雄心勃勃、成功或失败的故事。在我们完全开启人生之前，人类心灵的故事已经一次又一次地为我们打开，这里面承载着人类思想的所有的耐心和技巧。事情在人类身上一次又一次地发生，我们阅读了成千上万的故事，亲近地、仔细地、准确地记录下来。但是，当事件发生时，它从来不是像描述的那样，它会是陌生的，极其奇怪和新颖的，站在它面前我们感到无助并意识到他人的话没有传达任何信息。

我们仍然不能相信个人生活在本质上是不可沟通的。我们也有过那一刻，不得不去表达，有意讲一些非常诚实的话，但最终的效果却是如此虚假。

某一特殊事物时最多就是赋予它一个名称，但名称毕竟不能描述或传达出这一事物，不过是给它贴上一个标签罢了。一个人要认识特殊事物就必须充分地体验它，并且必须亲身体验它，除此之外，别无他法。即使是给体验命名也会给它罩上一层屏障，使人不能进一步对它进行直接评价。例如，有一位教授一天与他艺术家的妻子漫步在一条乡间小道上。当他第一次看见一朵可爱的花时，他就问他的妻子这朵花叫什么名字，谁知刚一出口，随即遭到他妻子的一顿斥责，“知道这朵花的名字对你有什么好处呢？你一旦知道了它的名字就会感到心满意足，就不会再去欣赏这朵花了。”①

语言强行把经历置于标签之中，就这一点而言，它无疑是横亘在现实与人类之间的一道屏障。一言以蔽之，语言在给我们带来好处的同时，也使我们付出了高昂的代价。因此，虽然我们都不可避免地使用语言，但在使用语言的时候我们必须时刻意识到

① 这一点在我所谓的“评价标签”之下被观察得异常清晰。这个术语旨在强调我们根据我们适用于个体和情景的名称来评估个体和情景的共同倾向。毕竟，这是一种方式，说我们对事物的分类方式在很大程度上决定了我们对它的反应。我们主要通过命名进行分类。命名了某物之后，我们就易于评估它，然后，我们根据赋予它的名称来对它作出反应。我们在我们的文化中学习评估名称、标签和单词，这完全独立于它们可能应用到的现状。(约翰逊《困境中的人们》，261 页)

……考虑一下在两类从事相似卑微的工作的服务人员，即空姐和铂尔曼酒店行李搬运工，其社会地位和自尊方面存在的差异（早川一会《思想与行动中的语言》)，另请参阅席勒、叶特曼的《1066 年的那些事》。)

它的缺点，并力求避开这些缺点。[①]

语言给人的理论思维带来很大的好处，但即便如此，如果人们完全放弃了语言所能极力达到的那一点特殊性，而堕落到只是一味地使用各种陈腔滥调、平凡陈腐老套的话语、箴言、标语、战斗口号和修饰词，那么情况还要更糟。如果真是如此，语言就俨然变成了一种消除思想的手段，就会使人类感觉迟钝，阻碍人类的精神的发展，把人类变得毫无价值。这样，“语言的功用实际上与其说是传递思想，不如说是隐藏思想”。

语言还有另外一个特征也给我们带来了麻烦。这就是，语言是超乎时空之外的，至少有些特殊词汇是这样的。“英格兰”（England）一词历经千年而未见任何成长、发展、演变和进化，但它所指代的那个民族却早就今非昔比了。但是无奈我们手中掌

---

① 我们提出的一个建议是，科学家应该学会尊重诗人，至少学会尊重伟大的诗人。科学家通常都认为他自己的语言是精确的，而所有其他语言则都是不精确的；但是诗人的语言是似是而非的，如果说不是更精确一些，起码也是更真实一些的。有时候这种语言甚至比科学家的语言还更精确。例如，一个人如果具有足够的才能，他就能够在很短的篇幅内阐明一个从事理论研究的教授需要十页纸才能表达的东西。下面这一则来自林肯·斯蒂芬（《美国编年史》，222页）的故事就描绘了这一点。

斯蒂芬说：“有一天我和撒旦正漫步在第五大道上，就在此刻，我们看到一个人突然停下，从空气中抓下一片真理来。他确确实实是从空气中取下了一片鲜活的真理。”

我问撒旦：“你看见了吗？”

“你难道不为它感到担忧？你难道不知道它足以毁灭你吗？”

“我当然知道，但我并不担忧。我来告诉你这是为什么。这片真理现在还是一个美丽鲜活的东西，但这个人将会首先给它命名，然后再把它加以组织，到那时它就死掉了。如果他让它活着并且去体验它的话，它就会把我毁灭。但我并不担忧。”

握的只有这样的词汇，因而只能用它们去描述处于时空变化中的事件。如果我们说，“永远都有一个英格兰”，这是什么意思呢？正如约翰逊（Johnson）所言，“在现实的手指之间，但见笔走如飞，从无片刻停歇，非区区口舌所能企及。以流动性而言，语言结构远逊于现实结构。正如晴空中陡然响起一声霹雳，转瞬之间却又化为乌有，我们所高谈阔论的现实也早就消失得无影无踪了”。

第十四章

无动机和无目的反应

Motivation and Personality

这一章中，我们将进一步探讨努力（即，行动、竞争、完成、尝试以及目的性）和存在—生成（即，存在、表现、成长、自我实现）之间的科学实用性的区别。当然，这一区别，在东方文化和宗教中是常见的，例如，道家；在我们的文化里，一些哲学家、神学家、美学家、神秘主义研究者和越来越多的“人本心理学家”、存在主义心理学家等也这样认为。

一般来说，西方文化是立足于犹太——基督教神学之上的。特别美国文化，是由清教徒和实用主义精神所主导；这种精神强调工作、努力、奋斗、严肃、认真，特别是强调目的性。[1]像任何其他社会制度一样，从广义的科学到具体的心理学，也免不了受文化条件以及气氛的影响。美国心理学，由于美国文化的影响，太过实用、过于清教化、过分讲究目的。这一点不仅明确地体现于美国心理学的影响和公开宣称的目的中，而且在它未能探讨的留白和所忽略的问题上也有明确的体现。在教科书中，没有章节涉及嬉戏和欢乐、闲暇与沉思、虚度和闲逛、无目标、无用处、无目的的活动，也不涉及美的创造与审美体验或非动机性的活动。这就是说，美国心理学忙于从事仅仅是生活的其中一半的研究，而忽略了生活中的其他领域——也许是更为重要的一半的领域！

---

① ……随意的联想、多余的意象、令人陶醉的梦幻、漫无目标的探寻在发展中所起的作用，不管是在起源方面，还是依照节省的原则或对实用性的直接期待，都不能被证明是正当的。在像我们这样机械的文化中，这些重要活动要么是被低估了，要么就被忽视了。

一旦我们摆脱了无意识的机械主义偏见，我们就必须认识到“多余”与经济节约对人类发展是同样必不可少的；例如，美在进化中起的巨大作用并不亚于实用性，因此我们不能像达尔文那样把美仅仅看作是求爱或受精的实际手段。总之，我们可以把自然看成是一位熟练的技术工人，他力图节省材料，量入为出，工作干得既有成效，花费又少；那么我们同样也有理由从神话学的意义上把自然看成是一位诗人，工作于隐喻和韵律中。对自然的机械主义的解释和对它的诗性的解释都同样主观，两者在某种意义上都是有用的。（芒福德《生活的准则》，35 页）

戈登·奥尔波特（Gordon Allport）强烈而正确地强调“存在”（being），是需要努力且积极努力的。他的建议将引导我们对比“努力以弥补不足”与“努力自我实现”，而不是去对比“存在”与“努力”。这一修正还有助于消除易于获得的印象，即“存在”、无动机反应和无目的活动相较应对外部问题更容易、不需要太多精力和努力。这种对自我实现的悠闲的解释具有误导性，这很容易用贝多芬这样挣扎斗争的自我发展的例子来证明。

从价值观点来看，这也许可以说是专注于手段而不顾目的。这种哲学，几乎暗含于整个美国心理学领域之中（包括正统的和修正的精神分析），美国心理学一贯忽视自身活动以及终极体验（这种体验是无为的），而关心那些能够完成某些有用事情的处理、改变、有效、有目的的活动。[①] 在约翰·杜威（John Dewey）的《批判理论》一书中，这种哲学表现得非常明确，达到了登峰造极的程度；在书中，目的的可能性实际上被否定了，目的本身只是其他手段的手段，而后者又是其他手段的手段……（尽管在杜威的

① 每个人的生存可以被看作是为了满足需求、缓解紧张、保持平衡的不断斗争。依照摩尔单位，个人的行为总是与需求和目标有关。如果在任何给定的情况下，这一单位似乎不是最有意义或最有用的，我们必须首先重新审视我们的观察结果的有效性，而不是本单位的有用性。通常，一种行为可能看起来没有动力驱使，这是因为我们未能具体确定所涉及的需要或目标，或者因为我们人为地将个人行为的一部分从其整体环境中摘录出来。目前，我们认识到，如果生物在生存的斗争中得以幸存，那么生物的每一种反应都必须具有适应物种保护的目的……所有行动都是有动机的，并表达了某种目的。懒惰，像所有其他人类活动一样，是有目的的。所有的行为都是由需求压力而引起，这种需求前文已经提到了。行为是有机体在通过与环境进行交涉而努力减少这些需求时的反应。因此，所有行为都是由需求衍生的利益决定的。人类的所有行为都是为了需求的满足。所有的行为都是有动机的，所有的习得都有奖励。从个人的行为可以推断出：需求是由一个人经历了之后的反馈决定的，并且假设所有行为都满足了某种有意识的或无意识的需求。因此，所有行为都是以目标为导向的。大多数（如果不是所有的）个人作出的运动或反应，都有立即的要么是奖励要么是惩罚的净效果。有些行为致使我们即刻推断出某种动机的操作，而其他一系列行为则相对而言，至少是缺乏动机的。也许在人类最简单的反射之上的行为都不是完全没有动机的。这一原则认为，所有行为的根本动机都是有机体的生理要求，无论其是由被贴上天性、动机标签的需求，还是由目标导向的奋斗所引起的行为……事实上，这些作家中大多数谈及的仅仅都是低层次的、更物质化的需求，而这使得情况变得更糟。

其他著作中，他确实接受了目的的存在。）

在临床层面，我们已经以下列方式讨论了这一区别的各个方面：

1. 在附录二中我们可以注意到，整体论的重点不仅强调因果理论的连续性，尤其是原子多样化的连续性，而且对于强调共处和相互依靠也很有必要。在因果关系链中，如同在杜威的价值理论中一样，甲致使乙的发生，乙又致使了丙，而丙又是丁发生的原因……如此延续。这是一类理论的自然产物，这种理论主张任何事情单就其本身而言都是不重要的。因果关系理论对于追求成功和技术成就的人生来说是一件相当合适甚至必要的工具，但对于强调内在完善、审美体验、沉思终极价值、自得其乐、静思冥想、鉴赏能力和自我实现的生活来说却毫无用处。

2. 在第三章中我们认识到，有动机和有决定因素并不是同义的。有一些行为就只有决定因素而没有动机，例如，像皮肤晒黑或腺体活动的体质变化，逐渐成熟的变化，情景和文化的决定因素，以及如倒摄抑制（逆向抑制）、前摄抑制（经验的阻碍作用）或者潜伏学习等心理变化。

虽然是弗洛伊德首先混淆了这两个概念，但是精神分析学家们一直如此广泛地追随这个错误，以致当下不管发生了什么变化，他们都机械地为其寻找动机，例如，湿疹、胃溃疡、笔误、遗忘，等。

3. 在第五章中，我们曾证明许多心理现象是需求的满足所产生的无动机的、附带的结果，而非像此前所设想的那样是有目的、有动机和习得的变化。根据我们列举的现象可以得知，没有任何小错误是即刻显现的；这些现象被称为具有完全的或部分的满足效果，例如，心理治疗、态度、兴趣、品味和价值观、幸福、良好品行、对自我的看法、许多性格特质，以及诸多其他心理效应。需求的满足使得相对无动机的行为的出现成为可能，例如，“在获得满足后，有机体立即允许自己抛开压力、紧张、急迫和需要；转而变得悠闲、懒散、放松、被动，去享受阳光，去打扮自己，去布置并擦洗（而不是使用）瓶瓶罐罐，去消遣享受，去悠闲地注意那些并不重要的事情，就随性地、漫无目的地生活。”

4. 在 1937 年，一个关于熟悉的影响的试验证明，简单的、无所报偿的、重复的接触往往最终会产生对于熟悉的事物或话语或活动的偏爱，甚至即使它们最初是令人厌恶的。既然这个结果构成了一个关于通过未得到报偿的接触而纯粹习得的实例，至少那些主张报偿、减轻紧张、加以巩固的理论家们必须将其视为无动机的改变。

5. 第十三章为心理学的各个领域证明了陈规化或者标签化的认识，与对于具体的、特质的、独特的、天真的事物，不带偏见和预想的、没有强烈愿望、希望、恐惧或焦虑的新鲜的、谦逊的、善于接受的道家式的认识之间的重要区别。似乎大多数认识行为都属于陈腐老旧的、漫不经心的认识和类型化的陈规。这种根据预先存在的标签懒惰地进行分类与用充分的、专一的注意力来真实地、具体地感知独有现象的多面性之间有着深刻的区别。只有这样的认识才能对任何体验进行全面的欣赏和品鉴。如果我们说标签化就是由于一个人因为害怕未知事物而过早地给予固定的结论，那么它的动机就是希望减少并避免焦虑。因此，与未知事物相处融洽的人，或者说，能够容忍意义不明确的事物的人在感知过程中动机就没有那么明确。第十三章还主张，墨菲（Murphy）、布鲁纳（Bruner）、安斯巴赫（Ansbacher）、默里（Murray）、桑福德（Sanford）、麦克利兰（McClelland）、克莱因（Klein）以及其他许多人发现的动机与感知之间的密切联系最好被视为心理病理学现象，而非健康的现象。坦白地说，这种联系表明了机体有轻微的病症。在自我实现者身上，它减小到最低程度，而在神经病人和精神病人那里，它达到了最高程度，其表现如妄想和幻觉。我们可以这样来描述这个区别，健康人的认识相对无动机，而病人的认识相对具有动机性。人类的潜伏学习就是无动机认识的一个例子，可以用此检验我们这一临床发现。

6. 我们对于自我实现者的研究明确表明了我们需要以某种方法区分自我实现者的动机生活与较之更为普通的人的动机生活。自我实现者显然过着一种自我实现、自我完善的生活，而不是寻求普通人缺少的基本需求的满足，前者是成长性动机（或衍生动机），后者是匮乏性动机。因此，他们就是正处于正常状态，正在发育、成长、成熟，过着某种意义上的隐居生活（例如，与追求社会地位相对），他们并不在一般意义上为改变现状而努力。匮乏性动机与成长性动机的差别表明，自我实现本身不是有动机的变化，除非我们要在全新的意义上理解动机。自我实现、得到充分发展、实现有机体的潜能，这一切更类似于成长和成熟而不是通过报偿而形成习惯或者联系的过程，换言之，它不是以外界获得的，而是在内部展开的从一种微妙的意义上说是早已存在的事物。自我实现水平上的自发性——健康和自然——是无动机的，它也的确与动机相矛盾。

7. 最后，第十章以一定的篇幅讨论了行为与体验的表达性决定因素，特别是它对于心理病理学和心身医学理论的影响。第十章特别强调，必须把表达性行为视为相对无动机的行为，与应对性行为相比，后者既是有动机的又是有目的的。要替代这种对立，只有在动机的词汇范围内进行一场彻底的语义和概念革命。

第十章还证明了抑郁、戈德斯坦式的灾难性精神崩溃、迈尔（Maier）的挫折引起的行为、以及一般的宣泄和释放的现象同样是表达性的，也就是说，是相对无动机的。所以，弗洛伊德式的跌倒、痉挛和自由联想被视为既有表达性又具动机性。

8. 除了下文将要讨论的几个特例之外，行为都是手段而非目的，即，它使世界上的事情得以完成。将作为心理学研究的一个合法的研究对象的主观状态排除是否不会使得解决我们正在讨论的问题变得不容易甚至不可能，这是一个问题。我理解的目的几乎总是满足的主观体验。大多数工具性行为之所以具有人的价值只是因为它们造成了这些主观状态，抛开这一事实，行为本身往往变得在科学上是毫无意义的。如果将行为主义看成是我们曾提到过的一般清教徒式的奋斗和成功的世界观的一种文化表现，这样也许会使我们对其本身的理解更充分。这意味着，在它各种各样的缺陷中，还必须加上种族中心主义。

相对无动机反应的实例

到目前为止，我们依据现存的无动机一词的各种定义列举了几大类必须被视为或多或少无动机的现象。此外，还有其他诸多这类现象。现在，我们对此要进行简略的讨论。我们应该注意到，这些现象都属于心理学中相对被忽视的领域；对于科学领域的学者而言，它们极好地说明了一个局限的生活观是怎样创造一个狭隘世界的。在只做木工的木匠看来，世界是由木头组成的。

艺　术

当艺术寻求交流、唤醒情感、有所表现和影响他人时，艺术创造就是相对有动机的；或者艺术也可能是相对无动机的，例如，当它是表达性的而非交流性的、是个人内部的而非人与人之间的时候。表达可能有意想不到的人际效果这一点（即，附带收获）不属于我们的讨论范围。

然而，非常中肯的问题是，"有一种对于表达的需求吗？"如果有，那么艺术表达以及宣泄和释放现象就如寻求食物或爱情一样是有动机的。在前几章中，我在许多不同观点中暗示过，我认为证据不久将迫使我们承认这样一种需求：在行动中表达有机体内部已经被唤起的任何冲动。但是下面的事实很清楚地告诉我们这一点会制造出悖论：任何需求或者任何能力都是一种冲动，因而都会寻求表达。那么，应该将其看作是一个独立的需求或冲动呢？还是相反地，把它视为所有冲动的一个普遍的特点呢？

在这一点上，我们不必在这些选择中舍此求彼，因为我们唯一的目的是要表明它们全部都被忽视了。无论哪个结果是最富有成效的，它都将使得人们承认：（1）无动机的范畴，或（2）对于整个动机理论的巨大改造。

对于高级而复杂的人而言，审美体验的问题也同样重要。许多人的审美体验非常丰富有价值，因此，他们会藐视或者嘲笑任何一种否认或者忽视审美体验的心理学理论，无论这种忽视可能具有什么科学根据。科学必须解释所有现实，而不仅只是其中已被穷尽的、毫无生机的部分。审美反应的无实用性和无目标性，以及我们对其动机一无所知的现状（假如就一般意义而言它真是具有什么动机），这些事实向我们指明我们的正统心理学是如此贫乏。

从认识角度而言，甚至审美的感知与普通的认识相比，也可以被看作是相对无动机的。在第十三章中我们了解到，标签化的感知在最佳程度上也具有片面性，它不能算是对于一个对象的全部属性的细察，就像我们只根据那些为数不多的、对我们有用的、与我们的利益有关，或是能满足需求或者是会威胁需求的属性来为一个对象分类一样。道家思维，即，对一种现象其多面性的无偏见的感知（特别是指它所产生的最终体验的效力，而非有用性的）是审美感知的一个特点。[①]

我发现，以分析“等待”这一概念来作为我思考“存在”这一问题的起点是很有用的。一只晒太阳的猫并不比一棵屹立的树守候了更多的时间。等待意味着对于有机体而言毫无意义，虚度的、不受珍视的时间，它是绝对以手段为取向的生活态度的副产品。等待在大多数情况下是一种愚蠢、无效、浪费时间的反应，因为（1）即使从效率的角度来看，不耐烦也是没有任何益处的，（2）实际上手段体验和手段行为本身也可以为人享受、品尝和欣赏，可以说，此举没有任何额外花费。旅行就是一个极好的例证：人们在旅行期间，时间既可以被当作终极体验而享受，也可以被

① 大脑能够使人做出这样的选择：它能够实现那些有用的记忆，把那些无用的记忆保留在较低的意识层面。感觉也完全是这样的。为了帮助我们采取行动，它把使我们感兴趣的那一部分现实作为一个整体孤立出来，它向我们主要展现的并不是事物本身，而是事物对我们的用处。它事先把事物进行分类，给它们贴上标签，我们几乎不去观察对象，于我们而言，只要知道它属于哪一个范畴就足矣。但是时而十分幸运、十分偶然地会出现这样一些人，他们的感知或意识不那么恪守于生活，大自然似乎忘记把他们的感知能力附加在他们的行动能力之上了。当他们观察一个事物时，他们所看到的是事物本身，完全不涉及个人的因素。他们进行感知的目的并不纯粹是为了行动，他们是为了感知而感知，并不是为了得到什么，而只是为了这样做能从中获得乐趣。在他们本性的某一方面，不管是在意识方面，还是在某一感官方面，他们生来就是超然的，他们要么就在某一特殊感知方面是超脱的，要么在意识方面是超然的；根据这种情况，他们要么是画家，要么是雕塑家，要么是音乐家，要么就是诗人。因此，我们在各种不同艺术中看到的是一幅更为直接的现实图景；正因为艺术家不那么专注于利用他的感知，所以他就能比一般人感知到更多的事物。（伯格森《创造进化论》，162–163 页）

视为完全浪费掉了。其他例证还包括教育和普遍的人际关系。

这里还涉及被浪费的时间这一概念的某种倒置。以用途为导向、目的性强、减少需求，对于这类人而言，一无所获、不能服务于任何目的的时间都是被浪费的时间。这种说法完全合理，但是我们可以提出一个同样合理的说法：或许可以认为——被浪费的时间没有带来终极体验，即，没有被最大限度地享受的时间，是被浪费的时间。“你喜欢浪费的时间就不是被浪费的时间。”“一些不必要的事情可能还是必不可少的。”

对于我们的文化不能直接地享受它的终极体验这个事实，闲逛、划艇、打高尔夫球等运动是极好的说明。大体上，这些活动受到称赞是因为它们使人们走到室外，接近大自然，感受阳光沐浴，或是身临美景之中。实质上，这些看法将应该属于无动机的终极活动和终极体验掷入了一个有目的、有所得、实用主义的模式，以便安抚西方国家的良心。

欣赏、享受、惊异、热情、鉴赏、终极体验

有机体被动地接受和享受的不仅是审美体验，还有许多其他体验。若存在动机活动的结果或者目标、需求的满足所产生的附带现象，那很难说这种享受本身是有动机的。

神秘的、敬畏的、愉悦的、惊异的、赞赏的体验等也都属于

这一类主观上丰富的被动审美体验，这些体验如音乐的效果一般涌向有机体，使其沉浸其中。它们也是终极体验，达到了极致，而不追求作用；它们对于外部世界没有丝毫改变。如果我们对悠闲安逸定义得当，那么这一点对它也适合。

在此提及两种这一类的极限快乐或许恰如其分：（1）卡尔·比勒（K.Buhler）的机能快乐，（2）纯粹生活的快乐（生物的快乐，热情的体验）。当身体机能良好地、熟练地作用时所产生的纯粹的快乐使得一个孩子一遍一遍地重复某一最新精通的技能时，尤其体现了上述两种快乐。跳舞或许也是一个很好的例子。至于基本生活的快乐，任何身有病痛或肠胃不好的人都可以证实这种最根本的生物快乐（热情的体验）的实际存在——这就是健康地活着所自动带来的并非寻求的结果、无动机的副产品。

风格和品味

在第十章中，行为的风格与行为的作用和目的相对照，被列为表达性的一个例子；这一点在其他人的著作中也有体现，包括奥尔波特、维尔纳（Werner）和韦特海默。

在此我想补充一些 1939 年发表的资料来说明和支持这个论点。在这个研究中，我曾试图发现自尊心强的处于支配地位的女性（坚强、自信、有主见）与控制力较弱的女性（自尊心不强、顺从、羞怯、退却）之间的各种差异。我发现了诸多区别，以致最后仅仅通过对她们的走路、谈话等进行观察就能够较为轻易地作出判断（并且由此得到证实）。性格结构在品味、衣着、社交行为，以及明显的实用性、目的性、动机行为等方面自然地表现出来。只需几个例子就足以证明这一点。

性格较强的人的强烈程度在对食物的选择上就可以体现出来。她们喜欢更咸、更酸、更苦、更辣以及味道更强烈的食物，例如，她们喜欢味道强烈而非温和的干酪；她们喜欢口味甚好的食物，甚至可以不顾其形态不佳，例如，水生贝类动物；她们喜欢新奇的、不熟悉的食物，例如，烤松鼠，蜗牛等。她们不过分讲究，对于匆忙准备的不吸引人的餐食也很少大惊小怪、恶心作呕。但是她们比控制力较弱的女性更沉迷于口腹之欲，她们对于美味佳肴的享受更加酣畅淋漓。

根据一种观相术的同构现象可以发现，这些特点在其他方面也有所体现，例如：她们的语言更激烈、更强硬、更坚决，她们所选择的男性也更坚定、更强壮、更努力，她们对剥削者、压榨者以及企图利用她们的人的反应同样也是激烈、强硬且坚决的。

在其他许多方面，艾森伯格（Eisenberg）的研究，非常有力地支持了这些结论。例如，在我用于衡量控制情感或者自尊的测验中获得高分的人更容易在与试验者的预约中迟到，更不易表现出尊重，更不拘小节，更直接，对人更容易采取居高临下的态度，更少紧张、焦虑、忧心忡忡、更易接受提供的香烟，极易不经邀请就毫不客气地自便。

还有一项研究发现，这两种类型的人在性反应上的差异更加明显。更为坚强的女性在性生活的所有方面更像是异教徒，宽容、接受各个性领域。她更有可能失贞、手淫，与不止一位男性发生性关系，更容易尝试这样的试验：同性恋、舔阴、口交以及肛交。换言之，这里也可以说她更唐突、更少受压抑、更强硬、更努力、更强大。另请参阅德·马蒂诺（De Martino）。

卡彭特（Carpenter）做了一个没有公布的实验，研究了获得高分和获得低分的女性对于音乐品味的差异，试验得出一个可预见的结论，即，获得高分（高自尊）的女性更易接受古怪、疯狂、陌生的音乐，更易接受刺耳的和缺乏旋律的音乐，更易接受强有力的而非甜蜜的音乐。

梅多（Meadow）说明了当她们受到压力时，获得低分（害羞、胆小、缺乏自信）的女性智力降低的程度大于获得高分的女性，这就是说，她们不够坚强。请见麦克利兰和他的合作者们对成就需求的相应研究。

这些例子对于我们的论点的价值在于这样一个显而易见的事实：它们都是无动机的选择，都表达了某种性格结构，就像莫扎特的音乐无论如何都摆脱不了莫扎特的风格，雷诺阿临摹德拉克洛瓦的一幅画更像是雷诺阿而非德拉克洛瓦的画一样。

以上这些事实是表达性的，正如写作风格、主题统觉测验（译者注：TAT，Thematic Apperception Test）的叙述、罗夏墨迹测验的试验计划或者洋娃娃游戏一样。

游 戏

游戏可以是应对性的，也可以是表达性的，或者两者兼具（参见本书第五章的内容），有关游戏疗法和游戏诊断的文献很清楚地说明了这一点。这个一般性的结论很可能将取代过去提出的关于游戏的各种实用性、目的性、动机性的理论。既然没有任何东西阻碍我们对动物使用“应对—表达”二分法，我们也很有理由期待对于动物游戏的更有帮助、更贴合现实的解释。为了开辟这一研究的新领域，我们所要做的就是承认游戏也许是无用且无动机的，可能是一个存在而非努力的现象，也许是目的而非手段。大笑、欢喜、快乐、嬉戏、喜悦、心醉神迷、情绪高涨等或许也是如此。

思想意识、哲学、神学、认识

这也是一个正统心理学的工具一直难以应对的领域。我认为，情况之所以这样，部分是由于自达尔文和杜威以来，一般的思维一直自动地被看作是用于解决问题的，即，是实用的和有动机的。

我们据以反驳这个假设的少量资料大部分来自对于更庞大的思想产物的分析——哲学体系，它们与个人性格结构的相互关系是很容易证实的。叔本华这样的悲观主义者会产生一种悲观主义哲学，这一点似乎非常容易理解。我们已经从主题统觉测验的叙述和儿童的艺术作品中了解到了很多东西，若再将上面的事实考虑为纯粹的理性，或防御手段，或安全手段，无疑是天真幼稚的。再以一个类似表达性产物为例，想必不能说巴赫的音乐或者鲁本斯的绘画是防御性的或者是理性的吧？

记忆同样可能是相对无动机的，潜伏学习的现象就很能说明这一点，它在或高或低的程度上在所有人身上都有所体现。研究者们就这个问题掀起的喧嚣实在是离题太远，因为老鼠是否能表现出潜伏学习与我们毫不相干。但在这一点上人类在日常生活中的潜伏学习是毫无疑问的。

安斯巴赫发现，不稳定的人具有不安全的早期记忆的倾向很强烈；我个人发现，不稳定的人强烈地趋向于做明显不安全的梦，这些例子同样能说明问题。它们似乎明确地表达了对于世界的看法。我不能设想，如果不牵强附会，它们怎能被解释为仅仅满足需求、报偿性的或者加强性的呢？

无论如何，真理或者正确答案，往往是毫不费力地被认识到的，而不是通过奋斗或者追求而获得的。在大多数实验中，解决问题之前都必须具有某种动机，这一事实很可以是问题的琐碎性或专断性的作用而不是“所有思维都必须有目的性”的证明。在健康人的美好生活中，思维，如同感知一样，可以是自发的和被动的接受或者生成，它们是本性和有机体的存在的无动机、不费力、快乐的表达，是让事情自然发生而非人为地使它们发生，就如同花香或者树上的苹果的存在一样。

第十五章

心理疗法、健康与动机

Motivation and Personality

令人惊奇的是，实验心理学家们迄今仍未转向心理治疗研究这一未经开采的金矿。作为成功的心理治疗的结果，当事人的感知、思考和理解都与过去不同了。他们的动机和情感也产生了变化。要揭示与人类的表层人格恰成对照的人类最深刻本质的最好技巧莫过于心理疗法。他们的人际关系及其对待社会的态度发生了转变。他们的性格（或人格）无论在表面或是深层都有所改观。甚至有证据表明，他们的外貌改变了，体质增强了，等。在某些病例中，甚至连智商也提升了。然而就是在有关学习、感知、思维、动机、社会心理学和生理心理学为数众多的这类著作中，心理疗法这一术语也没有被收到索引中去。

只举一个例子，毫无疑问学习理论至少可以说会从对于婚姻、友谊、自由联想、耐力分析、职业成功等治疗力量的学习效果的研究中获得裨益，这还没有涉及悲剧、创伤、冲突和痛苦。

通过把心理治疗关系仅仅作为社会或人际关系中的一个具体个案，也就是说，作为社会心理学的一个分支来研究，另外一系列同等重要的悬而未决的问题就浮现出来了。现在我们可以描述出患者与治疗者至少有三种方式彼此联系在一起：独裁型、民主型和放任型，而每种方式在不同的时候有着各自特殊的适用性。不过准确地说，在男性群体的社会气氛中、在催眠的方式中、在政治理论的形态中、在母子关系中以及在类人猿的灵长类动物的种种社会组织中，这三种类型的关系均有所发现。

对于治疗目的与目标的任何全面的研究一定会很快暴露出当今人格理论发展的不充分性，对科学中没有价值的席位这一基本的科学正统信条产生疑问，揭示出有关健康、疾病、治疗和治愈的医学观念的局限性，清晰地展示出我们的文化依然缺少一个可用的价值体系。也难怪人们对这一问题心怀恐惧。此外还有许多实例可被引来用以证明心理疗法是普通心理学的一个重要门类。

我们可以说心理疗法有七种主要方式：（1）通过表达（动作的完成、释放、宣泄），如列维释放疗法所示；（2）通过基本需求的满足（给予支持、安慰、保护、爱恋、尊重）；（3）通过消除威胁（保护、良好的社会、政治、经济状况）；（4）通过顿悟力、知识和理解的提升；（5）通过建议或权威；（6）通过直接攻其病症，正如不同的行为治疗那样，以及（7）通过正面的自我实现、个性化或成长。为了人格理论较为一般的宗旨，它还建立了一系列方式，按照这些方式，人格沿着文化与精神病学所认可的方向变化。

这里我们特别有兴趣的是追踪治疗记录与本书到目前为止所描述的动机理论之间存在的若干内在联系。我们将会看到基本需求的满足是通向全部治疗的最终明确目标，即，自我实现之路的重要一步（也许是最为重要的一步）。

还要指出，只有通过他人，这些基本需求大致才可以得到满足；因此，治疗多半必须在一种人际基础上进行。安全、归属、爱意和尊重等一系列基本需求需要只能从他人那里获得满足；基本需求的满足构成了基本的治疗手段。

我可以马上承认，我本人的经验主要局限于较为简单的治疗方面。那些其经验主要在精神分析（深层次）疗法方面的人更可能得出这样一个结论——重要的药物是顿悟力而非需求满足。之所以如此，是因为重病患者在他们放弃了对于自我及他人的幼稚可笑的解释、变得能够感知和接受个人的与人际的现实性之前，他们不能够接受或吸收基本需求的满足。

如果我们愿意，我们可以就这一问题展开辩论，指出顿悟疗法旨在使得接受良好人际关系同与之相随的需求满足成为可能。我们知道只有当这些动机的变化付诸实现的时候，顿悟才是富于成效的。然而，现在先接受简单、简短的需求满足疗法与深层次、长时间、更加艰难的顿悟疗法之间大体的分歧，会有很大的启发性价值。正如我们将要看到的那样，在诸如婚姻、友谊、协作、教育诸多非技术性情境之中，需求满足是可能的。这就为所有类型的非专业人员（业余治疗师）开辟了一条通向更广阔的治疗技术的理论通路。现在，顿悟疗法已经明确成为一个技术性问题了，掌握它需要进行大量的训练。对于非专业疗法与技术性疗法之间二分法的理论重要性的不懈追寻将彰显其多种多样的有用性。

提出这样一个观点也可能有些冒险；尽管比较深度的顿悟疗

法含有若干附加的原则，但是我们如果选择把对于妨碍或满足人的基本需求的后果的研究作为我们的出发点，它们还是可以被人透彻理解的。这与现有的、从一种或另一种精神分析（或其他顿悟疗法）的研究中推导出对于短期治疗的解释这一实际情况直接对立。后一种方法所带来的一个副产品是在心理学理论中把心理疗法及个人成长的研究画地为牢，使其或多或少自给自足，为特定的或原生的只适用于这一领域的准则所支配。本章明确地摒弃这一推断，并且坚信心理疗法中绝对没有特定准则。在我们开始的时候仿佛的确存在着这些准则，这种情况不仅可以归结于这样一个事实，即，大多数职业治疗师所接受的是医学训练而非心理学训练；还可以归结于这样一个事实，即，实验心理学家们对于影响其描述人的本质这一心理治疗现象的反馈莫名其妙地漠然视之。简言之，我们不仅可以主张心理疗法最终必须坚实地立足于健全的普通心理学理论之上，而且还可以主张心理学理论必须拓展自身以适应这一任务。据此，我们将首先涉及较为简单的治疗现象，在本章后文再涉及顿悟的问题。

通过人际关系获得需求满足的心理疗法与个人成长：支持这一观点的若干现象

我们知道有许多事实集合起来并不可能形成（1）一种纯粹的认知心理治疗理论或（2）一种纯粹的客观心理治疗理论，但是它们却与需求满足理论，与治疗和成长的人际方法相容甚好。

1. 只要有社会存在的地方就永远有心理疗法的存在。巫师、巫医，女巫、社区中的年老智慧女性、僧侣、上师以及最近出现于西方文明中的医生，他们有时总是能够完成我们今天所谓的心理治疗。的确，一些伟大的宗教领袖和组织不仅已经认可了总体性且戏剧性的心理病理的治愈，而且还有更为微妙的性格及价值紊乱的治愈。这些人为此等成就提供的解释毫无共同之处，不必认真考虑。我们必须接受这一事实：尽管这些奇迹能够被付诸实践，但是实践者并不知晓这其中的原因与方式。

2. 这一理论与实践的脱节今天依然存在。不同的心理疗法派别各执己见，有时分歧颇为激烈。然而，在从事临床工作足够长的一段时间以后，一位心理学家会偶然碰到这样一些，他们接受过不同思想流派的代表人物的治疗从而痊愈。这样这些就将成为一种或另一种理论的感激不尽的忠实拥趸。但是收集每一个思想流派失败的例子也易如反掌。使这一问题更加令人费解的是，我见到过这样一些，他们是由医生甚至是精神病学学者治愈的，而据我所知，这些医生和精神病学学者（更不要提教师、牧师、护士、牙医、社会工作者等）从未受到过可以恰如其分地称之为心理疗法方面的任何种类的任何训练。

的确，我们可以在经验的与科学的领域内非难这些不同的理论流派，并且依照相对有效性的大致等级排列它们。而且我们可以期待将来我们能够收集到合适的统计资料以表明一种理论训练比起另一种的治愈或成长的百分比更高，虽然没有一种理论训练会完全失败或一直成功。

此刻，我们必须接受这一事实——治疗结果在某种程度上可以不依赖于理论而产生，就此而论，它们还可以在完全没有理论的情况下产生。

3. 即使是在一个思想流派的领域之内，比如说古典弗洛伊德精神分析学派，众所周知，精神分析学家们普遍承认其彼此之间存在着极大的差别，这不仅表现在通常所界定的能力方面，还表现在治疗的纯粹疗效上。有些天才的精神分析学家他们在教学与著述方面贡献卓著，对于他们渊博的学识有口皆碑，作为教师或演讲者他们深受欢迎，被人视为训练有素的分析家，然而他们就是经常无法治愈他们的患者。还有另外一些人，他们从不撰写什么东西，即便有所发现也是屈指可数，可他们几乎总是能治愈他们的患者。当然十分清楚的是，在成为天才与治愈患者的这些能力之中存在着某种程度的确定的相互联系，然而那些例外也尚待阐明。[①]

4. 纵观历史，有一些众所周知的实例，在这些实例中，某一疗法思想流派的大师尽管自己是当之无愧的治疗师，但在向其学生传授这一能力的时候，在大部分情况下是失败的。如果这仅仅是一个理论问题、一个内容问题、一个知识问题，如果治疗师的人格不起任何作用，那么，如果学生与老师同样聪明、同样勤奋，最终学生们应会做得和老师一样出色或者超过他们的老师。

5. 对于任何类型的治疗师而言，这一经历足够普遍了：第一次见面，同他谈论一些表面的细节，例如流程、治疗时间，等；在第二次见面的时候请他反馈或说明一下进展情况。从公开的言

---

① 将这个问题作为研究问题的一个简单方法是采访那些接受过精神分析治疗或者其他治疗的人。我这里有 34 位上述类型的患者的数据，他们是在治疗结束一年或一年以上接受的采访。其中 24 人对自己的经历给予一种平淡的、无条件的赞同，认为这种经历毫无疑问是值得的，而且通常以极大的热情表达了自己的想法。其余十人中，有两人对治疗师不满意，放弃了他们，并选择了其他治疗师，然后也表示了无条件的赞同。其中四人被诊断为精神病或具有强烈的精神病趋势。这四人中，有一位与她的精神病医生坚持治疗了几年，但是她看不到任何改善。另一位中断了他的分析治疗然后消失了。第三位在一段时间后中断，现在表示强烈反对前三个治疗，但同意现阶段的这个治疗。这十人中的第七人认为他的分析治疗对他有好处，但花费时间和金钱太多了。可以说他是被治愈了，但感觉他是通过自己的努力在分析后实现了这一点。据治疗师本人说，第八位被证实是一名同性恋，其被警察逼迫来到治疗师那里，但仍未康复。第九位，他自己就是一名心理分析家，在很久之前接受过分析疗法，他说以目前的标准，当时那是一个非常糟糕的分析疗法；因此，他认为自己没有得到解析。十位当中的最后一位，是一名年轻的癫痫病患者，迫于父母的压力，进行了不需要的分析治疗。

在目前的背景下，我们最感兴趣的是，研究对象中 71% 的人表示无条件赞同，他们接受各种心理分析学家和非分析治疗师的治疗，其中涉及所有理论、学说、方法的范围，而且这些我几乎都能说出来，他们同样受益。

行这一角度来看，这一结果是绝对不可思议的。

6. 有时候都不用治疗师开口，治疗结果便会出现。在一个实例中，一位女大学生希望得到有关个人问题的指导。一小时之后（在这一小时内，她滔滔不绝，而我只字未言），她心满意足地解决了问题，对我的指导深表谢意，然后离开了。

7. 对于足够年轻的人或是并不太严重的病例，日常生活的主要经历就会有治疗作用，而且是在完全词义层面的治疗。良好的婚姻，工作舒心成功，培养良好的友谊，有了孩子，面对紧急情况，克服困难——我曾经偶然发现，所有这一切在没有一位职业治疗师帮助的情况下竟产生了深刻的性格变化，摆脱症状等。事实上，有理由这样认为，基本的治疗媒介包括良好的生活环境，而且职业心理治疗通常只有一个任务，那就是使个体能够利用它们。

8. 许多精神分析学家注意到他们是在分析的间歇以及分析完成之后有所进展的。

9. 另据报道，在接受治疗者的妻子或丈夫相伴随的进展中将会发现成功疗法的迹象。

10. 也许最富于挑战意味的倒是今天存在着的特殊情形，即绝大多数的病例是由那些从未接受过治疗师专门训练或是训练不足的人亲自治疗或至少是由他们控制的。我个人在这一领域里的切身经历就是最好的说明，而在心理学领域以及其他领域里有此经历的一定大有人在。

在二十世纪二三十年代期间从事心理学研究的研究生们绝大

多数所接受的训练十分有限（现在仍然维持在一个较低的程度上），有时甚至内容贫乏。这些学生完全是由于热爱人类、希望理解并帮助人们才投身于心理学领域的，他们发现自己被带进了一个特定的近乎狂热崇拜的氛围之中，在这种氛围里，他们的大量时间都用在了感官现象、条件反射的结果、荒谬的音节、白鼠走迷宫的旅行上面。不过一种比较有用但从哲学角度讲依然有限且天真的实验方法与统计方法的训练相伴而生。

然而对于外行人而言，心理学家毕竟是心理学家，是所有主要生活问题的靶标，是应该知道离婚为什么发生、仇恨为什么滋长、人们为什么变成精神病的技术员。他常常需要全力以赴地回答上述提问。这一点对于那些从未见过精神病学家并且从未听说过精神分析的小城镇说来尤为真实。唯一可以取代一位心理学家的是一个受人喜爱的姑妈、家庭医生或牧师。这样也就有可能安抚一下未接受训练的心理学家不安的良心。而且，他就能够静下心来投入必要的训练了。

我想要汇报的是，这些摸索性的努力常常奏效，完全令年轻的心理学家大吃一惊。他对失败早已做好了足够充分的准备，失败在所难免，但是对于那些他未抱希望成功的结果又该做何解释呢？

有些经历甚至更令人始料不及。在从事各种各样的研究过程中我不得不收集实质的、详细的各类型人格的病史，按照我的训练情况，我完全是出于偶然地治愈了我正致力于探究的那种人格扭曲，而我（面对患者）除了询问一些有关人格和生活经历方面的问题之外什么都没有做啊！

曾经还发生过一件事：当一个学生询问我通常的建议时，我就建议他去寻求专业心理疗法并且解释说为什么我认为这样做是必要的、他的问题究竟出在哪里、解释心理学疾病的实质等。有时，单单这一点就足以消除其现有的病症。

诸如此类的现象，非专业人士比职业治疗师见得更多。实际上，渐渐清楚的是有些精神病学者只不过不情愿相信关于这类事情的报道罢了。然而这一点很容易核查证实，因为在心理学家和社会工作者当中这类经历十分普遍，更不用提牧师、教师与医生了。

如何解释这些现象呢？在我看来，只有求助于动机、人际关系理论，我们才能理解它们。显然我们很有必要强调一下无意识的行为与无意识的感知，而不是强调有意识的言行。在列举的所有病例中，治疗师的关切集中于患者，关心患者，试图帮助患者，由此他向这位患者证明了至少在一个人的心目中他是有价值的。由于在所有病例中，治疗师都被理解为这样一个人：更有智慧、更有资历、更为强壮或健康；患者也就能够感到更加安全，感到有所保护，从而也就变得不那么脆弱、焦虑了。乐于倾听，减少训斥，鼓励坦诚，甚至在罪恶被披露之后接受与认可（其人），彬彬有礼，仁慈善良，使患者感觉到身边有人可依，所有这些再加上上文列举的因素有助于在患者内心产生一种被人所爱、被人保护、被人尊重的无意识认识。正如已经指出的那样，所有这些都是基本需求的满足。

似乎很显然，如果我们通过让基本需求满足充当更为重要的角色从而对人们所熟知的治疗的决定因素（建议、宣泄、顿悟以及近来的行为疗法等）有所补充的话；那么，与单单借助于这些已知过程的解释相比，我们能够解释得更为广泛。有些治疗现象是与这些满足一同出现的——后者是前者的唯一解释——这也许是较轻的病例。另一些较重的病例仅仅通过更为复杂的治疗技术就可得到充分的解释，如果再加之自然而然地出自良好人际关系的基本需求满足这一决定因素，那么它也就会得到更加充分的理解了。

心理疗法作为一种良好的人际关系

对于友谊、婚姻等人类、人际关系的最终分析都将表明：(1)基本需求只能在人际间得到满足，(2)这些需求的满足物准确地说就是那些我们已经称之为基本治疗药物的东西，即，给予安全、爱、归属关系、价值感与自尊。

在分析人的关系的过程中，我们会无法避免地发现我们自己面临着区分良好关系与不良关系的必然性与可能性。可以在人际关系所带来的基本需求的满足的程度之上，富有成果地实现区分。一种关系——如友谊、婚姻、亲子关系——将被（按照十分有限的方式）界定为心理学意义层面的良好关系，其良好程度在于它支持或增进归属关系、安全感与自尊（最终是自我实现）需求的满足；而不良关系，其不良性在于它没有支持或增进需求的满足。

这些是森林、山峦甚至或是爱犬所无法满足的。只有从他人那里，我们才能够得到完全满足的尊重、保护与爱意，也只有面对他人，我们才能毫无保留地奉献这一切。我们发现，这一切恰恰是融洽的朋友、情侣、父母子女，师生之间所彼此给予的。这些正是我们从任何类型的良好人际关系中所追求的满足。刚好是这些需求的满足成为生育优秀人类的绝对必要的先决条件，它转而又是全部心理疗法的最终目标（如果不是即刻目标的话）。

那么，我们一系列定义的全面性的推论将是：（1）从根本上说心理疗法不是唯一的关系，因为它的一些基本特质在所有“良好”的人际关系中都可以找得到；①（2）如果这点成立的话，从心理疗法的本质是良好或不良人际关系这一观点看，心理疗法的这一方面必定受到比它通常所接受的更加彻底的评判。②

1. 把良好的友谊（无论是夫妻之间、父母子女之间或是人与人之间）作为我们良好人际关系的范例，对其稍加仔细地剖析，我们会发现它们比起我们所说的那些事物能够提供更多的满足。

---

① 正如一个良好关系的主要价值可能完全没有被意识到，而这又没有怎么削弱它们的价值，所以心理治疗关系中的同样的特质也可以是无意识的，而这也不会消除它们的影响。当然，这并不与下面这个无可怀疑的情况矛盾：充分地察觉这些特质以及有意识地、自愿地应用它们，会极大地提升它们的价值。

② 如果我们暂时局限于那些能够直接获得爱意与尊重的温暖案例（我相信，这些人在我们当中占大多数），那么这些结论就更容易被接受。神经质需求满足的问题研究及其后果必须被推迟了，因为其非常复杂。

彼此坦率、信任、诚实、友善都可以被看作是除去其表面价值之外尚具有附带的表达性、宣泄性的释放价值（参见第十章）。一种健全的友谊也允许表达出适当程度的服从、松懈、幼稚和愚蠢，因为如果不存在任何危险，并且他人所爱所尊敬的是我们自己而非我们的面具与角色，我们就是我们本来的样子：虚弱的时候就会感到虚弱，感到困惑的时候就想得到保护，希望推卸成年人的责任时就会变得天真幼稚。此外，即便是在弗洛伊德心理学的意义层面，一种真正良好的关系也能增进顿悟，因为一位好友或者丈夫会十分慷慨地为我们所考虑的问题提供对等的分析性解释。

对于可以被宽泛地称作良好人际关系的教育价值的事物，我们所谈论得还远远不够。我们的欲望不仅仅在于求得安全、为人所爱，还在于不断地求知、充满好奇、解开一个个谜题、开启每一扇大门。此外，对于我们架构世界、深刻理解世界、使世界具有意义的基本哲学冲动，我们也不得不认真对待。只要良好的友谊或亲子关系在这方面提供出相当多的东西，那么这些满足就会或应该会在某种特定程度上实施于良好的治疗关系之中。

最后，我们可以就这一明显（因此被忽视了）事实说几句话，即爱与被爱具有同样巨大的快乐。[①] 在我们的文化中，爱意的公开的冲动就像性冲动、充满敌意的冲动一样而被严厉禁止——也许更有甚者。在极少数的几种关系中，也许只有在三种类型的关系

① 在儿童心理学的文献中尤其使我深受触动的是这样一种令人费解的失察：“孩子应该被爱”“孩子为了维系其父母的爱就会好好表现”等；这么理解也同样有效：“孩子必须去爱”“孩子因为爱其父母会好好表现”等。

中我们才被允许公开表示爱慕之情；父母与子女之间、祖父母与孙辈之间，婚姻和情侣关系之中；我们知道即便是在这些关系中，它们也会多么轻而易举地变得令人窒息，并且混杂着尴尬、罪恶感、防御、发挥作用、争夺支配地位等。

强调治疗关系允许甚至是鼓励爱与情感冲动的公开语言表达是远远不够的。只有在这里（也在各种“人格成长”小组中）它们才被视为理所当然的东西、人们所期待的东西，也只有在这里，它们才被有意识地清除了不健康的杂质，因而得到了净化，发挥出最好的作用。这类事实准确无误地说明有必要重新评估弗洛伊德关于移情与反移情的观点。这些观点来自于对疾病的研究，在涉及健康时未免就过于局限了。它们必须加以括充，把健全的与不健全的、理性的与非理性的统统包括进去。

2. 至少可以区分出三种不同性质的人际关系：支配—从属、平等相待、淡漠或放任。这些关系连同治疗师—患者关系已在不同方面说明过了。

治疗师可以把自己看成其患者的主动的、决策性的、掌管一切的上司，或者他可以作为一项共同任务的参与者与患者联系在一起，或者最后他可以把自己变为患者面前的一面冷静的、毫无感情的镜子，永不参与其中，永不带有感情地接近，只是永远保持分离。最后这一类型是弗洛伊德介绍的，但另外两种类型尽管正式些，实际上更加普遍，它们是唯一适用于正常人类情感的标志，因为精神分析的对象是反移情的，即非理性的、病态的。

如果治疗师与患者之间的关系是患者得以获得他的必要治疗

药物的媒介——正如水是鱼类在其中寻找到其所需之物的媒介一样——那么就必须从什么样的媒介最适用于什么样的患者这一角度而非从媒介本身考虑。我们必须防止仅仅选择一种媒介作为忠实的支持，而把其他媒介一概排斥在外的做法。在优秀治疗师的治疗方法中，所有这三类媒介以及其他尚未发现的媒介都有所体现。

从上面的描述可以得到以下推断，即，患者普遍将在一种温暖的、友爱的、民主的伙伴关系中得以最好地成长；但是，对于大多患者而言，并非最佳的气氛根本不允许我们把它变为规则。对于较为严重的慢性稳定性神经症而言，这一点尤为真实。

对某些将仁慈视为软弱的独裁主义性格而言，绝不能允许对治疗师的轻视任意滋长。严格地控制、明确地限制随意性对于患者最终的获益，也许是必要的。兰克学派（Rankeans）在讨论治疗关系的局限性时特别强调了这一点。

另一些人，学会了将情感视为圈套和陷阱，出于焦虑他们除了离群索居之外对一切都表现得畏手畏脚。深藏的罪恶感可能“强烈要求”惩罚。不顾后果、自我危害的东西可能需要正面的命令使其免遭无法弥补的自我伤害。

但是治疗师在应对他与患者之间形成的关系时，应该保持尽可能清醒的认识，对于这一法则不可能有任何例外。虽然由于治疗师自己的性格的缘故，他会自然地倾向于一种类型而不是另一种类型，但是就其患者的利益考虑，他也应该能够控制自己。

在任何病例中，无论是从总体还是从个别患者的角度，如果这种关系是糟糕的，那么心理疗法的其他任何资源还会产生什么效力也就令人怀疑了。这一点大致成立，因为这样一种关系永远不会被轻易进入也不会被轻易打破。然而纵使患者是与他所深恶痛绝或者对其感到不安的人待在一起，在这段时间里也很容易产生自我防御、挑战反抗、以及患者企图把惹烦治疗师作为自己的主要目标。

总之，虽然一种令人满意的人际关系的构成本身也许并不是目的，而是达到目的的手段，但是它仍然必须被看做是心理疗法的必要的或亟需的先决条件，因为它通常就是配制全人类所需的基本心理治疗药物的最佳媒介。

这一观点尚有另外一些有趣的含义。如果心理疗法就其最终本质而言是由这一内容构成的，即，为患者提供那些他本来应该从良好人际关系中得到的特质，那么这也就等于把心理学意义上的患者界定为一个与他人从未建立过足够良好关系的人。这与我们前文把患者界定为一个没有得到足够的爱意、尊重等的人的定义并不相悖，因为他只能从他人那里得到这一切。如此一来，尽管这些定义似乎成了同义反复，但是每一个定义都把我们向不同的方向引导，使我们得以领略治疗的不同方面。

疾病的第二个定义产生了一个后果，它为心理治疗关系提供了另一个解释。心理治疗关系被大部分人看作是令人绝望的措施、最后的依靠，因为大体只有患者才会进入这种关系之中，它也就逐渐被人认为，甚至是被治疗师本人认为不过是像外科手术那样怪异的、病态的、反常的一种不幸的必需之物。

这确实不是人们进入诸如婚姻、友谊或伙伴关系等其他有益关系之中时所持的态度。但是至少从理论上而言，心理疗法类似于友谊，正如它类似于外科手术一样。那么它就应该被看作是一种健康的、值得向往的关系，甚至在某种程度上以及在某些方面，它应当被看作是人类之间一种理想的关系。从理论上而言，人们理应盼望它，迫切地进入其中。这就是从前文的考虑中应该得到的推断。然而事实上，我们知道这并非常情。当然这一矛盾被很好地意识到了，但是它还没有被神经病患者无法避免地执着于病患的需要而完全地解释。我们还必须在对心理治疗关系的根本性实质的误解（不仅是患者的，而且还有许多治疗师的误解）这一方面加以解释。我发现，当解释不是按照更为常见的方式而是像我上文所做的那样交待给潜在患者的时候，他们更容易进入治疗状态。

心理疗法的人际关系定义的另一个结论是，它使得“把治疗的某一个方面看成是技巧训练”成为可能，这些技巧训练是建立良好的人际关系（慢性精神病患者在没有特殊帮助的情况下做不到这一点），可以证明这点具有可能性，以及发现它是多么令人愉快且富有成果的。这样可以期待通过训练的转化，使得能够与他人形成深厚的友谊。可以推测，患者就会像我们一样，从我们的友谊、孩子、妻子或丈夫、以及同事那里得到所有必要的心理药物。就此而论，心理疗法还可以以另一方式界定，即，它使患者有所准备以便独立建立人类所向往的良好人际关系，在这种关系中相对健康的人能够得到他们所需的诸多心理药物。

从前述观点得出的另一个推论是，理想状态下患者与治疗师应该是双向选择的，进一步而言，这一选择不应仅仅建立在名誉、收费、技巧训练、技能等之上，还应建立在一般人类的彼此好感之上。这一点很容易在逻辑上得到阐明：它至少应该缩短治疗的必要时间，使它对患者与治疗师更为容易、更有可能达到理想的治愈，并且使整个经历对两者都有裨益。这一结论的其他必然结果将是，从理想上而言，两者的背景、智力水平、经历、宗教、政治、价值观等应该更为接近。

现在必须清楚的是，治疗师的人格或性格结构即使不是至关紧要的问题，也必然是一个值得重视的问题。他必须是这样一个人：能够轻松地进入心理疗法的理想的良好人际关系之中。而且，他必须能够对许多不同类型的人，甚至对所有人做到这一点。他必须热情待人、充满同情心，而且能够有把握地给予他人尊重。就心理学意义而言，他应本质上是一个民主的人，即，他以尊重的态度看待他人只是因为他们是人、是独一无二的。一言以蔽之，他在感情上应该是可靠的，他应当具有健康的自尊。此外，他的生活状况应该在理想上足够好，致使他不再为自己的问题所累。他应该婚姻幸福、生活富裕、好友相伴、热爱生活，总体而言能够过得舒畅。

最后，所有这一切表明我们可以很好地揭示这一（被精神分析学家）过早地结束了的问题，即，正式疗程结束后，治疗师与患者间连续不断的社会接触也被封锁了，这一点甚至发生在治疗进行当中。

具有心理治疗作用的良好人际关系

我们已经拓展并概括描述了心理疗法的最终目标以及产生这些终极效果的特殊药物，因而从逻辑上讲，我们已经决心拆除那些将心理疗法阻挡于其他人类关系与生活事件之外的藩篱了。存在于普通个人的生活之中、帮助他向着技术心理疗法的终极目标前进的那些事件与那些关系可以被恰如其分地称作是具有心理疗法作用的，即使它们发生在办公室之外，且没有受益于专业治疗师。可见心理疗法研究的一个完全正当的部分是研究良好的婚姻、友谊、父母、工作、教师等所带来的日常奇迹。从这种看法中直接产生的原理的一个实例是，当患者能够接受并应对治疗关系时，技术疗法应该比它更依赖于引导患者进入这些关系。

当然我们不必像专业工作者那样担心将保护、爱意与尊重他人这样一些重要的治疗工具交到业余者手中。尽管它们当然是极具威力的工具，但它们并不因此是危险的工具。我们可以认为在通常情况下我们爱着某人、尊重某人但决不可能伤害他（除非偶遇神经病患者，其病情已经非常糟糕了）。如此期待是正当的：关心、爱意与尊重这些力量几乎永远只会带来好处，不会带来伤害。

接受了这一点，我们就必须明确地确信不仅每一位正常人是潜在的无意识的治疗师，而且我们还必须接受以下推论，即，我们应该认可、鼓励并传授它。至少这些可以被我们称之为业余心理疗法的基本要素的东西所有人都能掌握的。大众心理疗法（运用公共健康与私人诊疗之间对比的相似性）的一个明晰的任务就是传授这些事实，将其广而传播，肯定每一位教师、患者，理想而言最好是每一个人都有机会理解它们并运用它们。人们总是到他们所尊重、所爱慕的人那里寻求忠告与帮助。心理学家、宗教家也就毫无理由不使这一历史现象程式化、语言化、并弘扬到普遍性的程度。让人们都清楚地意识到每当他们威胁他人，或没有必要地侮辱伤害他人，或摆布排斥他人的时候，他们就成了精神病理学行为的始作俑者，即使这些力量是微不足道的。希望人们也都意识到善良、有益、正派、心理学意义层面的民主、慈爱以及温暖的人就是心理疗法的力量，即使它们也是微不足道的。①

心理疗法与良好社会

与上文讨论的良好人际关系的定义相并行，我们可以探讨现在亟需的良好社会的定义的内涵，这一社会是把成为健全的、自

① 我认为还有必要对这类概括的陈述加以适当的谨慎。没有经历过慢性的、顽固的神经症的读者会发现很难相信这一点，即，这类患者无法进入前文所介绍的领域范围。然而每一位经验丰富的治疗师都知道会是如此。随着对业余心理疗法尊重的不断增长，我们还必须不断深入地认识到职业心理治疗师的必要性。这些职业心理治疗师可以被定义为是在治疗历程失败之处承先启后的人。

我实现的人的最大可能性提供给社会成员。反过来这就意味着良好社会是依照如下方式建立起制度安排的一个社会，它扶植、鼓励、奖掖、滋生最大限度的良好人际关系以及最小限度的不良人际关系。从前述定义与说明得出的必然结论是良好社会与心理学意义上的健康社会是同义的，而不良社会与心理学上的病态社会是同义的，反过来也就分别意味着基本需求的满足与基本需求的阻挠，即，不充分的爱意、情感、保护、尊重、信任、真实与过多的敌意、侮辱、恐惧、轻蔑与主宰。

应该强调的是由社会与制度压力促进的治疗的或病理的结果（使其更加容易、更加有利、更加可能、赋予它们更多基本的以及次要的收益）。它们并非绝对地决定其命运，或者使其绝对地不可避免。我们对于简单的与复杂的社会中的人格范围了解得足够多了，一方面尊重人性的可塑性与顺应性，另一方面尊重少有的个体中业已成型的性格结构的特殊固执性，这使得他们有可能抵抗甚至无视社会压力（参见第十一章）。人类学家似乎总是能够在残酷的社会中发现善良之人，在和平的社会中发现好战之徒。就我们现在所知，我们不能像卢梭那样依据社会契约来责难全部人类的罪恶，我们也没有胆量期望全人类仅仅借助于社会进步而变得幸福、健康与聪慧。

就我们社会而言，我们能够以不同的观点审视它，而它们对于不同的意图均有裨益。举例来说，我们可以为我们的社会或者任何其他社会折中找一个标准，把它称作相当病态的、极其病态的等。然而对我们而言，更为有用的将是测量与平衡彼此对立的病态促进力量与健康促进力量。随着控制忽而转向一套力量、忽而又转向另一套力量，我们的社会明显地在两种不稳定平衡之间摇摆不定。不对这些力量进行测度与实验是没有道理可言的。

抛开这种泛泛的考虑而转向个别心理学的问题，我们首先就要面对文化的主观阐释这一事实。按照这一观点，我们可以说对于神经病患者而言，社会也是病态的，因为他在其中领略了压倒性的危险、恐怖、攻击、自私、侮辱与冷漠。当然也可以理解当他的邻居审视同一种文化、同一个人群时，他也许发现社会是健康的。这些结论在心理学层面并不彼此矛盾；它们可以在心理学层面上同时并存。由此可以得出，每一个病情颇重的人都是主观地生活在一个病态社会之中。把这一论述与我们前文关于心理疗法关系的讨论结合起来，可以得出结论：疗法可以被描述成一种建立小规模良好社会的企图。[①] 即使在社会的多数成员看来这个社会是病态的时候，同一描述也是适用的。

那么从理论上讲，心理疗法在社会层面上也就意味着与病态社会中的基本压力和倾向背道而驰。或者更为概括地讲，无论一个社会基本的健康或病态的程度如何，治疗意味着在个人层面上与其社会中产生病态的力量进行搏斗。可以说，在根本的认识论意义上，它试图力挽狂澜、从内部进行瓦解、表现出革命性或彻底性。那么，每一位心理治疗师也就正在或应该在小范围而非大

① 在此，我们必须当心不要太主观化。对病患而言（甚至对健康人而言），病态的社会在更为客观的意义上也是不良的，这可以仅仅是因为其能够滋生神经病患者。

范围内与其社会中的心理病理的遗传力量作斗争，如果这些力量是举足轻重，那他实际上是与其所在的社会作斗争。

显然，如果心理疗法能够得到极大的推广，如果心理治疗师每年不是应对若干个患者，而是数百万的患者，那么这些与我们社会本质相抵触的微小的力量将变得有目共睹。那么社会将发生变化也就毋庸置疑了。首先，变化将偶然出现在有关热情、慷慨、友好诸如此类特质的人际关系之中；当足够多的人们变得更加热情好客、慷慨大方、善解人意、与众合群的时候，那么我们便可以放心，他们必将推动法律、政治、经济以及社会的变化。或许训练小组、会心小组以及许多其他类型的“个人成长”小组与流派的迅速推广可以对社会产生可观的影响。

在我看来，无论是多么良好的社会，都不可能完全消除病态。如果威胁不是来自于其他人，那它们也总会来自于自然、死亡、疾病，甚至来自于一个纯粹的事实——群居于社会之中；尽管这对我们自己大有益处，但是我们也有必要修正满足我们欲望的方式。我们也不敢忘记人性自身，即便不从天生的恶念中也会从无知、愚蠢、恐惧、误传、笨拙中酿出罪恶。参见第九章。

这是一套极其复杂的相互关系并且极易被误解，或者说是它极易诱导人们去误解。也许用不着大作篇幅我就能够防备这点，我只是提请读者看一下我在论及乌托邦社会的心理学的研讨课为学生们准备的论文就够了。它强调了经验的、实际上可以获得的东西（而非难以企及的幻想的东西），并且它坚持不断深化的表述而非或此或彼的表述。这一任务被如下问题结构化了：人性所允许的社会的良好状况如何？社会所允许的人性的良好状况如何？考虑到我们已知的内在的人性局限性，我们能够期待的人性的良好状况如何？从社会自身本质所固有的困难处着眼，我们所能奢望的社会的良好状况如何？

我个人的判断是，完美之人是不可能的甚至是不可思议的，但是人类比起大多数人所认为的那样具有更大的可改进特性。至于完善的社会，在我看来这是无法实现的希望；特别是当我们考虑到这样明显的事实的时候，甚至打造一种美满的婚姻、友谊或亲子关系也几乎没有可能。如果纯洁无瑕的爱恋在两人之间、家庭当中、人群中间都难以得到，那么对于20亿人而言将会多么困难？对于30亿人呢？显然，伴侣、群体和社会尽管不能尽善尽美，但它们明显是可以改进的，而且也有好坏程度之分。

此外，改进伴侣、群体和社会以便抵御变化无常的可能性，这一点我认为我们知之甚多了。改进个人可是数年治疗工作的问题，甚至“改进”的主要方面竟是允许他从事终身改造自己的任务。迅速地自我实现，这在转变、顿悟或觉醒的伟大瞬间确有发生，但这不过是凤毛麟角而已，且不能有所指望。精神分析学家早就学会了不去仅仅依赖于顿悟，但现在却强调“力争通过”冗长的、缓慢的、痛苦的、重复的努力而利用并运用顿悟。在东方社会，心灵导师和引导者通常也会持有同一论点，即，改善自身是一种毕生的努力。现在，训练小组、基础会心小组、个人成长小组、情感教育等领导者中的那些更富有思想和更为清醒的人渐渐意识到了这一点，这些人现在正置身于摒弃自我实现的“大爆炸”理论的痛苦历程中。

当然，这一领域中所有的系统阐述必将是不断深化的表述，如以下所示:（1）大众社会越是健康，个人心理治疗也就越没有必要，因为病态的只有寥寥数者。（2）大众社会越是健康，患者也就越有可能在没有技术疗法的介入之下通过良好的生活经历得到帮助或者得以治愈。（3）大众社会越是健康，治疗师也就越是容易治愈他的患者，因为对患者而言简单的满足疗法是更有可能被接受的。（4）大众社会越是健康，顿悟疗法就越是有效，因为有诸多事物来支持良好的生活经历、良好的关系等，同时伴随着战争、失业、贫困以及其他社会病理诱发影响的相对消失。很显然，这类易于验证的若干定理是完全可能的。

这样一些有关个人疾病、个别疗法与社会本质之间相互关系的描述对于帮助解决这一常常表述出来的悲观主义矛盾是必须的:“在起初产生病态健康的病态社会中，怎么可能会有健康或健康的改善呢？”这个两难推理中所暗含的悲观论调与自我实现者的出现，与心理疗法的存在（心理疗法通过实际的存在说明了其可能性）是相互矛盾的。即便如此，即使仅仅把这一完整的问题向经验研究开放，它也有助于提供一种其是如何成为可能的理论。

现代疗法中训练与理论的角色

随着病情变得日益严重，从需求满足中获得裨益也就愈发不可能了。在这个连续统一体中存在这样一点，在这一点上：（1）人们甚至不再追求并渴望基本需求的满足，而是将其放弃以支持神经病需求满足；（2）即使提供了基本需求的满足，患者也无法利用它们。为患者提供情感是无济于事的，因为他害怕它、不相信它、误解它，最终拒绝它。

恰是在这一点上，专业（顿悟）疗法变得不仅必要而且无以替代。其他的疗法都不起作用，建议、宣泄、症状治疗、基本满足都行不通。因此，越过这一点，我们可以说步入了另一番天地，那是一个被其自身法则所统辖的地方，在这里本章到目前所讨论的全部原理若是不经修改或限定便不再适用了。

专业技术疗法与业余疗法之间的区别是巨大且重要的。要是早在三四十年以前，我们就不必为上述讨论添加任何东西了。然而今天却有必要这么做，因为从弗洛伊德、阿德勒等人的革命性发现开始，20 世纪的心理学发展正将心理疗法从一种无意识的技巧转变为一种有意为之的应用科学。现在存在着一些适用的心理治疗工具，但它们并不是自动地适用于良好的个人，而是仅仅适用于那些智力超群且接受过如何使用这些新技巧的严格训练的人。

它们是人为的技巧，不是自发的或无意识的技巧。它们可以在某种程度上不依赖于心理治疗师的性格结构而被传授。

在此，我想只谈一谈这些技巧当中最为重要、最具革命性的，即，使患者产生顿悟，也就是说，使他的无意识的欲望、冲动、禁锢、思想为他有意识地利用（成因分析、性格分析、抵触分析、移情分析）。主要是这一工具使得具备必要良好人格的专业心理治疗师比起只具备良好人格却没有专业技术的人具有更大的优势。

这一顿悟是如何造成的呢？迄今为止，造成顿悟的技巧若不是全部那也是大部分并没有太多地逾越弗洛伊德详细阐述的内容。自由联想、梦境解析、日常行为意义阐释是治疗师帮助患者获得意识顿悟的主要途径。[①] 还有一些其他可能性作为例子，但它们不太重要。导致某种方式的分离并利用这一分离的放松技巧以及各种技巧并不比所谓的弗洛伊德技巧更加重要，纵使它们比起今天来曾被更好地运用过。

在一定范围之内，任何一个智力不错的人只要他愿意参加精神病学与心理分析学学院以及临床心理学研究生院所提供的适当训练课程，他就能够获得这些技巧。确实，正如我们所预料的，在使用它们的功效方面存在着个别差异。从事顿悟疗法的一些学者似乎比其他学者具有更好的直觉。我们可以感觉到被我们归为良好人格的那类人，比起不具备这类人格的人，将会更为有效地

---

① 各种类型的群体疗法主要依靠弗洛伊德的理论和方法，但是承诺加入我们的全部顿悟技巧（1）解释、直接传递信息等教育技巧，以及（2）通过听到其他患者讲述类似的其他技巧以摆脱轻度抑郁。这种讨论与各种行为疗法不太相关。

运用它们。所有的精神分析学院都把对学生的人格要求列为其中一部分。

弗洛伊德提供给我们的另一个伟大的新发现是意识到了心理治疗师自我理解的必要性。当治疗师的这种顿悟的必要性被精神分析学家承认的时候，持有另一种见解的心理治疗师们尚未正式承认它。这是一个错误。从这里描述的理论中得出：使得治疗师的人格变得更好的任何力量由此也会把他变成一位更好的治疗师。精神分析或治疗师其他深刻的疗法能够有助于这点。如果有时它没能完全治愈，那它至少可以使治疗师意识到那些可能的威胁他的东西，意识到他内心之中冲突与受挫的主要地方。结果，当他接触患者的时候，他就能够忽略自身的这些力量，并且调整它们。由于总是意识到它们，他就能够屈从于他的理智。

我们说过，在过去，治疗师的性格结构比起他所倡导的任何理论来都更显重要，甚至比他所运用的意识技巧都来得重要。但是这种重要性随着技术疗法变得愈发复杂而一定会变得越来越小。在对出色的心理治疗师的总体描述中，近一二十年来他的性格结构的重要性逐步减弱，未来还会继续减弱，而他的训练、才智、技巧、理论已经逐渐变得越来越重要了，我们可以放心，将来有一天它们会变得举足轻重。我们曾赞美过智慧年长女性的心理治疗技巧是出于以下简单的原因：过去这些技巧只有心理治疗师可以获得，其次是现在以至未来在我们称之为业余心理疗法的领域里它们将是始终重要的。但是，依靠抛掷硬币来决定是否去找牧师或是精神分析学家不再是理智的或正当的了。优秀的专业心理治疗师把直觉手段远远抛在了后面。

我们可以期待在不久的将来，特别是如果社会状况改善了，职业心理治疗师的作用将不会是服务于消除疑虑、给予支持及满足其他需求，因为我们将从非专业的同侪中获得这一切。一个人将为了治疗那些简单满足疗法或释放疗法力所不及的疾病而来，而这些疾病只有那些未被外行所掌握的专业技巧才能处理。

自相矛盾的是，从前述理论中也可能演绎出完全相反的结论。如果相对健康的人更容易受到心理疗法的影响，那么很有可能更多的技术治疗时间将预留给最健康的人而非最不健康的人，其明显理由在于一年之内改善十个人比只改善一个人要更好一些，尤其是当这些极少数的人就处在关键的非职业治疗地位时，例如，教师、社会工作者、内科医生。这已经在很可观的程度上发生了。经验丰富的心理分析师以及存在主义分析学家的大部分时间是用于训练、教育以及分析年轻的治疗师。现在，心理治疗师面向内科医生、社会工作者、心理学家、护士、牧师和教师授课也是极为普遍的。

在离开顿悟疗法这一主题之前，我认为分辨一下顿悟与需求满足之间迄今暗含的二分法是恰当的。纯粹的认知或理性主义的顿悟（冷静的，不带情感的认识）是一回事；有机体的顿悟是另一回事。弗洛伊德学派有时谈到的彻悟就是承认这一事实：仅仅对于某人病症的认识，甚至当我们再加上对于病源的认识以及对于它们在当今心理经济中能动作用的认识本身常常是不具疗效的。同时还应该有情感的体验、体验的真实重现、宣泄以及反应。也就是说，彻悟不仅仅是一种认知体验也是一种情感体验。

更为微妙的争论是：这种顿悟常常是意动的、需求满足的或是受挫的体验，是确实感觉到为人所爱、或是被人遗弃、或是被人鄙夷、或是被人排斥或是受人保护。心理分析师所谓的情感最好被看作是对于实现的反应，例如，一个人由于生动地重温了二十年（受压抑或者被曲解至今）的体验，意识到父亲毕竟是真心爱他的；或者通过切实地经历了恰当的情感体验，他猛然意识到他原来憎恨他自以为钟爱的母亲。

这种认知、情感和意动并存的丰富体验，我们可以称之为有机体的顿悟。但是假设我们一直致力于主要研究情感的体验呢？我们还应该必须不断地拓展这一经验以便容纳意动成分，我们最终应该发现我们是在谈论有机体的或整体论的情感等。对于意动体验说来亦然，它也将拓展到整个有机体的非机能体验。最后一步将是意识到除了研究者方法的角度不同，有机体顿悟、有机体情感和有机体意动之间并没有什么差别，并且最初的二分法将被显而易见地视作过于拘泥于原子论从而无法切入主题的人为产物。

自我疗法，认知疗法

这里描述的理论的一个含意是，自我疗法比起人们通常所意识到的具有更大的可行性，同时又具有更大的局限性。如果每一个人都学会理解自己缺少了什么，了解自己的基本欲望是什么，大致学会表明缺少这些基本欲望的满足的症状，那么他就可以有意识地着手尝试着补偿这些匮乏。我们完全可以说，按照这一理论，大多数人在自己的能力范围之内比起他们所意识到的更有可能自我治愈在我们社会中如此普遍存在的大量的轻微失调。爱恋、安全感、归属关系、尊重他人几乎成了应对情境紊乱甚至是某些轻微性格紊乱的灵丹妙药。如果一个人明白他应该拥有爱意、尊重、自尊等，他就能够有意识地寻觅到它们。当然谁都会同意，有意识地寻觅到它们会比试图无意识地补偿其匮乏更好且更富有成效。

但是当这一希望被提供给了许多个人的时候，并且当他们比起一般所认为的被给予了更广泛的自我疗法的可能性的同时，对他们来说，尚有若干问题非常有必要求助于专业人士。首先，在严重的性格障碍或存在性神经症方面，清晰地理解产生、引发或维持这一紊乱的动力力量是绝对必要的，此后对于病人的治疗才能不仅仅具有改善的效果。正是在这里，造成意识顿悟所必需的全部工具必须得到运用，没有其他东西可以替代这些工具而且目前只有接受过专业训练的治疗师才能运用它们。就永久治愈而言，一旦一个病例被认定是严重的，那么来自于外行、来自于智慧年老女性的帮助十之八九会变得毫无用处。这就是自我疗法的基本局限性所在。①

集体治疗：人格成长小组

我们心理治疗方法最终意味着更加尊重集体治疗以及训练小组等。我们非常强调这一事实，即，心理疗法与人格成长是一种人际关系，仅基于先天的原因，我们应该感觉到把两个人扩展为一个更大的组群可能会大有裨益。如果普通疗法可以被想象成二人理想社会的缩影，那么集体治疗就可以被想象成十人理想社会的缩影。我们已经有强烈的动机来试验集体治疗了，也就是说，节省金钱与时间以及使得越来越多的患者能够获得心理治疗。但是除此以外，我们目前的经验数据表明集体治疗与训练小组可以做到个人心理疗法所做不到的事情。我们已经知道当患者发现与小组的其他成员几乎是同病相怜，他们的目标、冲突、满足与不满、潜在冲动与思想在社会中可能几乎是十分普遍的时候，他们也就极易摆脱单一感、孤独感、内疚感或罪恶感。这就削弱了这

① 自从最初这一观点落到纸面以来，就出现了霍妮（Horney）《自我分析》与法罗（Farrow）《自我分析》等有关自我分析方面的令人感兴趣的著作。他们的论点是，个人通过他自己的努力能够逐渐获得专业分析师所达到的那种顿悟但不是那一层次的顿悟。这一点并没有被大多数分析师否定，但被认为是不现实的，因为那样做就得需要患者具备超常的努力、耐心、勇气以及坚持不懈。我相信，对于许多论及个人成长的著作而言，类似的情形也是真实的。它们当然可能是有所帮助的，但没有专业人士或是“导师”、宗教领袖、向导等的帮助，人们切不可指望它们产生巨大的改观。

些潜在的冲突与冲动具有的精神病患诱导性。

对于治疗的另一个期待也从实际实践中得到证实。在个别心理治疗中，患者要学会与至少一个人——治疗师建立良好的人际关系。那么人们也就希望他能够将这一能力转移到他的一般社会生活中。他常常可以做到，但有时也做不到。在集体治疗中，他不仅学习如何与至少一个人建立这种良好关系，而且在治疗师的监督下，开始同整整一组其他的人一起实践这一能力。总体而言，已有的实验结果尽管不会令人吃惊，却无疑是鼓舞人心的。

正是由于这种经验数据以及来自理论的推理，我们应该迫切地进行更多的集体心理疗法的研究，这不仅仅因为它是技本心理疗法颇有前途的先导者，而且还因为它无疑会教授我们许多普通心理学理论方面的知识，甚至是有关广义社会理论方面的知识。

训练小组、基础会心小组、敏感训练以及被划入人格成长小组或有效教育研究班和工作坊的其他所有小组亦是如此。尽管过程不同，但可以认为它们都具有与所有心理治疗师相同的高远目标，即，自我实现、完满人性、更加充分地发挥种属与个人的潜力等。像任何一种心理疗法一样，在有能力的人手中，它们就会创造奇迹。然而我们也有足够的经验可以理解，在操作不当时，它们便会无济于事或者带来危害。因此我们需要更多的研究。这一结论当然不足为奇，因为完全同样的结论对于外科医生以及其他所有的专业人士而言同样真实。我们尚未解决以下问题：一位外行或业余人士如何能够选择颇具能力的心理治疗师（或内科医生、牙医、宗教领袖、导师、教师）而避免选择资历平庸之辈。

第十六章

正常、健康与价值

Motivation and Personality

“正常”和“反常”这两个词具有如此多不同的含义，以致已近于无用。对于心理学家和精神病学家而言，今天强烈的倾向是，用更具体的属于这些方面的概念来代替这些十分笼统的词。这就是我在这一章中将要探讨的问题。

一般来说，人们一直试图从统计、文化相对论、或生物－医学的角度来定义正常状态。然而，就像交际场合或礼拜日的用语一样，它们不过是一些形式上的正规解释，而并非日常生活中的解释。正常一词所具有的非正式意义就像专业含义一样确切。当大多数人问“什么是正常的？”，他们心中所想的是其他事物。对于大多数人，甚至包括在非正式场合的专家，这是一个价值问题，它相当于问，“我们应该珍视什么？”“对我们而言，什么是好、什么是坏？”“我们应该忧虑什么？”以及“我们应对什么感到内疚或者感到问心无愧？”。我决定既在专业的意义上，也在非专业的意义上来解释本章的标题。我的印象是，在这一领域有许多技术人士也做了这一工作，尽管他们在大多数时间不承认这一点。在正式会话中，关于正常应该意味着什么，有过大量的讨论，但是，关于它在具体情况下实际意味着什么，讨论却相当少。在我的治疗工作中，我一直是从患者的角度，而非从专业技术的背景来解释正常和反常。曾经有一位母亲问我，她的孩子是否正常；

我理解她是想知道，她是否应该为她的孩子担忧，她是应该努力改进对孩子行为的控制，还是应该任其发展、不去打扰。人们曾在讲演后问到关于性行为的正常与反常，我以同样方式理解他们的问题，我的回答往往给予以下暗示，“要注意”或“别担心”。

我认为，精神分析学家、精神病学家以及心理学家对这一问题再次感兴趣的真实原因，是觉得它是典型的重大价值问题。例如，埃里希·弗罗姆是在良好、合意以及价值语境之下谈到正常状态的。在这一领域内，大多数其他专家也是这样。这种工作现在以及过去一些时候一直非常明确地是要努力构建一种价值心理学，这种价值心理学最终可以作为普通人的实践指导，也可以作为哲学教授和技术人士的理论参照标准。

我甚至能够探讨得更深远一些。对于这些心理学家中的许多人，所有这种努力越来越被认为是企图要做正规的宗教曾竭力去做而未能做到的事情，也就是给人们提供一种对于人性的理解，这种人性涉及其自身、他人、普遍社会、一般世界，为他们提供他们能够据以理解何时应该感到内疚、何时不应感到内疚的参照标准。这就是说，我们相当于正在建立一门科学伦理学。我完全愿意我在本章的议论被理解为是朝向这个方向所作的努力。

“正常”的定义

现在，在我们开始研究这一重要主题之前，让我们首先看一看描述和定义“正常”的各种技术尝试，尽管这些尝试并不成功。

1. 人类行为的统计调查只告诉我们事实是什么，实际存在的是什么，这些调查被认为完全缺乏评价。幸运的是，大多数人，甚至包括科学家在内，都不够坚强，无法抵御诱惑，只能顺从地赞同平均水平、赞同最普通最常见的事物，在我们的文化中尤其是如此，它对于普通人而言非常强势。比如，金赛博士（Kinsey）对性行为的杰出的调查因其提供的原始资料而于我们非常有益。但是他和其他人却无法避免谈论什么叫正常（指合意）。（从精神病学角度的）病态的性生活在我们的社会中是正常的。但这并不使病态变得合乎需要或健康。我们必须学会在我们意指平均水平时才使用这一词汇。

另一个例子是格塞尔婴幼儿发展量表，它对于科学家和医生当然很有用。但是，假如婴儿在练习走路或从杯子里喝水的成长上低于平均水平，大多数母亲就很容易感到焦虑，好像那是坏事或者可怕的事。很显然，在我们找出了平均水平之后，我们还必须问：“这种平均水平是合乎需要的吗？”

2. 正常一词经常在无意中作为习俗、习惯或惯例等同义词来使用，并且通常被用于掩盖认可的习俗。我记得我上大学时一次关于女性吸烟的风波。我们的女生训导主任说那是不正常的，并且对此加以禁止。那时，女大学生穿着宽松的裤子，或是在公共场合拉手也是不正常的。当然，她的意思是“这不合乎传统”，这完全正确；但这对于她而言，还暗含着“这是不正常的、不健康的、本质上病态的”，那这就完全错了。几年后，传统改变了，她也随之被解雇了，因为，到那个时候，她的那套方式已成为不“正常”的了。

3. 这一用法的另一个不同形式是用神学准则来掩盖习俗。所谓圣书，经常被理解为行为制定的规范，但是科学家对待这些传统也像对其他传统一样，很少予以关注。

4. 最后，作为正常、合意、良好或健康的一种根源，文化相对性也可以看作是一种过时的东西。当然，人类学家起初曾在使我们认清民族中心主义时给予我们极大的帮助。作为一种文化，我们曾一直努力把各种地方文化习惯，诸如穿什么裤子或吃牛肉而不吃狗肉等作为绝对的物种范围内的标准来提出。更广泛的人种学知识已驱散了许多这类见解。并且，人们普遍认识到，种族主义是一种严重的危险。现在，没有谁能够代表全人类讲话，他必须了解一些文化人类学，以及具备至少五六种或十种左右的文化知识，这样他才能够超越或者避免自己的文化的限制，从而更加能够把人类作为人类物种而非邻里来进行评判。

5. 适应良好的人的概念，是这一错误的主要变体。看到心理学家们竟变得敌视这一看起来合情合理、显而易见的概念，非专业的读者也许会感到迷惑。每个人毕竟都希望他的孩子善于适应、融入团体，受到同龄朋友的欢迎、赞扬和喜爱。我们的重要问题是“适应哪一个团体？”能够适应纳粹、犯罪、违法、吸毒等团体吗？受谁欢迎？受谁赞扬？在赫伯特·乔治·威尔斯精彩的短篇小说《盲人乡》中，大家都是盲人，而有视力的那个人却是不适应环境的。

适应意味着一个人对自己文化以及外部环境的被动的顺应。但是，如果它是一种病态的文化呢？或者再举一个例子，我们正慢慢地领悟到，不再以精神病为理由认为青少年罪犯必然很坏或者有害。从精神病学和生物学的角度来看，有时孩子们的犯罪、违法和不良习惯也许代表着对被人利用、非正义和不公正的合理反抗。

适应是一个被动的而非积极的过程。母牛、奴隶或者任何没有个性也能很快乐的人，甚至有适应良好的疯子或者囚犯，就是它的理想典型。

这种极端的环境论意味着人类无限的可塑性和灵活性以及现实的不可变性。因此它就是现状，体现了宿命论的观点。同时它也是不真实的。人类的可塑性并非无限的，而且现状也是能够改变的。

6. 把正常一词用于指没有身体上的损伤、疾病或明显的机能失常的医学临床习惯，是使用正常一词的又一个完全不同的传统。如果一个内科医生在给病人进行彻底检查后没有发现任何身体上的毛病，他就会说这个病人“情况正常”，尽管病人仍然处于痛苦之中。这位内科医生的意思其实是，“我用我的技术不能发现你有什么病症。”

受过一些心理学训练的医生和所谓身心学家发现的事物会多一些，对于正常一词的使用也会少得多。的确，许多精神分析学家甚至说就没有正常的人，即，不存在绝对没病的人。这就是说，没有人是完美无瑕的。这种说法相当真实，但于我们的伦理学研究却没有多少帮助。

“正常”的全新概念

我们已经学会了抵制这些形形色色的概念，那么什么将代替这些概念呢？这一章所涉及的新概念仍然处于建立和发展阶段。目前尚不能说它已经很明确了，或者有无可争辩的证据作为可靠支持。相反地，应该说它是一种发展缓慢的概念或理论，似乎越来越有可能成为未来发展的真实方向。

关于正常这个概念的发展前景，我个人的预见或者推测是，关于普遍性的、全人类的心理健康的某种形式的理论不久将得到发展，它将适用于整个人类，无论人们所处的文化和时代背景如何。无论从经验还是从理论方面来看，这种情况都正在发生。新的事实、新的资料促使了这种新的思想形式的发展，关于这些新的事实和资料，我将在后文提及。

德鲁克（Drucker）提出了这样的论点：自从基督教创史以来，有大约四种连续的观点或者概念一直统治着西欧，这些观点表达了寻求个人快乐与福祉所应采取的方式。其中每一个观点或者神话都树立了一种理想的典型人物，并且设想，如果效仿这个理想人物，个人快乐与福祉就一定会实现。在中世纪时，神职人员被视为理想的典型，而在文艺复兴时期则换成了有学识的人。随着资本主义和马克思主义的兴起，讲究实用的人往往左右了关于理想人物的看法。近来，尤其是法西斯主义国家，同样可以谈论一个类似的神话，即，关于英雄人物的神话（尼采哲学意义层面的英雄人物）。

现在看来，似乎所有这些神话都已经破灭，取而代之的是一个全新的概念，这个全新概念正缓慢地在最先进的思想家和本主题的研究者的思想中发展着，我们可以很有理由期待它在今后一二十年内发展成熟；这个新概念就是心理健康的人，或者具有真正灵魂的人，实际上也可称为“自然”的人。德鲁克提到的那些概念曾对我们的时代产生过深远的影响；我期待，这一概念将对我们的时代产生同样深远的影响。

现在让我简要地阐述心理健康的人这一最近发展的概念的实质，开始时或许有些教条。首先，最重要的是一个强烈的信念：人类有自己的基本天性，即，某种心理结构的框架，可以像对待人体结构那样来研究和讨论；人类有由遗传决定的需求、能力和倾向，其中一些跨越了文化的界线，体现了全人类的特性，另一些为具体的个人所独有。一般看来，这些需求是良好的或中性的，不是罪恶的。第二，我们的新概念涉及这样一个概念：全面的健康状况以及正常的有益的发展在于实现人类的天性、在于充分发挥这些潜力、在于遵循这个暗藏的模糊不清的基本性质所控制的路线而逐渐发展成熟，这是内在发展而非外界塑造的过程。第三，现在可以清楚地看到，大多心理病理学现象是人类的基本天性遭到否定、挫折或者扭曲的结果。根据这个观点，无论什么事物，只要有助于朝向人的内在天性的实现方向发展，就是好的；只要阻挠、阻挡或者否定基本的人类天性，就是不良的或不正常的；只要干扰、阻挠或者改变自我实现进程，就是精神病态。那么，什么是心理疗法呢？或者就此来说，什么是治疗或成长？无论什么方法，只要能够帮助一个人回到自我实现的路径上来，只要能够帮助他沿着其内在天性所指引的路线发展，就是治疗。

乍一看，这一概念使我们想到诸多亚里士多德主义者和斯宾诺莎主义者的过去的理想。的确，我们必须承认，这一新概念与过去的哲学有很多共同之处。但是，我们也必须指出，对于真实的人性，我们远比亚里士多德和斯宾诺莎了解得多。在任何情况下，我们都能理解他们的错误和缺点是什么。

首先，这些古代哲学家们所缺少的知识，以及导致他们的理论具有致命弱点的知识，已经被心理分析的各个流派，尤其是被弗洛伊德发现了。我们已经特别从动力心理学家，还有动物心理学家以及其他心理学家那里，极大地增加了关于人的动机的理解，尤其是无意识动机方面的知识。其次，我们现已极大地丰富了关于心理病理学及其起源的知识。最后，我们已经从心理治疗师，特别是从对心理治疗的目标和过程的讨论中学到很多。

总之，当亚里士多德假定良好的生活在于按照真实的人性生活时，我们可以同意他的观点；但是，我们必须补充的是，关于真正的人性，他了解得不够。在描绘人性的这种基本天性或固有结构时，亚里士多德所能做的，就是观察自己周围的情况，研究人，观察人们的表现。但是，谁要是像亚里士多德那样只从表面来观察人，他最后就一定只能得到静态的人性的概念。亚里士多德所能做到的唯一事情，就是描绘一幅属于他自己的文化和特定时代的好人的图景。人们记得，在亚里士多德关于美好生活的概念中，他完全接受了奴隶制的事实，并提出了致命的错误假定，即，仅仅因为一个人是奴隶，奴隶性就成了他的基本天性，因而，做奴隶对这个人而言就是美好的生活。这完全暴露了在试图建立什么是好人、正常人或建康人的观念时，单纯地依据表面的观察这一方法所具有的弱点。

新旧概念的区别

我想，如果我必须用一句话来对比亚里士多德的理论和戈德斯坦、弗洛姆、霍妮、罗杰斯、布勒、罗洛·梅、格罗夫、达布罗斯基、默里、苏蒂奇、布根塔尔、奥尔波特、弗兰克尔、墨菲、罗夏以及其他人的现代概念，我会坚持认为，基本的区别在于：

我们现在不仅能够看出人是什么，而且知道他可以成为什么。也就是说，我们不仅能够看到表面、看出现状，而且也看到潜力。我们现在更加了解人们隐藏的情况，以及被压抑、忽略、忽视的状况。我们现在能够依据一个人的可能性、潜力以及可能实现的最高发展，而不是仅仅依靠观察其外在情况，来判断他的基本天性。该方法概括了在实际操作层面（人们）总是低估人性的这一历史。

我们优于亚里士多德的另一点在于，我们已经从这些动力心理学家那里学得，单凭才智或者理性是不能达到自我实现的。人们记得，亚里士多德给人的能力排列了等级，理性在其中占据首位。随之不可避免地提出一个概念：理性与人类的情感和似本能的天性相对立、相斗争、相冲突。但是，通过对于心理病理学和心理治疗的研究，我们懂得了必须大力改变我们对心理学意义上的有机体的看法，以便平等地尊重理性、感情以及我们本性中意动或者渴望和驱动的一面。而且，对健康人的经验研究向我们证明，这些方面之间根本没有冲突，人性的这些侧面不一定是对抗的而可以是配合协作的。健康人完全是一个整体，或者说是一体化的。只有神经病患者才与自己不一致，理性与情感相冲突。这种分裂的后果是，不但感性生活和意动生活一直遭到误解和曲解，而且我们现在认识到，我们从过去承袭的关于理性的概念也误解和曲解了理性。正如埃里希·弗洛姆所说："理性由于成了看守其囚犯——人性——的卫兵，它本身也变成了囚犯，因此人性的两个方面——理性和情感——都变得残缺不全了。"我们必须一致

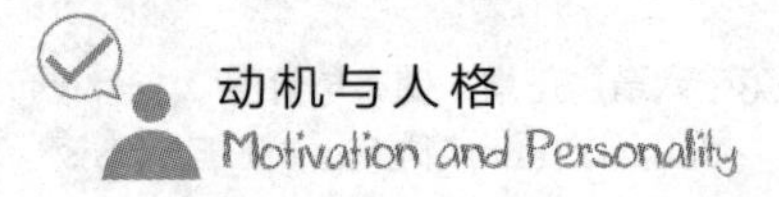

赞成弗洛姆的观点，他认为，自我实现的发生不仅依靠思想活动，而且取决于人的整体人格的实现，整体人格不仅包括该人的才智能力的积极表达，而且包括他的情感和似本能的能力的积极表达。

一旦我们获得了对于一个人在我们现在称为良好的某些条件下能够成为什么的可靠知识，并且假定，只有当一个人实现了自我、成为他自己时，他才是快乐的、平静的、自我认可的、坦荡的、身心一致的，那么就有可能也有理由谈论好与坏、对与错、合意或不利。

如果技术哲学家表示反对说："你怎么能证明幸福比不幸要更好呢？"这个问题甚至凭经验就可以回答，因为，如果我们在相当多样的条件下观察人类，就会发现，他们自己，而不是观察者，自然地选择幸福而非不幸，选择舒适而非痛苦，选择平静而非焦虑。一句话，在其他条件相同的情况下，人们选择健康而非疾病（条件是，他们自己进行选择他们不是过于病态的，这些条件后文会加以讨论）。

这也回答了大家都熟悉的目标——手段价值命题的哲学上的通常性的反对意见。（如果你要达到目的 X，你就应该采取手段 Y。"如果想长寿，你就应该吃维生素"。）我们现在对该命题有一个不同的解释。我们在经验上知道人类需要什么，比如，需要爱意、安全感、免于痛苦、幸福、长寿、知识等。那么，我们可以不说："假如你希望幸福，那么……"，而是说："假如你是一个健康人，那么……"

在下面的经验之谈中，这也完全符合事实：我们随意地说狗喜欢肉，不喜欢沙拉；金鱼需要淡水，鲜花在阳光下开得最盛。由此我坚决认为，我们说的是描述性、科学性的语句，而不是单纯的规范性、标准性的语句。（我提出了“融合词”这一术语，这样的语句既具有描述性，又具备规范性。）

向我的那些将“我们是谁”与“我们应该成为什么”加以严格区分的哲学界的同事们再进一言：“我们能够成为什么”=“我们应该成为什么”，但“能够”一词比“应该”要好得多。要注意，假如我们采取经验和描述的态度，那么“应该”一词就是完全不合适的，例如，如果我们问花朵或者动物应该成为什么，我们清楚地知道这样问很不合适。“应该”一词在这里是什么意思？一只小猫咪应该成为什么？对于这个问题的答案以及答案中所包含的精神也同样适用于人类儿童。

让我用一种更有力的方式来表达同一个意思：今天，我们有可能在某一个单一瞬间区分一个人目前是什么和他能够成为什么。我们都知道人的性格分为不同的层次或者不同的深度。无意识与有意识的东西共同存在，尽管它们可能会发生矛盾。一个目前存在（在某一意义上），另一个目前也存在（在另一较深层的意义上）并且有一天将有可能显露出来，成为有意识的东西，然后成为有意识意义的存在。

按照这个观点，人们可以懂得，行为恶劣的人可能于性格深处保藏着爱。假如他们努力实现了这种泛人类的潜能，他们就变成比过去健康的人，并且在这个特殊意义上，变得更正常了。

人与其他所有生物的重要区别在于：人的需求、偏好和本能的遗迹弱而不强，含糊而不明确，有怀疑、犹豫、冲突的余地；它们极容易被文化、学习以及他人的偏好所掩盖，进而消失在视野中。[①]古往今来，我们一直习惯于将本能看成意义明确的、不会出错的、牢固的且有力的（就像动物的本能一样），以至我们从未看到薄弱本能的可能性。我们的确有一种天性、一种结构、一种似本能的倾向和能力的朦胧的骨架结构；然而，要在我们身上认清它却是一项伟大而困难的成就。做到自然、自发、了解自己的本质和自己真正的需要，这是一个罕见的高境界，它不常出现，并且通常需要巨大的勇气和长期的努力。

人类的内在本性

让我们作个总结。我们已经肯定，人类的天生趋势或者说内在本性，似乎并不只是他的解剖构造和生理机制，还包括他最基本的需求、欲望以及心理能力。其次、这种内在本性通常并不是显而易见的，而是被掩盖起来、尚未实现、处于弱势而非强盛的。

我们如何知晓这些需求和本质上的潜力就是天生趋势？我在第六章和《评判标准要符合本能》一文中列举了十二个独立的证据和发现方法，在此，我将只举其中四个最重要的为例。第一，这些需求和能力如果遭受挫折，就会导致心理疾病。第二，这些

① 露西·耶斯纳博士（Dr. Lucie Jessner）还建议，由于人类在此前的满足之后过于满足或过快满足的倾向，这些需求可能会持续疲软。

需求如果得到满足则能培养健康的性格（良好的心理状态），而神经病患者需求的满足就不会产生这种结果。这就是说，它能使人变得更健康更美好。第三，在自由的状态下，它们自然地作为人的偏好而展现出来。第四，相对健康的人可以直接细察到它们。

如果我们想要区分基本与非基本，就不能只依赖于对有意识需求的内省，甚至不能只凭借对无意识需求的描述。因为，从现象学上看，神经病患者的需求与内在固有的需求可能感觉起来非常相似。它们同样地迫切要求满足、要求垄断意识，它们的内省特质之间的差异并不明显到足以使反省者能够区分它们，除非人在弥留之际追溯往事（就像托尔斯泰笔下的伊凡·伊里奇），或在某些特殊的顿悟时刻也许有这种可能。

然而，我们必须有某种能够与之联系、与之协变的外部变量。实际上，这一其他变量一直就是神经症——健康连续统一体。我们现在比较确切地相信，恶劣的进攻性行为是反应性的而非基本性的，是结果而非起因；因为，当一个品行恶劣的人在心理治疗中逐渐变得健康时，他的恶意也逐渐减少，而当一个较为健康的人逐渐变得病态时，他的敌意、恶毒、卑劣就会增加。

此外，我们知道，给予神经病患者需求的满足，不会像给予基本的内在需求以满足那样哺育健康。给予一位追求权力的神经症患者以全部他想要的权力并不能减少他的神经症，而且也不可能满足他对权力的精神症式的需求。不管给他提供多少，他仍然会感到饥饿（因为他实际上是在寻找其他东西）。对于终极健康这一目标而言，一位神经病患者需求的满足或抑制，是几乎没什么区别的。

对于像安全感、爱意这样的需求而言，就大不相同了。它们是可以满足的，它们的满足确实会哺育健康，而抑制它们的确会导致疾病。

同样，对于像才智或者活动的强烈倾向这类个人潜力也是如此。（我们这里仅有的资料是临床资料。）这种倾向的作用如同一种内驱力，它要求得到实现。一旦满足它，人就会发展良好；如果使它受到抑制和阻碍，目前尚不为我们所十分了解的各种微妙的麻烦立即就会显露出来。

然而，最为显著的方法还是直接研究真正健康的人。我们的确已经掌握足够的知识，能够选择相对健康的人。就算不存在完美的研究对象，我们仍然可以抱有这样的期望：我们能够更多地了解人的天性，正如我们是通过研究相对浓缩的铀而非相对稀薄的铀来更多地了解它的性质。

本书第十一章中阐述的研究已经证明，科学家有可能在优秀、完美、理想的健康状态和人类潜能的实现的层面上研究并描绘正常状态。假如我们知道优秀人物是怎样的人或者能够成为怎样的人，那么人类（那些最想变得优秀的人们）就可以效仿这些杰出典范从而提高自己。

爱的需求是研究最为充分的人类内在趋势的实例。我们可以运用这个研究来说明已经提及的全部四个用于区分人性中内在和普遍的东西与非本质和局部的东西的方法。

1. 几乎所有治疗师都承认，当我们对一种神经症追根寻源时，我们会非常频繁地发现其生命早期缺爱的现象。一些不完全的试验研究已经在婴儿和幼儿身上证实了这一点，甚至认为彻底地剥夺爱会危及婴儿的生命。也就是说，爱的匮乏会导致疾病。

2. 这些疾病，如果尚未达到无可救药的地步，借助于为患者提供情感和爱意是可以治愈的，对于儿童尤其如此。甚至在成人心理治疗中以及对于更严重的病例的分析中，我们现在也有充分的理由相信，治疗的一个效果是让患者得到并运用能使他痊愈的爱。并且，越来越多的证据证实了充满情感的童年与健康的成年之间的联系。总而言之，可以作出如下概括：爱对于人类的健康发展是一种基本需求。

3. 如果一个儿童处于自由选择的情况下，并且假设他的心灵尚未被扭曲，他将选择情感而不是非情感。虽然我们目前还没有确实的实验来证明这一点，但是我们所掌握的大量的临床资料和一些人类文化学的资料可以支持这个结论。一个普遍观察证实了我的观点：儿童喜欢情感丰富的而不喜欢怀有敌意、冷酷的老师、父母或朋友。婴儿的啼哭告诉我们，他们需要喜爱不要冷漠；巴厘人的情况就是一个实例。巴厘成人不像美国成人那样需要爱。痛苦的经历教给巴厘儿童的是不去寻求和期望爱。但是他们并不喜欢这样的培养，在被强迫不去要求爱时他们痛哭不止。

4. 最后，我们在健康的成年人身上发现了什么可以说明问题的情况？我们发现，几乎所有健康的成年人（虽然不是全部）都享受过充满爱的生活，给予过也承受过爱。并且，现在他们正在爱着他人。最后一个似乎自相矛盾的现象是，他们不像普通人那样需要爱；显然，这是因为他们已经拥有了足够的爱。

任何其他营养缺乏症都可以为我们提供完美的佐证，使我们的论点更有道理，更加符合常理。假设一个动物缺盐。首先，这会引起病状。第二，额外摄入的盐会治愈或有助于治愈这种病状。第三，缺盐的小白鼠或人在有机会时会选择盐多的食物，即，异于寻常地大量食盐，而且人会表达主观上对盐的渴望，并会说盐尤其好吃。第四，我们发现，健康的有机体若已经摄入足够的盐，就不会特别渴望或需要它了。

因此我们可以说，正如有机体为了维持健康、防止疾病而需要盐一样，它为了同样目的也需要爱。换言之，我们可以说，就像汽车由于构造如此而需要汽油一样，人体也需要盐和爱。

我们对于良好条件，许可范围等已经谈论了很多。这些都涉及在科学工作中进行观察时经常必不可少的特殊条件，这些等于在说："在某些情况下这才是事实。"

良好条件的定义

是什么构成了使本性得以显露的良好条件呢？现在让我们转向这个问题，看看现代动力心理学的观点。

如果我们迄今讨论的要点是有机体具有自己轮廓模糊的、内在的本性，那么显然，这种内在本性非常脆弱、微妙，不像在低等动物身上那样强大且不可抗拒；低等动物对于自己是什么、想要什么和不要什么，绝不会产生任何怀疑。然而，人类对爱意、知识或者人生观的需求却并不是毫不含糊、明白无误的，而是微弱无力的，它们用低语而不是喊叫来表达自己。而低语声很容易被淹没。

为了发现一个人需要什么以及他到底是什么，必须创造特殊的条件以促使这些需求和能力表现出来，使它们得以实现。一般而言，这些条件可以总体概括为允许满足和允许表现。如何知道怀孕的白鼠吃什么最好呢？我们让它们在广泛的可能性中自由选择，对它们吃什么、何时吃、吃多少、怎样吃不加任何限制。我们知道，按个体的方式给婴儿断奶对婴儿最为有利，即，在对他最为合适的时间给他断奶。如何确定这个时间呢？我们当然不能去问婴儿，我们也学会了不再去请教保守的儿科专家。我们给婴儿一个选择的机会，让他自己决定。先给他流质和固体两种食物，假如固体食物吸引了他，他自然地就会自己断奶。同样，我们也已经学会通过创造一种允许、接受和满足的氛围来让儿童告诉我们他们什么时候需要爱意、保护、尊重或者控制。我们已经知道，这种氛围对于心理治疗最为有利；确实，这是从长远来看唯一可能的有效氛围。我们发现，在广泛的可能性中自由选择的方法，在许多不同的社会情况中都是有用的，例如，女孩少年犯在教养院选择室友、大学生选择老师和课程、军队选拔投弹部队等。（在此我回避了有益的挫折、纪律以及对满足加以限制这些棘手但却重要的问题。我只想指出，虽然“允许”可能对于我们的实验目的最为有利，但是它自身还是不足以用于教育顾及他人、意识到他人的需求或未来的需求。）

那么，从促进自我实现或者促进健康的角度来看，（理论上的）良好环境应该是这样的：提供所有必需的原料，然后退至一边，让（普通的）有机体自己表达其愿望、要求、自己进行选择（切莫忘记，有机体经常选择延迟或放弃，以有利于他人，等；而他人也有要求和愿望）。

一个心理学上的乌托邦

最近，在理论上建立一个心理学乌托邦一直是我的乐趣，在这个乌托邦中，人人都是心理健康的，我称其为“理想精神国”。根据我们关于健康人的知识，我们是否能预见到，假如一千户健康家庭移居一处荒原，在那里他们可以随意根据自己的意愿设计命运。他们会发展怎样一种文化呢？他们将选择什么样的教育、经济体制、性关系、宗教？

我对某些事情很没把握，尤其是经济情况。但对另外一些事情我可以非常肯定。其中之一是，几乎可以肯定，这是一个（哲学意义上）无政府主义的群体，一种道家式（自由质朴）的但充满爱意的文化；在这个文化中，人们（包括青年人）的自由选择的机会将大大超出我们习惯的范围，人们的基本需求和衍生需求将受到比在我们社会中更多的尊重。人们将不像我们现在这样过多地互相干扰，更少倾向于将观点、宗教信仰、人生观、或者在衣、食、艺术或女性（异性）方面的品味强加给自己的邻人。总之，这些理想精神国的居民将会在任何可能的时候表现出自由宽容、尊重并满足他人的需求；只有在某些情况下会阻碍别人，对此我暂不阐述；他们比我们在相互之间更为诚实；他们允许人们尽可能地进行自由选择。他们在控制欲、暴力、轻蔑或霸道方面远不及我们。在这样的条件下，人性的最深层次能够自己毫不费力地显露出来。

我必须指出的是，成年人构成了一种特殊的情况。自由选择的情境并不一定适合于普罗大众，它只适合于完整无缺的人。病人、神经病患者会进行错误的选择，他们不知道自己想要什么，即使知道，也没有足够的勇气进行正确的选择。当我们论及人类进行自由选择时，我们指的是健康的成人或者人格尚未扭曲变形的儿童。关于自由选择的大部分有效的试验是在动物身上进行的。我们通过分析心理治疗过程，在临床层面对此同样有很大收获。

环境与人格

当我们努力去理解“正常”这个较新概念以及它与环境的关系时，我们遇到另一个重要问题。这个概念引出一个理论上的结果似乎是：完美的健康需要一个完美的世界，后者使前者成为可能。然而在实际的研究中，事情似乎并非绝对如此。

在我们的社会中的确有可能找到极为健康的个体，而我们的社会远非完美。当然，这些人并不是完人，但是他们的确已经达到我们现在所能设想的优秀程度。或许在这个时代、这个文化中，我们只是对人类能够达到怎样的完美程度认识不足。

无论如何，研究工作已经建立了一个重要的论点，它发现个体能够比他所成长和生活于其中的文化更健康，甚至健康得多。之所以有这种可能，主要是因为这个健康的人有挣脱周围环境的能力，这就是说，他是依靠内在的法则而不是外界的压力生活。

我们文化的民主性和多元化给予个人非常广泛的自由来按照自己的意愿保持个性，只要他们的外在行为不过分恐怖或具有威胁性即可。健康人通常不是表面上的引人注目，他们不身着奇装异服，行为举止也不异常。他们有的是内在的自由。由于他们不为他人的赞扬和批评所左右，而是寻求自我肯定，可以认为他们在心理上是自主的，即，相对独立于文化。对不同品味与观念的宽容与自由似乎是关键的必需品。

总之，我们的研究已经得出这样一个结论：虽然良好的环境可以培养良好的人格，但是这种关系远非尽善尽美；此外，为了强调精神和心理的力量同时也强调物质和经济的力量，必须明确地改变对良好环境的定义。

正常的本质

现在回到我们一开始的问题上——正常的本质，我们几乎将它等同于人类所能达到的最高完美境界。但是，这个理想并不是遥不可及的目标，实际上它就存在于我们本身，存在但又被隐藏着，它是潜在性而非现实性。

而且，我宣称发现而不是发明了“正常”的概念，这个发现的根据是经验研究的结果而不是希望或者愿望。这个概念包含着一个完全自然主义的价值系统，对于人性的进一步的经验研究可以扩大这个价值系统。这样的研究应该能够回答以下古老的问题“我怎样才能成为一个好人？怎样才能拥有美好的生活？怎样才能卓有成就？怎样才能幸福？怎么才能获得内在的安宁？”当有机体因为某些价值被剥夺而身体不适、萎靡不振时，如果有机体告诉我们它需要什么，即，我们因此而得知它重视什么，这也就等于告诉我们什么对它有利。

最后一点。较新的动力心理学的关键概念是自发、释放、自然、自我选择、自我认可、冲动意识、基本需求的满足。而过去的关键概念一直是控制、抑制、纪律、训练、塑造，其根据是人类的深层本质是危险的、罪恶的、贪婪的、掠夺性的。教育、家庭培养、抚养孩子、一般的文化适应，都被看作是控制我们内在的黑暗力量的方法。

关于人性的这两种不同概念产生出具有天壤之别的社会、法律、教育和家庭的理想概念。在一种情况下，社会、法律、教育和家庭是约束和控制力量，而在另一种情况下，它们促使人性得到满足和实现。① 当然，这是一种过于简单、非此即彼的对比。实际上，一种概念不可能完全正确或完全不正确。但理想化的两种典型的对比有助于强化我们的理解。无论如何，如果这个将正常状态与理想健康等同起来的观点成立，那么，我们不仅将必须改变关于个体心理学的概念，而且必须改变关于社会的理论。

---

① 我必须再次强调，有两种形式的压抑和控制。一种是阻挠、担心基本需求的实现。另一种是阿波罗式的控制，例如，延缓性高潮、优雅地用餐、熟练地游泳等，这种控制提升了基本需求的满足。

附录一

积极心理学所要研究的问题[①]

Motivation and Personality

① 在本版中，我仅对本附录进行一些小的更正，一是因为大多数建议仍是相关的；二是因为学生将看到过去 15 年中在这些方向上取得了多少进展，这一点很有趣。

学　习

人怎样才能变得智慧、成熟、善良？怎样才能具有良好的趣味、性格以及创造力？怎样学会使自己适应新的情况？怎样学会识别善、理解美、寻求真？

怎样从独特的经历、灾难、婚姻、生儿育女、成功、胜利、恋爱、患病、死亡等等中学习。

怎样从痛苦、疾病、抑郁、不幸、失败、衰老、死亡中学习。

许多被当作联系学习的东西实际上就是沟通。它是固有的，为现实所需要，而不是相对的、偶然的，反复无常的。

自我实现的人越来越不重视重复，与人交往以及随意的奖励。通常形式的广告很可能对他们不起作用。面对广告的自吹自擂，他们很难被广告所宣传的商品的声誉和派头以及广告愚蠢、毫无意义的重复打动。甚至，这反而可能引起负面的效果——他们不是更可能，而是更不可能购买这商品了。

为什么教育心理学大部分关注手段，即：分数、学位、学分、文凭，而不专注目的，即：智慧、理解、良好的判断和审美？

我们对于获得情感态度、品味和爱好了解不足。我们忽视了

“心灵的学习”。

实际中的教育往往要求孩子少添麻烦，少调皮捣蛋，这样才能让大人更方便，满足成人的需要，积极的教育则更多地关心孩子的成长和未来的自我实现。在教育孩子坚强、自尊、正义、抵制控制和利用、抵制宣传和盲目地适应文化，抵制暗示和风尚这方面，我们又了解什么呢？

我们对于无目的的和无动机的学习知之甚少，例如，完全从自身兴趣出发的学习。

感　知

感知局限于对误解、曲解、错觉等等的有限的研究。韦特海默（Werthimer）会把它叫做对于心理盲目的研究。为什么不再加上对于直觉、阈下知觉和无意识知觉的研究？为什么这里没有关于良好品味的研究？真、诚、美的研究？审美感知的研究？为什么有些人发现了美而其他人发现不了？在感知这个宏观概念下我们还可以囊括通过希望、梦想、幻想、创造性、组织和顺序来建设性地操控现实。

无动机、无偏见、无私的知觉。鉴赏、敬畏、景仰。无选择的意识。

我们拥有大量对于刻板印象的研究，却几乎没有对于新鲜的、具体的，伯格森主义的现实的研究。

研究弗洛伊德所谈的那种游离注意。

是什么因素使健康的人能够更有效地解决现实问题，更精确地预见未来，更容易发觉人们的本来面目？是什么因素使他们能够容忍或者享受未知的、无结构的、意义不明的、神秘的事物？

为什么希望和愿望几乎无法扭曲健康的人的感知？

人越健康，他们各种能力之间的联通就越多。这一点也适用于各种感觉通道，这些感觉通道使联觉在原则上成为一项比孤立研究各种独立感觉更为基本的研究。不仅如此，作为一个整体的感觉系统。它与机体的运动方面是联系在一起的。我们需要多去研究这些相互的联系。对于内在意识、存在认知、启发、超个人的和超人类的感知、神秘体验和高峰体验的认知方面等等，都需要进一步研究。

情 绪

积极的情绪、即愉快、沉着、宁静、坦然、满足、接受，尚未被研究。怜悯、同情、博爱也是如此。

人们也没有充分理解嬉戏、高兴、玩耍、游戏、体育。

狂喜、鼓舞、热情、振奋、快乐、异常欣快、幸福、神秘体验、政治和宗教上的皈依体验，高潮所产生的情绪。

心理疾病患者和健康者在斗争、冲突、挫折、悲哀、焦虑、紧张、内疚、羞耻感等方面的区别。在健康者的人身上，这些情绪带来或者能够带来好的影响。

与对情绪的扰乱效用所做的研究相比，对于情绪的组织效用的和其他好的、理想的作用的研究少得多。在什么情况下，情绪与感知、学习、思想等的功效的有增益关系？

认识的情绪方面，比如，顿悟使人情绪激昂，了解使人沉着，对于恶劣行为的深刻理解产生接受和宽恕。

爱情和友谊的感情方面，它们带来的满足和快乐。

对健康的人来说，认识、意动和情感主要是相互合作的，而不是对抗或相互排斥的。我们必须找出其中的原因，找出隐含的机制排列，比如，健康人的下丘脑和大脑之间的联系与别人的不同吗？我们必须了解，例如，意动和情感的动员怎样帮助认识，认识与意动的协同作业怎么影响情感，等等。应该把心理生活的这三方面置于相互联系的背景中进行研究，而不是孤立地去进行研究。

心理学家忽视了鉴赏力，这么做毫无道理。吃、喝、抽烟或者其他感官满足所带来的单纯享乐却在心理学中占据明确的位置。

建设乌托邦的背后是什么冲动？什么是希望？人们为什么想象、投射、创造关于天堂、美好生活和更好的社会？

羡慕意味着什么？敬畏和惊异呢？

怎样研究鼓舞士气？我们怎样才能激励人们付出更多努力，为着更好的目标奋斗？等等。

为什么欢乐比痛苦消逝得更快？有没有方法保持欢乐、满足、幸福感？我们能否珍惜自己所拥有的一切，而不是对它们熟视无睹？

动 机

父母的冲动。我们为什么爱自己的孩子，人们为什么想要孩子，他们为什么能为孩子作出如此多的牺牲？或者说，为什么有些行为在他人看来是牺牲，而父母却不感觉如此？为什么小婴儿那么可爱？

研究正义、平等、自由、对于自由和正义的渴望。人们为什么可以付出巨大代价甚至不惜牺牲生命也要为正义而斗争？为什么有人会不计较个人利益，帮助遭受蹂躏和不公正对待的人以及不幸的人？

人类追求自己的目标，在某种程度上是为了他的目的，而不是由盲目的冲功和内驱力驱使的。当然，后者也会出现，但不是单独出现。完整的情况包含这二者。

到目前为止我们只研究了挫折的致病效用，忽视了它的“致健康”作用。

体内平衡、均衡、适应、自卫本能、防御以及调节，这些仅仅是消极的概念，我们必须补充积极的概念。“一切似乎都是旨在保护生命，很少努力使生命有意义”。波因卡尔（Poincare）说过，他的问题不在于挣钱吃饭，而是在不吃饭的时候能够一直不感到厌烦。如果我们从自卫本能的角度将机能心理学解释为对于有用的研究，那么它的外延，超越性机能心理学就是从自我完善的角度来研究有用。

忽视高级需要，忽视高级需要与低级需要之间的区别，注定使人们在一个需要满足后，还需满足其他需要，并且因此失望沮丧。满足所带来的不是欲望的终止，而是在暂时的满足之后，出现高级欲望和高挫折水平，以及重新恢复不平静和不满足。

食欲、爱好和品味，以及野兽般的、生死攸关的、不顾一切的饥饿。

对于完美、真理、正义的强烈渴望（相当于挂正一幅歪斜的画，或完成一件未完成的工作，或苦思一个未解决的问题的冲动？）乌托邦式的冲动，改进客观世界的欲望，纠正错误的欲望。

弗洛伊德以及学院派心理学家对于认知需要的忽视。

美学的意动方面，审美需要。

我们并不完全了解烈士、英雄、爱国人士、无私的人的动机。弗洛伊德主义的“不过是”和还原论不能解释健康的人。

那么是非心理学和伦理、道理心理学呢？

科学心理学、科学家心理学，知识心理学，关于对知识的追求的心理学，关于追求知识的冲动，关于哲学冲动的心理学。

欣赏、冥想、沉思。

人们通常似乎把性爱看作如瘟疫般避之不及的问题来讨论。

只注意性交的危险，却忽视了这样一个事实：性交是或者应该是一种非常愉快的消遣，而且它很可能成为一种有效的医疗和教育手段。

智　力

我们必须满足于根据现在怎样而不是应该怎样来定义智力吗？智商这个概念，在完整意义上与实力完全是两回事，它是一个纯技术的概念。比如，戈林（Goering）的智商很高，但从非常现实的意义上说却是个蠢人。他无疑是个恶人。我不认为分离出高智商这样一个具体的概念有害处。唯一的问题在于，在一个有所限制的心理学中，更重要的主题——智慧、知识、洞察力、理解力、常识，良好的判断力——都被忽视了，为了支持智商这个概念，因为它在技术上更令人满意。当然，对人本主义者来说这是个非常气人的概念。

哪些影响能提高智商有效智力、常识、良好的判断力？我们非常了解什么对它们有害，但几乎不了解什么对它们有利。有没有可能出现智力心理疗法呢？

一个智力的有机体概念？

这种智力测验在何种程度上受到文化的束缚？

认知和思维

见解的改变。皈依。精神分析的顿悟。突然理解。原则感知。启迪。开悟。

智慧。与良好的品味、道德，与善良等的关系是什么？

纯粹知识的性格遗传学和治疗效用。

纯知识性的和生产性的研究在心理学中应该占有重要位置。关于思维，我们应该更多地注意研究新颖、独创性、产生新思维而不是为迄今在思维研究中使用的先定智力测验寻找答案。既然最佳状态中的思维是创造，为什么不研究它的最佳状态？

科学和科学家的心理学。哲学和哲学家的心理学。

最健康的人的思维——假如他们也聪明——不仅仅是杜威型的，即收到某个打乱均衡的问题或者麻烦的刺激，问题解决后即消失。他们的思维同时也是自发的、娱乐的、愉快的，并且常常能够自动地、毫不费力地产生出来，就像肝脏分泌胆汁一样。这样的人享受做思维动物，他们不需要在受折磨或烦恼时才产生思维。

思维并不总是有方向、有组织、有动机、有目标的。幻想、梦想、象征主义、无意识思维、孩子气的情感的思维、精神分析的自由联想，按照它们自己的方式都是生产性的。健康的人借助于这些方法做出许多结论和决定，它们在传统上与理性对立，但实际上与理性是协同的。

客观的概念。无偏见。被动地对现实的本质作出反应，本质上，不掺杂任何个人或自我的成分。问题中心而不是自我中心的认识。道家式的客观性，爱的客观性，对旁观者的客观性。

临床心理学

总的来说，我们应该学会将任何自我实现的失败看作心理病理学病例。无论对普通或正常人还是对精神病患者都一样，尽管前者的状况不像后者那样明显、紧急。

应该积极地理解心理治疗的目标和目的。（对于教育、家庭、医疗、宗教以及哲学的目标当然也应这样看待。）应该强调好的和成功的生活经验的治疗价值，例如，婚姻、友谊、经济上的成功等等。

临床心理学与病态心理学不同。临床心理学还可以研究成功、幸福、健康的个人案例。临床心理学既可以研究健康也可以研究疾病，既可以研究强壮、勇敢、善良的人，也可以研究软弱、胆怯、残酷的人。

病态心理学不应该仅限于研究精神分裂症，还应该包含玩世不恭、独裁主义、失乐症、丧失价值观念、偏见、仇恨、贪婪、自私等等这样的问题。从价值观念的角度来看，这些是那些真正严重的疾病。从技术的角度看，早发性痴呆、狂郁症、强迫性行为——强迫性冲动等等类似疾病都是人类面临的严峻疾病，因为它们限制了效率。不过，如果希特勒或者墨索里尼那些有严重精神分裂症的人倒台，那则是上帝的泽福，而非灾祸。按照积极的、以价值为导向的心理学的观点来看，我们应该研究使人在价值意义上变坏或者有局限性的干扰和妨碍。因此，从社会角度看，玩世不恭当然比抑郁症更重要。

我们花大量时间来研究犯罪行为。为什么不同时研究遵守法律、参与社会，社会道德感、社会意识?

除了研究好的生活体验所带来的心理治疗作用，如婚姻、成功、生儿育女、恋爱、教育等等，我们还应该研究坏的体验能够达到的心理治疗作用，特别是不幸，也包括疾病、匮乏，挫折、冲突等等。健康者甚至可能将这类不好的体验转变为对自己有利的体验。

研究兴趣（与研究厌烦无聊相对）。那些富有生命力的人对于生活的希望，对于死亡的抵抗，他们的热情。

我们关于人格动力、健康以及调节的现有知识几乎全部来自对病人的研究。研究健康的人不仅将修正这些知识，直接教给我们心理健康的知识，而且我肯定，研究健康的人还将教给我们远远多于我们现有水平的知识，这些知识包括关于神经病、精神病、心理变态和超越性的心理病理学。

对能力、技术、技艺的临床研究。

对天资、天赋的临床研究。我们投入在研究意志薄弱的人上的精力和物力比研究聪明的人多得多。

人们通常认为挫折理论是残废心理学的一个好例子。许多关于儿童养育的理论中，都以弗洛伊德最初的方法将儿童设想为一个纯粹保守的机体，紧紧抓住已经取得的适应，儿童没有继续新的顺应的紧迫，他们按自己的风格成长、发展。

迄今为止，人们用心理诊断的技术来诊断病状，而非健康。对于创造力、自我力量、健康、自我实现、催眠、疾病抵抗力，我们没有罗夏测试，也没有主题理解测验（TAT）或者明尼苏达多相人格检查表（MMPI）这类的常规。大多数人格调查表仍旧遵从伍德沃斯（woodworth）提出的模式，这些表格列出了许多病状，好的或者表示健康的得分就意味着并未患有这些症状。

由于心理治疗可以使人们提升自己，我们不去研究治疗后的人格，就会失去一个了解人们最佳状态的机会。

对于高峰者和非高峰者的研究，即对有高峰体验和没有高峰体验的人的研究。

动物心理学

在动物心理学中，口渴和饥饿一直是研究重点。为什么不研究高级一些的需要呢？我们实际上并不知道白鼠是否有任何可与我们对于爱、美、理解、地位等高级需要相比的东西。用目前动物心理学家所掌握的方法我们怎么能够知道呢？我们必须超越那种关于绝望的老鼠的心理学，这些老鼠被迫处于死亡线上，或者被电击和疼痛逼入极端恶劣的绝境。人类很难在这样一种处境里认识和发现自身。（在猴子和类人猿身上也进行过类似研究。）

相比于死记硬背、盲目联系的学习、智力水平、思维的复杂程度等方面的研究，我们应当更加重视研究理解和洞察力。对于动物的常规研究往往使人忘记研究动物智力水平的上限。

当哈日邦德（Husband）指出一只老鼠能够同人一样，学习绕出迷宫之后，迷宫就不应当再作为研究智力的工具。我们早已得知人类比动物具有更高的学习本领，任何不能显示这一区别的研究方法就如同测量一个在低矮的屋顶下弯腰弓背的人的身高，在这种情况下，测量所得只是屋顶的高度。用迷宫作为测量智力的尺度无法测出学习和思维能力的高低，甚至不能测出老鼠在这方面的能力究竟如何。

显然，以高级动物作为研究对象能够得到更多的有关人类心理的结果。

我们应当牢记：以动物为对象的研究势必会疏忽人类独具的那些能力，例如殉道、自我牺牲精神、惭愧心理、运用符号和语言的能力、爱情、幽默感、艺术审美力、良知、内疚感、爱国主义、理想追求、诗歌与音乐创作、哲学与科学研究等。动物心理学可以帮助我们研究人类与灵长类动物共有的特点，但对于研究人类独有的特点，或比动物更高级的方面（如潜在的学习能力）

是无济于事的。

社会心理学

社会心理学不应该仅仅研究模仿、暗示、成见、仇恨、敌意等。在健康的人的身上这些都是次要力量。

民主制的理论，无政府主义的理论，人际关系，民主的领袖，研究民主政体的权力，民主制之中人民的权力，民主领袖的权力，无私的领袖动机，健康的人不喜欢控制他人。低上限的、低等动物的权力概念过多地统治了社会心理学。

相比合作、利他主义、友好以及无私的研究，社会心理学过多地研究了竞争。

当今，对于自由和自由的人的研究在社会心理学中几乎没有或根本没有位置。

文化是怎样改进的？异端的存在有哪些好作用？我们知道，没有异端，文化绝不能前进或改善。为什么异端一直没有得到更多的研究？为什么它们通常被看成是病态的东西？而非健康的事物？

在社会领域内，我们应当像重视阶级、社会等级以及统治的研究那般，重视兄弟关系，平等主义。

在研究文化与人格的关系时，通常将文化看作原动力，仿佛它的塑造力量不可抗拒。但是，它能够并且的确受到更强健、更健康的人们的抵抗。在某种程度上，文化适应只对一部分人起作用。需要从环境的角度研究自由。

民 意调查是基于不加判断地接受人的可能性的低限度，即，假定人们的自私或纯粹的习惯决定着人们的表决结果。这是事实，但只是在人口中占百分之九十九的不健康的人的事实。健康的人多多少少会根据逻辑、常识、正义、公平、现实等等来投票、相信或作出判断，即便这样做有损于自己的利益，即便这是狭隘自私的行为。

在民主政体的国家中，寻求领导地位的人往往是为了有机会服务他人而不是控制他人。为什么这个事实遭到如此严重的忽视？尽管在美国历史和世界历史上它一直是一种意义深远的重要力量，但一直完全被人忽视。很明显，杰斐逊决不是因为谋求一己私利才追求权力的，而是因为他认为应该奉献自己，因为他能够将需要做的事情做好。

应当研究责任感、忠诚感、社会义务感、社会道德心、责任心。研究好的公民、诚实的人。我们花费大量时间研究犯罪，为什么不研究这些？

应当研究社会运动的参加者，为原则、正义、自由、平等而战的战士，研究理想主义者。

应当研究偏见、冷落、被剥夺以及挫折的积极作用。心理学家很少研究病态心理（如偏见）丰富的多面性。遭到排他和排挤也有好的后果。当某种文化令人怀疑或不健康或饱受诟病的时候，尤为如此。尽管受到这种文化的排斥可能会使人感到痛苦，但对个人来说也是一件好事。对于自己不赞同的亚文化，自我实现者常常抽身而出，自我排斥。

相对来说，我们对于暴君、罪犯、心理变态者的了解远比对圣徒、骑士、行善者、英雄、无私的领袖的了解多得多。

习俗有好的一面，有积极的影响，好的习俗，健康与病态社会中互相对立的价值观。“中产阶级”的价值观念也是如此。

在社会心理学教科书中几乎没有提及善良、慷慨、博爱、慈善。

富有的自由主义者，如富兰克林·罗斯福，托马斯·杰斐逊，他们不惜牺牲自身的经济利益，为正义和公理而斗争。

有关反对犹太人、排斥黑人、种族歧视的书籍如汗牛充栋，而承认事实的另一面，描写对犹太人和黑人的友爱，同情失败者的作品却寥寥无几，这反映出我们侧重于敌意，而忽视了对利他主义、对不幸者的同情和关心。

应该研究运动道德、公理、正义感以及对他人的关注。

在人际关系和社会心理学的教科书中，我们应该讨论有关爱情、婚姻、友谊以及医生与病人之间的医疗关系的例证。但目前，教科书极少涉及这些问题。

心理健康的人有能力抵制推销、广告、宣传、意见、建议、模仿和名声，他们的这种能力和他们的独立自主性要比普通人高。应用社会心理学家应当更加广泛地研究这些心理健康的标志。

社会心理学必须摆脱文化相对的桎梏，文化相对论过分强调人的被动性、可变性、不可塑性、忽视了人的自主性、成长趋势和内在力量的成熟。社会心理学既应当研究积极主动的一面，也应当研究对人操控束缚的一面。

心理学家和社会科学家在为人类提供实证价值体系这一点上当仁不让。这一任务本身引出了许多问题。

从人类潜能的积极发展观点来看，第二次大战期间，心理学的研究完全失败，许多心理学家只是把它当作一门技术来应用，而且只应用于已知的领域。实际上，二次大战后心理学研究没有取得新的突破，尽管某些研究可能取得了进一步的发展。许多心理学家和其他些科学家与那些只关心赢得战争，不关心输赢和平的目光短浅的人为伍。他们忽视了战争的实质所在，只把它看成技术角逐，而认识不到它实际上也是观念的斗争。心理学没有能澄清这些认识错误，没有任何原则区分技术与科学，也没有任何价值理论帮助人们认清什么是民主的人民，认清为什么而战，认清战争的侧重点在哪里、应该在哪里。这些心理学家只研究涉及手段的问题，而不是研究有关目的的问题，他们既可以为民主的力量所用，也可以为纳粹主义所用，他们的努力甚至几乎无法帮助发展本国抵抗独裁的力量。

社会制度及文化本身历来不被看作是满足愿望，创造幸福，促成自我实现的力量，而被看作是一种塑造、强迫或阻碍个性的力量。米克尔约翰（Meiklejohn）曾问道：“文化是一系列的问题，还是一系列的机会？”文化塑造论很可能是长期同病态心理打交道的结果，以健康心理为对象的分析表明文化是提供各种愿望满足的源泉，这一观念同样适用于家庭，人们经常把家庭看作是起塑造、训练、影响个性作用的地方。

人 格

所谓适应良好的人格的概念实际上是为成长和进步设置了较低的天花板。公牛、奴隶甚至机器人都可以具备这种良好适应的能力。

儿童的超我通常表现出担心产生恐惧、担心受惩罚、失去爱、遭到遗弃，对于那些有安全感、得到了爱和尊重的成年人和儿童的研究表明：在爱的同一性、使他人快乐幸福以及真理。逻辑、正义、一致性、是非感、责任感的基础上，可以建立起一种良知。

具有健康心理的人的行为更多地由真理逻辑、正义、现实，公正、合理、美和是非感决定，较少由焦虑、恐惧、不安全感、内疚、惭愧等心理左右。

人怎样才能无私呢？如何摆脱嫉妒？如何获得坚强的意志和性格？如何获得乐观精神、友好的态度、现实主义态度、如何实现自我超越？从哪里获取勇气、真诚、耐心、忠诚、信赖、责任感？

当然，对于积极心理学最明显，最适当的研究对象是心理健康的人（也包括审美健康、观念健康、身体健康等），但积极心理学更强调对于健全的人的研究，如那些有安全感、自信心、民主思想、精神愉悦、内心平和、富于激情、慷慨善良的人，以及那些创造者、圣徒、英雄、强人、天才等。

什么力量能够产生社会所期待的优秀品格，如善良、良知、助人为乐、宽容、友好、鉴别力、正义感、好恶感等。

我们积累了许多病理学的词汇，但有关健康和超越方面的词汇却微乎其微。

被剥夺和焦虑感有一定的积极后果。对于正义和非正义原则的研究是必要的，同样对于自我约束原则的研究也是必要的。自我约束原则产生于同现实的接触，产生于不断总结经验、教训、挫折的过程。

对于个性和个体化的研究（不是古典意义上的个性差异），我们必须发展一门人格科学。

为什么人与人之间存在差异（文化移入、文化同化）？

什么行为是对事业的献身？什么力量导致人们忠诚地将自身奉献于一项超越自我的事业或使命？

满足、快乐，平和、沉静的人格。

自我实现者的兴趣、价值观，态度和选择不是建立在相对的，外在的基础上，而在很大程度上是建立在内在的、现实的基础上。因此，他们追求的是真、善、美、而不是假、恶、丑。他们生活在稳定的价值观念体系中，而不是生活在毫无价值观念的机器人式的世界中。（在这个世界中只有流行、一时的风尚，他人的意见、模仿、建议、威望。）

自我实现的人有较高的焦虑和忍受焦虑感的能力，也有较强烈的内疚、惭愧、矛盾的感受。

人们一直把父母与儿女的关系看作是问题，看作是经常出错的事件来研究，而实际上，这种关系是欢乐、兴奋的源泉，是享受的机会，常常被视为瘟疫的青少年的问题也是如此。

附录二

整体动力学、有机结构理论、症候群动力学

Motivation and Personality

心理学资料及方法的性质①

心理学的基础资料

要想准确地说出这种基础资料究竟是什么，并非易事；但要说它不是什么，却也不困难。很多人试图说它“只不过”是某物，但这些还原性的尝试却总是归于失败。我们知道，基础的心理学资料不是什么肌肉痉挛、反射作用、基本感觉、神经细胞之类，甚至也不是能被观察到的一点外在表现行为。它是一个大得多的单位，越来越多的心理学家都认为它至少同一个适应性或应对性行为一般大，它必定要涉及一个有机体，一个情境，一个目标或目的。从前文有关非诱导性反应和纯粹表达的论述看来，即使这样，也仍然显得过于局限。

总之，我们最终得出了这样一个自相矛盾的结论：心理学的基础资料正是心理学家们极力要分解成各种成分或基本单位的那种原本的复合状态。如果我们非要基础资料这个概念的话，那么

① 本附录提出了一套理论性的结论，这些结论直接来源于对人类的人格结构的研究资料，可以这么说，这些结论只是领先资料一步，并坚定地基于这些资料。

它无疑会是一个颇为独特的概念，因为它指的是一种复合形式而非单纯形式，是整体而非部分。

如果对这一矛盾进行深思，我们很快就会明白，这种对基础资料的寻求本身反映的是一整套世界观，即，一种将世界基于原子论假说之上的科学哲学——在这个世界里，复合物都是由单一元素所构成的。那么，这样一位科学家的首要任务就是将所谓的复合物简化为所谓的单一物。这得靠分析来完成，得进行越来越细微的分解，直至无以再分。这一任务在科学的其他领域完成得不错，至少暂时是这样。但在心理学领域却并非如此。

这一结论揭示了整个还原性的努力在根本上所具有的理论性实质。但必须明白，这一努力与一般科学的根本性质无关。它只不过是一种原子论、机械论的世界观在科学上的反映或内涵；而对于这种世界观，现在我们是很有理由加以怀疑的。那么，非难这种还原性的努力并不是非难一般科学，只不过是非难一种对科学所可能采取的态度。然而，我们仍然面临着一开始时提出的难题。现在，让我们重新措辞，提出的问题不是“什么是心理学的（不可再分的）基础资料？”而是“心理学研究的主题内容是什么？”和“心理学资料的实质是什么？”和“应该如何研究这些资料？”

整体分析的方法论

如果不将个体分解为一个个“简单部分”，我们又如何对它进行研究呢？可以证明，这一问题比拒绝还原性努力的一些人所认为的要简单得多。

首先必须明白，我们反对的并不是一般的分析，而只是我们称之为还原论的那种特殊类型的分析。我们根本就没有必要否认分析、部分等概念的有效性。我们只是需要重新界定这些概念，使它们能让我们更为行之有效并卓有成效地进行工作。

如果举一个例子，比如说脸红、颤抖、口吃等，我们就可以很容易地看出能用两种不同的方式来研究这一行为。一方面，我们可以把它当作一个其本身是孤立的、分立的、独立的、可理解的现象来研究。另一方面，我们也可以将它作为整个有机体的一种表达形式来研究，试图从它同有机体以及有机体的其他表达形式之间丰富多彩的相互关系上进行理解。我们可以用一个比喻进一步说明这一区别，即，可以用两种方式来研究像胃这样的一个器官：（1）可以把它从人体内取出，置于解剖台上，（2）也可以让它位于原处，即在有生命、有功能的有机体内进行研究。这两种不同的方法所取得的结果在很多方面是截然不同的，这一点解剖学家已经认识到了。通过第二种途径所得到的认识比用类似试管方法所获得的结果要有效和有用得多。当然，现代解剖学并没有把对胃的解剖和孤立研究贬得一无是处。这些技术手段仍在使用，但只能在一个广阔背景下的原地不动的知识层面使用，这一知识包括人体并不是单个器官的组合，以及可供解剖的尸体组织同活生生的人体组织也并不一样等。总之，解剖学家现在在做的事情过去都已做过，但是（1）他们现在的态度有所不同；（2）他们现在做的事情比过去要多——他们使用了传统所不曾用过的技术手段。

只有这样我们才能以两种不同的态度回到对人格的研究上来。我们既可以设想所研究的是一个分立的实体，也可以设想研究的是某个整体的一部分。前一种方法可被称为还原——分析法；后一种可被称为整体——分析法。实际运用中的对人格的整体分析有一个基本特征，即，必须对整个有机体进行初步研究或了解，然后才能进而研究我们所说的整体的那个部分在整个有机体的组织和动力学中所起的作用。

在作为本章基础的两组研究中（对自尊症候群和安全感症候群的研究），整体——分析法得到了运用。实际上，这些结果与其说是对自尊心或安全感本身的研究，还不如说是对自尊心或安全感在整体人格中的作用的研究。用方法论的术语来说，这就意味着作者发现必须首先将每一位研究对象理解为是具有整体性、功能性、适应性的个体，然后才可以试图去具体了解研究对象自尊心的情况。于是，在具体涉及有关自尊心的问题之前，（研究者）就已经对研究对象同他的家庭、他所生活的亚文化群的关系、他应对主要生活难题的一般方式、他对于前途的希望、他的理想、他的挫折、他的矛盾冲突等进行了探索。这一过程就一直进行下去，直到作者觉得他在使用简单技术手段的情况下，最大限度地了解了研究对象。只是在那时，他才感觉自己可以理解自尊在各种具体行为片段中的实际心理含义。

我们可以用实例来证明，这种理解的背景对于正确解释某一具体行为是多么必要。一般而言，自尊心弱的人比自尊心强的人更易于有对宗教的虔诚；但显而易见，另外也有诸多其他因素决定宗教虔诚的程度。为了找到在某一特定个体身上，宗教感情是否意味着需要依赖其他的一些力量源泉，我们就必须了解这一个体所接受的宗教熏陶，在其身上起作用的各种亲宗教和反宗教的外在强制性因素，以及其宗教感情是浅显的还是深厚的、是表面的还是虔诚的。总之，我们必须了解宗教对于一个人作为个体而言意味着什么。因此，一个人虽然定期去教堂，但人们对他的评价可能是他比一个根本不去教堂的人还少虔诚之心，这也许是因为：（1）他去教堂是为了避免被社会孤立，或（2）他去教堂是为了讨母亲的欢心，或（3）宗教对他而言代表的不是谦恭而是对他人的支配，或（4）这表明他是上层群体的一员，或（5）如同克劳伦斯·戴伊的父亲所说“这有益于愚昧的芸芸众生，所以我只得虚与委蛇”，或其他诸如此类的原因。从动力学的意义而言他也许毫无虔敬之心，但却仍然表现得似乎是虔诚至极。显然，我们必须首先了解宗教对他作为一名个体来说意味着什么，然后才能验定它在人格中的作用。纯粹行为性的去做礼拜实际上可以有任何一种含义，因此对我们而言实际上就毫无意义。

另外一个例子也许更为引人注目，因为这同一种行为在心理上可以有两种截然不同的含义，这就是政治、经济上的激进主义。如果只涉及它本身，也就是说只涉及行为、使它分立、脱离上下文，那么在我们想研究它和安全感的关系时则只能得到最为混乱的结果。一些激进分子极有安全感，而另一些激进分子则极为缺

乏安全感。然而，如果我们分析了这种激进主义的整个来龙去脉，我们就不难发现一个人成为激进分子可能是因为他的生活不甚如意，因为他痛苦、失望或心灰意冷，因为他未曾得到他人所拥有的东西。对于这类人的详细分析通常表明，他们对自己的一般同胞怀有很深的敌意，有时是有意识的，有时是无意识的。这样形容这种人真是再贴切不过：他们往往将个人的困境理解为一种世界性的危机。

但是还有另外一种激进分子，他们同我们刚刚描述的那种人一样地投票、一样地表现、一样地讲话，但却是一个截然不同的个体类别。然而对他来说，激进主义可以有一个完全不同，甚至是截然相反的动机或含义。这些人无忧无虑、生活幸福、就其个人而言真是事事称心如意；然而，他们却出于一种对同胞的深爱，感觉有必要改善不幸之辈的命运，要向不公正宣战，即使不公正并未直接涉及自己。这类人可以在许多方式中选择任何一种来表达这种迫切的愿望：可以通过私人慈善事业、或宗教规劝、或耐心教导、或激进的政治行动。他们的政治信仰通常不为收入波动、个人灾难之类的因素动摇。

总之，激进主义这一表现形式可以来源于完全不同的潜在动机，可以来源于截然相反的性格结构。在一个人身上，它可以主要来源于对同胞的憎恨，在另一个人身上，则可以是来自对同胞的爱意。如果对激进主义的研究囿于其本身，就不见得能得出这样一个结论。[①]

关于有待继续论述的整体分析方面的问题，在下面某些其他问题得到讨论之后，将会得到更好的论述。

整体动力学的观点

这里所要阐述的一般观点是整体论的而不是原子论的，是功能性的而不是分类学的，是动态的而不是静态的，是动力学的而不是因果式的，是目的论的而不是简单机械论的。尽管一般都认为这些对立的因素是一系列可分的两面，但作者却并不这么认为。在他看来，它们结合成既合为一体又恰成对照的世界观的趋势极强。似乎其他作者也持这种观点，因为采用动力学方式思维的人们发现，整体地而不是原子论地、有目的地而不是机械地思考要轻松且自然得多。这种观点我们将称之为整体动力学的观点。它也可以被称为戈德斯坦意义层面的有机论观点。

与这一种阐释相对立的是一种有组织的、一元论的观点，其

① 一个颇为常用的整体方法（通常并未标明）是用于人格建构实验的重复技巧。我在对人格症候群的研究中也使用了这种方法。从一个把握到的含糊的整体出发，我们将其结构分解为小类、部分等。通过这种分析，我们发现我们一开始对于整体的看法颇具困难。随后，这一整体便被更为准确和有效地重新组织、界定和描述，并同此前一样被进行分析。这一分析又使更恰当、更准确的整体成为可能，依此类推。

集原子论、分类说、静态论、因果论和简单机械论于一体。原子论思考者发现，静态思维与机械思维要比动态思维和有目的的思维自然得多。对于这类一般性的观点，我将其称为武断的一般原子论观点。我毫不怀疑，不仅可以证明这些片面的观点趋于一致，而且可以证明它们在逻辑上必然趋同。

此时此刻，我们有必要特别谈一下因果概念，因为它是一般原子论的一个方面而这一观点在我看来举足轻重，但却被心理学作家们搞得含糊不清甚至完全忽略。这一概念在一般原子论观点中处于核心地位，是这一观点的自然甚至是必然的结果。如果把世界看作是一些在本质上相互独立的实体的集合，那么便有一个非常明显的现象性事实有待解释，即，这些实体之间无论如何也是有关系的。解决这一难题的最初尝试导致了简单的撞球式的因果论观点，在这种因果关系中，一个单独物体对另一个单独物体产生了某种作用，但所有被牵涉到的实体却都继续保持着它们各自的基本特征。坚持这一观点并不困难，事实上，只要我们的世界观是基于旧的物理学之上的，这种观点就会显得无可置疑。但物理学和化学领域的进展却使得这种观点有必要得到修正。例如，现今那种通常更为复杂精致的描述用的都是多重因果的观点。大家普遍承认，世界内部固有的相互联系过于错综复杂，因而不能像描述撞球在台桌上伴随着清脆响声的碰撞那样来描述。但最常见的解决办法只是对原来那种观点的复杂化，而并不是对其进行根本的调整。原因有很多，而不止一个，但它们都被设想成是以同样的方式表现——相互分离、互不相关。撞球现在不是被另外一只球击中，而是被另外十只球同时击中，我们只不过需要用一种稍微复杂一点的算术来理解所发生的事情罢了。基本的过程仍然是将单独的实体相加成韦特海默所说的“算术和”。我们并不认为有必要来改变对这种复杂事件的基本设想。不管现象多么复杂，也没有发生本质上的新事情。就这样，因果观念被不断地延伸以适应新的需求，以至于它有时似乎与其陈旧概念只有历史上的关联而并无其他关系。但在实际上，它们虽然貌似不同，本质上却仍然相同，因为它们继续反映着同一种世界观。

特别是一旦涉及人格资料，因果理论便会彻底失败。我们很容易证明，在任何一种人格症候群中，都存在着因果关系之外的关系。这就是说，如果我们不得不用因果词汇，我们就应该这样说：症候群的每一部分都是所有其他部分以及这些其他部分的所有组合体的因和果，此外，我们还应该说：每一个部分都是这个部分所属整体的因和果。如果我们只用因果概念，便只能得出如此荒谬的结论。即使我们试图采用循环因果和可逆因果这种比较新的概念来应对这种情况，我们仍然无法完整地描述症候群内部的各种关系以及部分与整体的种种关系。

这还不止是我们必须涉及的因果论术语的唯一缺点。描述一个完整的症候群同所有从“外界”影响着它的力量之间的相互作用和相互联系，同样也是一个难题。例如，自尊症候群已被证明是作为一个整体发生变化的。如果我们想要纠正张三的口吃，并专门致力于仅此一事，十有八九我们会发现：（1）我们什么都没有纠正，或者（2）我们不仅改善了张三的口吃现象，还提升了他

的整个自尊心，甚至他的全部个性。外在影响通常趋于改变整个人，而不只是他的一小点或一小部分。

在这种情况下，还有其他无法用普通因果术语来描述的特征。特别是有一个现象十分难以描述。最接近于将它表达出来的说法是：就好像一个有机体（或任何其他症候群）“将原因吞下、消化，然后排出了后果”。当一个有效的刺激物，比如说一种创伤性的经历，作用于人格，这种经历便会产生某种后果。但这些后果几乎从来也不会同最初作为原因的那种经历构成一对一或直线的关系。实际发生的是，那种经历一旦产生效果，便会改变整个人格。这一人格既然已经与过去不同，便要用不同于以往的方式来行动和表达自己。我们暂且假设这一后果是他的面部痉挛有一点恶化。这种痉挛的百分之十的恶化是由受创伤的情况造成的吗？如果我们说确实如此，那很明显，我们要想自圆其说就必须这样说：作用于有机体的每一个单独有效的刺激物同时导致这一面部痉挛恶化了百分之十。因为每一个经历都被纳入了有机体，这与食物被消化并吸收变为有机体本身具有同样的意义。我现在写下这些文字的原因，是我一小时之前吃的那个三明治呢，还是我喝下的咖啡呢，或是我昨天吃的食物，或是我多年前上的写作课，或是我一周前读的那本书？

当然，我们可以很明显地看出，任何一个重要的表达，如写作一篇自己深感兴趣的论文，并不是由某一特别事物引起的，而是对整体人格的一种表达或创造，这整体人格反过来又是几乎所有它所经历过的事情的结果。心理学家设想刺激物或原因被人格通过再调整而吸纳，就如同想象它撞击、推动有机体一样自然。这里的最终结果将是不再保持分离的因和果，而只是一个全新的人格（不管新的程度有多么微小）。

还有另外一种可以证明传统的因果观点不能适应心理学的方法，那就是证明有机体并不是一个原因和刺激物对其产生某种作用的被动对象，而是能同原因建立起复杂的双边关系，也可以对原因产生某种作用的主动对象。对于阅读精神分析学论著的读者而言这只不过是老生常谈，所以只是有必要提醒读者我们有可能对刺激物视而不见，我们可能曲解刺激物，而一旦曲解，又有可能将它们重构或重塑。我们既可以找出它们，又可以避免它们。我们可以将它们筛选出来并从中进行选择。或者最后，如果需要的话，我们甚至还可以创造刺激物。

因果论概念是基于这样的假设之上的：即，世界是原子论的，其中的实体之间即使相互作用也仍然彼此分立。然而，人格却并不能同它的各种表达、效果或影响它的各种刺激物（原因）分割开来，所以至少对心理学资料来说，它应该被另一概念取而代之。[①] 这一概念——整体动力学——涉及对观点的根本性改组，所

① 更为富有经验的科学家和哲学家已经用一种按照“函数”关系所做的解释代替了因果论概念，这就是说，甲是乙的一个函数，或者说，如果有甲，则须有乙。通过这种做法，在我看来他们已经放弃了因果概念的核心方面，也就是其必然性和作用。相互关系的简单线性系数是函数表达的例子，但它们却时常被用来同各种因果关系进行对照。如果“因果”一词现在的意义同它过去一直所具有的意义恰恰相反，将这个词保留下来也是无济于事。无论如何，我们已经面临着必然或内在关系，以及发生变化的方式等难题。这些难题必须得到解决，而不是被抛弃、被否认、被消除。

以不能被简单地叙述出来，而必须按部就班地进行阐释。

症候群概念

假设有一种更为行之有效的分析方法，我们又怎样才能推动这种对整个有机体的研究更进一步呢？显然，这一问题的解决必须取决于被分析资料的结构性质，而我们要提问的是：人格是如何构成的？作为完整地回答这一问题的前提，必须分析症候群这一概念。

在试图描述自尊的各种相互关联的特征时，我借用了症候群这一医学术语。在其领域中，它被用于指代一种多种症状的复合体，这些症状通常是同时发生，因此被予以统一的命名。有鉴于此，这一术语既有优势也有短板。一是，它通常意味着疾病和反常，而不是健康与正常。我们将不把它用于任何此类的特别意义上，而只是把它当作一个一般的概念，这一概念仅仅与某种组织有关，并不涉及该组织的“价值”。

其次，在医学上，它常被用在一种仅仅相加的意义上，作为一系列的症状而不是有组织、相互依赖、有结构的一组症状。我们当然要将它用于后一种意义。最后，在医学层面，它是被用于因果关系之中。任何一种多种症状的症候群都被设想为有一个假定的、单一的原因。一旦发现了肺结核中的微生物以及诸如此类的东西，研究者们便会心满意足，以为他们的工作已经大功告成。这样一来，他们忽略了许多我们认为是核心所在的问题。在此列举几例这类问题：（1）结核杆菌无处不在，但肺结核却并未因此而更为常见；（2）症候群中的许多症状常常并不显现；（3）这些症状的交替出现；（4）在个别人身上这种疾病无法解释、不可预测其轻微或严重，等。总之，我们应该要求的是探讨形成肺结核的所有因素，而不仅仅是最富戏剧性、最为强有力的某一个别因素。

我们对一种人格症候群的初步定义如下：它是明显不同的各种特性（行为、思想、行动的冲动，感知，等）的有结构、有组织的复合体；然而，一旦仔细、有效地研究这些特性便会发现它们具有共同的一致性，这种一致可被各种命名为相似的动力意义、表达、“风味”、功能或目的。

既然这些特征具有同样的根源或功能或目的，它们便可以互相替换，并且实际上可以被认为是彼此的心理学同义词（都“指同一件事”）。例如：一个孩子的暴怒症和另一个孩子的遗尿症可能是源自同一情况，如遗弃；也可能是实现同一目的的尝试，如得到母亲的关注或疼爱。因此，尽管它们在行为上大不相同，在动力学意义上却可能是一致的。①

① 可以从目标行为上的差异性和目标动力学上的类似性这些方面来定义互换性。也可以从或然性（译者注：概率）这一方面来对它进行界定。在个别案例中，如果症状甲和乙在症候群 X 中有被发现或不被发现的相同的或然性，它们就可以被称为是具有互换性的。

在一个症候群中，我们会遇到一组在行为上并不相同，或者至少具有不同名称的情感或行为，但这些情感或行为却相互重叠、纠缠、依赖，可以被称为动力学意义上的同义词。因此，我们既可以把它们作为部分或特性来研究它们的多样化，也可以把它们作为统一体或整体来研究。在这里，语言是一个棘手的难题。我们应该如何来标识这一寓于多样性之中的统一体呢？有各种不同的可能性。

我们可以引入“心理风味”这一概念，用这样一个例子来说明问题；一盘菜由各种不同的元素构成，但是有它自己的特色，例如一碗汤、一碟回锅肉丁、一盘炖肉，等。[①] 在一盘炖肉中，我们用了诸多原料，不过调制出了一种独一无二的风味。它的风味弥漫在炖肉的所有原料之中，可以说是同单独的原料无关。或者，

---

① “我不得不讲述这个故事，但我的讲述不像从左向右画一条线一般，从左边开始到右边结束，而更像是在手中反复把玩着古玩过程中的沉思。”（吉纳维芙·塔格德，《艾米莉·狄金森的生活和思想》，15 页）

解决定义问题的第二种方法是从心理意义着手，这是一个在目前的动力精神病理学中极受重视的概念。如果说疾病的不同症状具有同一意义（夜间出汗、体重减轻、呼吸有杂音等都意味着肺结核），那么其含义便是：它们都是上述统一的假定原因的不同表达形式。或者，在心理学讨论中，孤立感或受厌恶感的各种症状都意味着不安全感，因为它们都被看作是包含在这一更庞大、更广阔的概念之内。这就是说，如果两个症状都是同一整体的部分，它们就意味着同一件事情。这样，一个症候群就会以一种有点循环的方式被界定为多种多样因素的有机组合体，其中的所有因素都有同样一种心理意义。互换性、风味、意义这些概念尽管可能有用（例如用于描述一种文化模式），却存在某些理论上和操作上的具体困难，这迫使我们继续探寻一个令人满意的术语。如果在我们的探讨中引入动机、目标、目的，或应对目标等功能性概念，其中的一些困难就可以得到解决（但是仍有一些难题需要用表达或无动机等概念来解决）。

如果我们以一个人的容貌为例，我们马上就会发觉，一个人可能有一只畸形的鼻子、一双小眼睛、一对大耳朵，却仍然十分英俊。（说一句时髦的俏皮话，“他生得一张丑陋的脸庞，不过在他脖子上倒是显得英俊。”）在此，我们同样既可以考虑将独立部分逐个相加，也可以考虑虽由部分构成但却别有一番“风味”的整体，这一风味不同于由单个部分所带给整体的任何事物。我们在这里可以得出的症候群定义是：它由具有一种共同的心理风味的多种多样的因素所构成。

从功能心理学的观点看来，统一的有机体总是面临着某种难题，总是试图以有机体的性质、文化和外界现实所允许的各种方式来应对这些难题。于是，功能心理学家们是从有机体在一个充满难题的世界中进行解答的角度来看待所有人格组织的主要原则或中心所在。换一种说法是：必须从它面临的难题以及它为解决这一难题正在做什么努力这一角度来理解人格组织。这样，大部分有机行为肯定是在就某些事情而做某些事情。[①] 在讨论人格症候群时，如果两个特殊的行为对某一个问题有着同样的应对目标，也就是说，他们正在就同一件事做同样的某件事，我们就应该将它们说成是同属于一个症候群。这样，我们就可以将自尊症候群说成是有机体对于获得、丧失、维持以及捍卫自尊的问题所作的有条理的解答；同样，也可以将安全感症候群说成是有机体对争取、丧失、保持他人的爱的问题所作的解答。

① 关于这一规律的例外情况，参见第十四章。

我们在这里并没有简单的最终答案。这一点已被下述事实证明：如果用动力学方法来分析一个单独行为，通常会发现它不只有一个，而是有几个应对目标。其次，有机体面对一个重要的生活难题一般都有一个以上的解答。

我们可以再补充一点：同有关性格表现的事实毫无关系，目的在任何情况下都不能被视为所有症候群的主要特征。

我们不可能讨论一个组织在有机体之外的世界中的目的。格式塔心理学家们已经充分证明，在被感知的、习得的、被考虑过的资料中，组织结构无处不在。当然，这些资料不可能被说成是都具备我们所用过的那种意义上的应对目标。

我们对症候群的定义同韦特海默、苛勒（Kohler）、考夫卡（Koffka）对格式塔所提供的定义有某些明显的相似之处。在我们的定义中，两个埃伦费尔斯（Ehrenfels）标准也是并行不悖的。

埃伦费尔斯给出的一个有机精神现象的第一个标准是单独的刺激因素，例如一支乐曲的单个音符（的缺失），其缺失的部分是一个获得了有机的整体刺激如整支乐曲的人才能体验到的。换言之，整体不同于其部分相加的和。同样，症候群也不同于其孤立的、被分解的部分的相加之和。①但还是有一个重要的区别。在我们的症候群定义中，作为整体特征的主要品质（意义、风味或目的），如果这些部分不是被分解地而是整体地理解，则可以通过其

① 然而，对于症候群不是其部分以整体方法相加所得之和这一说法，这是个问题。分解出的部分只能合计为一个加法和；然而，如果该说法中的各个术语都得到了明确界定，一个整体的各个部分当然可以被认为是加成了一个有机整体。

任何一个部分来观察其整体特征的主要品质。当然，这是一个理论性的陈述，我们可以预料它会遇到操作层面的困难。在大部分时间里，我们仅仅通过理解一个特殊行为所在的整体，就能够发现其风味或目的。然而，这一规律有足够的例外情况使得我们相信，目的或风味不仅是部分所固有的，也是整体所固有的。例如，我们通常可以从一个特定的单个部分来推断某个整体，比如，我们只需要听一个人笑一次，便几乎可以肯定他感觉不安，再如，我们单从一位女性对衣服的选择，就可以知道她的自尊心的大体情况。当然我们也要承认，这样一个从部分得来的判断通常不如从一个整体得来的判断根据充分。

埃伦费尔斯的第二个标准是一个整体内部的各个元素之间的可换性。因此，一支乐曲即使用两种不同的曲调演奏，它的单个音符在两种情况下各不相同，这支乐曲也仍然保有其本来面貌。这类似于一个症候群内各个元素的互换性。具有同样目标的元素可以互换或者彼此都是动力意义上的同义词，在一段旋律中起到同样作用的不同音符也是如此。[①]

一般而言，格式塔心理学家可以说是同意韦特海默原始的定义，即，当一种可以证明的相互依赖存在于各个部分之间时，整体便有了意义。整体不同于其部分之和，这一说法尽管正确且通常可以论证，但作为一个可行的实验室概念却用处不大，而且经常被隶属于另一传统的心理学家们认为是过于含糊的，因为即使

① 请参见苛勒《格式塔心理学》第 25 页对于埃伦费尔斯标准的评论。

证明了整体的存在，对它的界定和描述依旧是一个难题。

如果我们还要求这一定义具有启发性、切实可行、明确具体，并能够促使属于不同传统（坚持原子论、机械论世界观）的心理学家们接受它，那么很显然，我们就不能认为一个对格式塔进行确切界定的难题业已彻底解决。有很多原因造成了这一难题，但我只想讨论其中的一个，即，对所用资料的选择。格式塔心理学家研究的通常是现象世界的结构组织，主要是在有机体之外的"材料"（material）的"场域"（field）。（应该指出的是他们通常并不承认这一点。）然而，有最高的组织形式且内部相互依赖最强的却正是有机体本身——这一点已被戈德斯坦充分地证明了。有机体似乎是证明组织和结构规律的最佳场所。对资料的这种选择还有另一个优势，这使得动机、宗旨、目标、表达和方向等基本现象在有机体内更为清楚地显示。从应对目标的角度来界定症候群，立即就创造了一种可能性，即，可以将功能主义、格式塔心理学、目的主义（而非目的论）、精神分析学家和阿德勒学派的精神分析学家等所倡导的精神动力学以及戈德斯坦的有机整体论等本来是各自孤立的理论统一起来。这就是说，得到恰当界定的症候群概念可以作为一种统一世界观的理论基础，我们称这种世界观为整体动力学观点并将这种世界观同一般原子论观点相对照。格式塔概念也应如此——假如它像我们所说的那样得到扩展，且假如它更注重人类有机体及其内在动机。

人格症候群（症候群动力学）的特征

互换性

在前文已经讨论过，两个在行为上不同的部分和症状，因为它们有同样的目标，便可以互相替代、能够完成同样的工作、有相同的出现的可能性、或者可能有同样的可能性或把握来进行预测，从这种动力学意义层面而言，一个症候群的各个部分是可以互换的或者说是对等的。

在癔病患者身上，病症就这个意义而言显然是可以互换的。在传统的病例中，一条麻痹的腿可以被催眠术或其他暗示疗法“治愈”，但随后却几乎不可避免地要被其他症状所取代——也许是一只麻痹的手臂。在弗洛伊德学说的著述中，也可以看到许多对等的实例，例如，对一匹马的恐惧可能意味着或代替着在压抑之下对父亲的恐惧。对于一个有安全感的人而言，在表现同一件事即安全感这一意义时，他的所有行为表达都是可以互换的。在前文所提到的安全型激进主义的例子中，帮助人类这项一般愿望最终既可能导致激进主义，也可能导向慈善或对邻人的仁慈或对乞丐和流浪者的施舍。在一宗未知的病例中，如果只知道患者有安全感，我们就可以信誓旦旦地断言他会有某些仁慈或社会兴趣的表现，但却无法对确切的表现形式进行预测。这种对等的症状和表现形式可以说是具有互换性的。

循环决定

对这一现象的最佳描述来自精神病理学的研究，例如，霍妮的恶性循环概念就是循环决定的一个特殊例子。霍妮的概念试图描述症候群内部动力性相互作用的源源不断的变化，任何一个部分都以此来不断地以某种方式影响所有其他的部分，而这一部分反过来又被所有的其他部分所影响，整个行为就这样不停地同时进行。

完全的神经症性依赖意味着期望肯定会被挫败。完全的依赖本来就暗含着对软弱无助的承认，而这种必然的挫败则使很可能因此而早就存在的怒气火上浇油。然而，这种怒气的发泄对象往往正是人们所依赖、所希望通过其帮助而避免灾难的人，因此这种愤怒的感受即刻就会引起内疚、焦虑和对报复的恐惧，等。但是在导致了对完全依赖的需求的因素之中，首先就有这些心理状态。对这样一位患者的检查将会表明，无论在什么时候，这些因素中的大多数都是共存于源源不断的变化和相互之间的增强之中。虽然一项成因分析可以证明一个特征较之另一特征在时间上领先，但是动力分析却永远也不会证明这一点。所有的因素都同样既是因又是果。

再如，一个人可以采取一种骄横傲慢、高人一等的态度以求维持自己的安全感。他如果不是感到被排斥、被厌恶（的不安全感），便不会采取这种态度。然而，这种态度却恰恰使人们更加厌恶他，这又反过来增强了他对专横傲慢态度的需要。

在种族歧视中，我们可以很清楚地观察到这类循环决定。怀有种族仇恨的人会指出某些让他们讨厌的品质以开脱自己的憎恨，但被厌恶的群体的这些品质却几乎都被归结为部分仇恨和遗弃的产物。[①]

如果我们想用比较熟悉的因果词汇来描述这一概念，我们就应该说甲与乙互为原因、互为结果。或者我们也可以说它们相互依赖或相互支持或是互补变量。

结构良好的症候群抗拒变化或维持原状的趋势

不管安全感处于什么层次，要想将它提高或降低都会有所困难。这一现象有点像被弗洛伊德描述为抵抗的那种东西，但却可以得到更广泛、更普遍的应用。因此，在健康人和不健康的人身上，我们都会发现某种沉迷于原有生活方式的趋势。趋于相信人本善的人和相信人本恶的人将会对改变各自的信念表现出同样的抵抗力。在操作层面，可以根据心理学实验者试图提高或降低一

① 在这些例子中，我们描述的只是同步动力学。整个症候群的起源或判定的问题、循环决定首先是如何形成的问题，是一个历史性的问题。即使这样一种成因分析表明一项特定因素是在系列中首先出现的，也绝不能保证这同一种因素在动力分析中会有基本的或首要的重要性。（奥尔波特《人格的类型与成长》）

个人的安全感层次所遇到的困难来界定这种对变化的抵抗。

人格症候群有时在外界发生最为惊人的变化时，也会保持一个相对的稳定性。在流亡者（移居者）中，有许多经历了最艰辛、最悲惨的折磨但却仍然保持安全感的例证。对被轰炸地区的士气的调查也向我们证明，大多数健康人对外界的惊骇有着惊人的抵抗力。统计数字表明，经济萧条和战争并没有造成精神病病例的大幅增加。[①] 安全感症候群方面的变化通常与环境中的变化极不相称，有时似乎根本就没有发生人格上的变化。

一位德国流亡者，曾经极为富有，被剥夺了一无所有之后来到了美国。然而，他却被诊断为具有安全感人格。仔细的询问表明，他对人的本性的根本理解并未改变。他仍然觉得，如果能够给它一个机会，那么人的本性从根本上讲还是健康和善良的；他所经历的不快之事可以被各种方式解释为一个由外部原因引起的现象。通过采访在德国时就熟悉他的人则证明他在一贫如洗之前差不多也是这样的人。

从患者对心理疗法的抵抗中也可以发现诸多其他例证。有时，经过一个阶段的分析疗法，可以发觉患者对自己某些信念的错误依据和有害后果有了惊人程度的洞察。但是即便如此，他也可能继续坚决坚持自己的信念。

---

① 这种材料通常都被误读，因为它们经常被用于反驳精神病的环境或文化决定理论。这种论点只是表明了对动力心理学的一种误解。所提出的真正观点是，神经病是内部冲突和威胁的直接后果，而非外部灾难的直接后果。或者至少，外部灾难只有在一个人的主要目标和其防御系统发生关联时，才能对人格有动力的影响。

结构良好的症候群在变化之后复原的趋势

如果一个症候群的层次被迫改变，人们通常可以观察到这种变化只是暂时的。例如，一种创伤性的经历往往只有短暂的影响。然后就可能会自发地调整回以前的状态。或者，创伤所引起的症状会被轻而易举地消除。有时，也可以推断症候群的这一倾向是一个更大变化系统中的一个过程，这一变化系统之中也涉及其他症候群趋势。

接下来是一个典型的病例。一位性无知的女性嫁给了一位同样性无知的男性，婚后的第一次性经历使她大为震惊。她的整个安全感症候群的层次便有了明显的变化，即，从平均层次降到低安全感层次。调查表明，在症候群的大多数方面都发生了整体性的变化，如在她的外部行为、人生观、理想生活、对人的本性的态度等方面。就在这时，她得到了支持和安慰，她的情况得到非技术性的讨论，在四五个小时的对谈中，她得到了一些简单的建议。慢慢地，她恢复到了原样，也许是因为这些交流，她变得越来越有安全感，但是她却再也没有达到她此前的安全感层次。她的经历遗留下一些轻微但却持久的后果，这种后果的保留也许部分是因为其丈夫的自私。比这一永久的后遗症所更令人吃惊的是不顾一切地要像婚前那样思维和相信的强烈趋势。在一位其第一个丈夫精神失常后再婚的女性身上，也可以看到剧变之后伴随着缓慢却彻底的恢复感的类似局面。

对于被认为是正常健康的朋友，我们一般会期望，只要给予足够的时间，他们便可以从任何打击中恢复过来，这也说明这种趋势普遍存在。妻子或儿子的死亡、破产，以及诸如此类的其他基本性创伤经历可以使人们在一段时间内完全失去平衡，但是他们通常都可以差不多完全恢复过来。能够在一个健康的性格结构中造成永久性变化的，只有长期恶劣的外部环境或人际状况。

症候群作为一个整体而发生变化的趋势

这一上文已经讨论过的趋势也许是最显而易见的。一个症候群无论是在哪一部分发生了什么样的变化，适当的调查实际总是表明，在症候群的其他部分有同向的其他相伴变化。经常是，这种相伴变化在症候群的几乎所有部分都可以见到。这些变化经常被忽略，其原因却再也简单不过：没有期待它们的存在，因此也就不会寻找它们。

应该强调的是，这种整体性变化的趋势，与我们所论及的所有其他趋势一样，只不过是一种趋势，但不是一种必然。有一些病例，其中的个别刺激物似乎有特定局部效应，但却察觉不到普遍效应。然而，如果我们将明显的表面精神错乱排除在外，这些病例就极为罕见了。

1935 年进行了一次没有公开结果的试验，内容是利用外部手段来增强自尊心，一位女性得到指示要在大约二十个特定的、相当平常的情况下以一种挑衅的方式行事。（例如，她要坚持某一品牌的商品，而此前总是杂货店的老板替她拿主意。）她遵循了这些指示，三个月之后对她进行了一次广泛的人格变化调查。[①] 毫无疑问，她的自尊发生了普遍性的变化。例如，她的梦境的特征发生了变化。她第一次购买了能够衬托出体形、显露线条的衣服。她的性行为变得更有主动性，连她的丈夫也注意到了这一变化。她第一次同别人一起去游泳，而之前她却羞于穿着泳衣出现在大庭广众之下。在其他诸多情况下，她也感觉非常自信。这些变化并不是由暗示引起的，而是自发的变化，其重要性她自己根本就没有觉察到。行为的变化可以引起人格的变化。

一位曾经缺乏安全感的女性，在拥有极为成功的几年婚姻之后，她显得在安全感方面已有了普遍的提升。当我第一次见到她时（在其结婚前），她感到孤独，没有人爱也不可爱。她现在的丈夫终于能够使她相信他爱她——对一位缺乏安全感的女性而言这并非易事——于是他们就结婚了。现在她不仅觉得丈夫爱她，还觉得自己惹人爱。她接受了过去不能接受的友谊。她对人类的普遍性的憎恶大都已经荡然无存。她变得仁慈善良、温柔甜美，而这些品质在我首次见到她时，与其几乎毫无联系。某些特别的症状已经减轻了或消失了——其中包括反复出现的梦魇、对派对和其他聚会的恐惧、长期的轻度焦虑、特别害怕黑暗和某些令人不快的力量，以及对残酷行为的幻觉。

① 在今天，这会被称为一种行为疗法。

内部一致的趋势

即使一个人在大部分情况下缺乏安全感，也可以由于各种原因而一直保持着一些具有安全感特征的特殊行为、信念和情感。因此，尽管一个极其缺乏安全感的人时常做噩梦、焦虑的梦以及其他不愉快的梦，但是这种人中的一大部分却通常并没有不太愉快的理想生活。不过，相对轻微的环境变化，也会引发这类人做如此不愉快的梦。在这些不一致的成分上，似乎有一种特殊的压力在不断作用着，以迫使它们与症候群的其他部分趋于一致。

自尊心差的人一般比较谦虚或害羞。因此，在通常情况下，他们中的许多人不愿穿着泳衣出现在大庭广众之下，或是穿了也觉得难为情。然而，却有一位自尊心的确很差的女孩，不但身着泳衣出现在沙滩上，而且穿着的还是一件极为暴露的泳衣。随后，从一系列的对话中得知，她认为自己的身体完美无瑕，对此十分自豪——这种想法同她的行为一样，对一位自尊心差的女性而言是极不寻常的。然而，她的陈述也表明，这种对在海里游泳的看法并不是前后一致的：她一直觉得不太自在，总是在身旁放着一件浴衣以遮蔽身体，任何人不加掩饰地盯着她看就会驱使她离开沙滩。各种外界的观点使她确信，她的身体是有吸引力的，她从理智上认为她应该对此采取某种行为，并极力要践行这种行为，但是她的性格结构却使之十分困难。

安全感极强的人一般是无所畏惧的，但他们身上却经常有特殊的恐惧。这些恐惧的原因往往可以归结为特殊的条件经历。我发现，这种人身上的恐惧是非常易于摆脱的。简单的修整、榜样的力量、劝勉他们要意志坚强、理智的解释，以及其他的表面的心理治疗措施通常就已经足够了。然而，对的确缺乏安全感的人身上的恐惧来说，这些简单的行为疗法收效甚微。我们可以这样说，与人格的其他部分不相协调的恐惧易于消除，而与人格的其他部分协调一致的恐惧难以根除。

换言之，一个缺乏安全感的人趋于发展成为一个彻彻底底或从始至终缺乏安全感的人，一个自尊心强的人趋于发展成为一个自尊心一直很强的人。

症候群的层次走向极端的趋势

与我们已经描述过的保留趋势并行不悖的，至少还有一个来自症候群内部动力学的对立力量，这一力量助力于变化更替而无助于经久不变。这就是这样一种趋势：一个相当缺乏安全感的人发展到极度缺乏安全感，一个相当有安全感的人发展到极为富有安全感。①

在一个相当缺乏安全感的人身上，每一个外部的影响、每一个作用于有机体的刺激物，都或多或少地更易于以一种缺乏安全感的方式，而非以一种具有安全感的方式来被解读。例如，咧着

① 这种趋势同前文描述的趋向于更大的内部一致性的趋势密切相关。

嘴笑很可能被当作轻蔑，遗忘很可能被解释为侮辱，冷漠很可能被视为厌恶，温和的喜爱则成了冷漠。于是，在这种人的世界里，不安全的影响多而安全的影响少。我们可以这样说，对他而言，证据的重心是偏向不安全这一边的。他就这样被一直牵扯，即使是很轻微地被拉向，越来越极端的不安全感。这一因素理所当然地被以下事实所加强：缺乏安全感的人趋于以一种缺乏安全感的方式行事，这使得人们厌恶他、排斥他，这进而又使他更加缺乏安全感，使他以一种更为缺乏安全感的方式行事——就这样以一种恶性循环不断发展。因此，由于其自身的内在动力学，势必会导致他最害怕的事情发生。

最明显的例子是妒忌行为。它起源于不安全感并实际上总是滋生进一步的排斥和更深层的不安全感。一位男性是这样解释他的妒忌的："我深深地爱着我的妻子，所以总是害怕她一旦离开我或不再爱我时，我会垮掉。她与我兄弟的友谊理所当然地使我心神不宁。"于是，他就采取了诸多措施来阻挠这份友谊，当然全都是愚蠢的措施，结果他逐渐失去了妻子和兄弟两个人的爱。这自然又使他更加发狂和嫉妒。这一恶性循环在一位心理学家的帮助下被打破了，这位心理学家首先引导他，即使感到妒忌，也不要有妒忌的行为，然后再开始以各种方式来消除总的不安全感这一更为重要的任务。

外在压力之下症候群发生变化的趋势

当我们专心考虑症候群的内在动力时，很容易暂时性忘记所有的症候群都自然是要对外部情况作出反应的。在此提出这一明显的事实只是为了完整起见，同时也是为了提醒读者，有机体的人格症候群并非一个孤立的系统。

症候群的变量

最重要和最明显的是症候群层次这一变量。一个人的安全感或高、或中、或低，自尊心或强、或中、或弱。我们的意思不一定暗示这一变化是一个单一的连续统一体，我们所说的变化只有从多到少、从高到低的含义。在讨论症候群的特性时，主要是关于自尊或支配症候群。在低于人类的不同灵长类动物中，支配现象处处可见，但它在每一个种类中有不同的表达特性。在具有高自尊心的人类身上，我们一直能够分辨出至少两种特性的高度自尊，我们决定将一种命名为力量，将另一种命名为权势。一个高自尊但同时缺乏安全感的人，其感兴趣的与其说是帮助弱势群体还不如说是支配他们、伤害他们。两类人都具有高自尊，但却由于有机体的其他特征，而以不同的方式来表达这种自尊。在极度缺乏安全感的人身上，不安全感有许多表达方式。例如，（如果这个人的自尊心低）它可以有隐退独处这一特性，（如果这个人的自尊心高）它也可以有寻衅攻击、龌龊的特性。

文化对症候群表达的决定作用

不言而喻，文化和人格之间的关系极为深刻复杂而不可泛泛而论。更多的是为了完整性而不是其他原因，我们必须指出：总体而言，达到主要生活目的的路径通常是由各种文化的性质决定的。自尊得以表达和获取的方式，在很大程度上，尽管不是完全地，是由文化决定的。爱情关系亦是如此。我们通过文化所允许的渠道来赢得别人的爱意，并表达我们对他们的喜爱之情。在一个复杂的社会里，地位角色也是部分地由文化决定的，这一事实时常可以改变人格症候群的表达形式。例如，在我们的社会里，高自尊男性可以比高自尊女性以更多、更明显的方式来表达这一症候群。同样，儿童只能得到极少的直接表达自尊的机会。还应该指出，每一个症候群通常有一个文化所首肯的症候群层次，例如，安全感、自尊心、社交性、活跃性等。这一事实在跨文化和历史的比较中，可以看得最为清楚。例如，一般的多布（Dobu，新几内亚岛屿）居民不仅是，而且还被预期着要比一般的阿拉佩什（Arapesh，新几内亚部落）居民更不友好。今天的普通女性被认为要比一百年前的普通女性有更高的自尊心。

人格症候群的组织结构

到目前为止，我们把症候群的各个部分说成了仿佛是同质的，就像雾中的微粒一样。但事实并非如此。在症候群的组织里，我们发现重要性的不同等级以及聚集现象。这一事实已经在自尊症候群中以最简单的方式得到了证明，即通过关联方法。如果症候群内部是一致的，它的每一个部分同整体的关联程度都应当像所有其他部分一样密切。然而实际上，自尊（作为一个整体进行衡量）与各个部分的关联并不相同。例如，通过社会人格量表（Social Personality Inventory）所测定的整个自尊症候群同易怒性发生关联 r=–0.93，同异教徒的性观念发生关联 r=0.85，同诸多能意识到的自卑感发生关联 r=–0.40，同各种情况下的窘迫感发生关联 r=–0.60，同诸多能意识到的恐惧发生关联 r=–0.29。

对于这些资料的临床验证还表明，有一种各个部分自然地聚集，成为似乎有内在密切联系的群体的趋势。例如，习俗惯例、道德感、谦逊羞怯、尊重规则等似乎很自然地划归或属于一类，与另外一组聚集在一起的品质，如自信、沉着、毫无窘迫感、不胆怯、不羞怯等，恰成对照。

这种聚集的趋势使我们从一开始就有可能在症候群内部进行分类，但是当我们切实着手这项工作时，就会遇到各种困难。首先，我们遇到了所有分类的共同难题，即，分类应该是基于什么原则之上。当然，如果我们已经知道全部资料和它们之间的相互关系，事情便会很简单。然而，如果像我们一样，是在部分无知中前行，我们就会发现，无论我们尝试对材料的内在本质多么敏感，有时也不得不武断行事。这种内在的聚集状态使我们有了一条可以着手的线索，给我们指明了大体的方向。但是我们只能依靠这种自发的聚集，一旦我们最终再也感知不到它们，我们就不得不依靠我们自己的推测继续摸索前进。

另外一个明显的困难是：在分析症候群的材料时，我们很快就会发现，可以将任何一个人格症候群随心所欲地分为十几个、一百个、一千个、一万个主要的群体，一切都取决于我们想要的概括程度。我们怀疑，分类的一般尝试只不过是原子论、联结论观点的另外一种反映。当然，运用原子论的工具来处理相互依赖的资料并不能对我们有多少帮助。一般的分类如果不是不同部分、独立项目的分离，那又是什么呢？如果我们的资料之间没有本质上的不同和分离，我们又该如何分类呢？也许我们应该抛弃原子论的分类方式，寻找某种整体论的分类原则，正如我们发现必须摒弃还原性分析而接受整体分析一样。我们提供以下类比，以便指明一个方向，我们很可能必须沿着这一方向来寻找如此的整体分类技巧。

放大倍数

这一说法是一个源自显微镜工作方式的物理学类比。在观察显微镜载玻片上的组织样本时，我们先拿起载玻片对着光线用肉眼观察整体情况；这样，得以了解其整体特征、总体结构、全部构成和整体中的相互联系。我们在脑海中有了对这一整体图景的清晰印象，然后再以低倍率（比如10倍）观察整体的其中一部分。我们现在开始研究一个细节，但却不是为了孤立地研究细节本身，而是牢记其与整体的关系。然后我们再用一个更高倍率的物镜（比如50倍）来进一步更为细致地研究这一视野范围。在仪器的实际操作限度之内，通过逐步增加放大倍数，便可以更进一步、更为细致地分析整体的各个细节。①

我们也可以把这些材料设想成已被分类，但分类的方式不是以被随意安排的分离和独立部分之间的直线系列的形式进行分类，而是或许像套在一起的盒子一样“被包含在内”。如果我们把整个安全感症候群称为一个盒子，那么十四个亚症候群便是其中包含的十四个小盒子。在这十四个小盒子中，每一个都还包含着其他更小的盒子——也许一个里面有四个，另一个里面有十个，再一个里面有六个，等。

将这些例子转换为症候群研究的术语，我们可以选取安全感

---

① “如果一个人只通过显微镜进行观察，其永远不会发现有脸部及诸如此类的存在。”（库尔特·考夫卡，《格式塔心理学原理》，319页）

症候群，将它作为一个整体，即，在1号放大倍率上进行检验。具体而言，这意味着将整个症候群的心理风味或意义或宗旨作为一个统一体来研究。然后，我们就可以从安全感症候群的十四个亚症候群中提取一个，在按我们的说法是在2号放大倍率上进行研究。这样，这一亚症候群就会被当作一个个别的整体，在它同其他十三个亚症候群的相互依赖关系中进行研究，但也一直是被理解为整个安全感症候群的一个整体性部分。我们可以以屈服于强权这一亚症候群在缺乏安全感者身上的表现为例。一般缺乏安全感的人需要强权，但这一需求却有许多种表现方式和形式，例如过分的野心、过度的攻击性、占有欲、对金钱的贪婪、过强的竞争性、易于产生偏见和仇恨等，或是上述的明显对立面，例如谄媚、顺从、性受虐狂倾向等。但这些特征本身也同样明显地过于笼统，可以被进一步分析和分类。对于其中任何一个的研究都必须在3号放大倍率上进行。我们或许可以选择歧视性的需求或倾向，其中种族歧视便是一个极好的例子。如果我们以正确的方法研究它，就不能就其本身或将其孤立地研究。如果我们说研究的是歧视的倾向，即需要强权的亚症候群——需要强权又是总是缺乏安全感症候群的亚症候群，这样就更为全面了。我无须指出，越来越细致的分析会把我们带到第4级、第5级，等。例如，我们可以研究这一个别复合体的一个方面，利用某些特别之处，如肤色、鼻子的形状、言谈等来作为手段支撑自己对安全感的需求。这种利用独特之处的趋势被组成一个症候群，并可以作为一个症候群来研究。讲得更具体一点，在这种情况下，它可以被划到一个亚——亚——亚——亚症候群类下。它是一套盒子中的第五层。

总之，这样一种分类方法，即，基于“包含在内”而非“分离出来”这一根本概念之上的分类方法，能够给我们提供我们一直在寻找的线索。它使得我们有可能对细节和整体都有充分的了解，但不至于陷入毫无意义的拘泥于细节或含糊其词毫无用处的概括之中。它既是综合的又是分析的，而且最终，它使我们可以颇有成效地同时研究特性和共性。它拒绝接受二分法这种亚里士多德式的 A 类和非 A 类的划分，但依然向我们提供了一个在理论上令人满意的分类和分析原则。

症候群密集度的概念

如果我们寻找一个启发式的标准来区分症候群和亚症候群，从理论上讲，我们就可以在密集度概念中找到这一标准。自尊症候群中的各个自然群体之间的区别是什么呢？可以看到，习俗惯例、道德感、谦逊羞怯、尊重规则等聚集成为一个群体，而这一群体可以同另一个由自信、沉着、毫无窘迫感、不胆怯等特征所构成的群体区别开来。当然，这些群体或亚症候群相互之间以及和自尊这一整体之间都有关联。而且，在每一个群体中，各个元素也相互关联。也许我们对于聚集的理解，对于各种元素自然而然地聚集起来的主观感觉，将被反映在各种相互关系之中，而我们一旦测量这些元素就会看到这种相互关系。也许自信和镇静比镇静和不落俗套更为密切地相互关联。也许一个聚集的群体从统

计学角度来看，意味着其各个成员之间关系的高平均值。可以假定，这一平均的关联将高于两个不同聚集群体的内部成员之间的平均值。如果假设聚集群体内部的相互关系平均值 r=0.7，不同聚集群体成员之间的相互关系平均值 r=0.5，那么，通过混合各种聚集群体或亚症候群所构成的新症候群，则会有一个高于 r=0.5 但低于 r=0.7，也许接近于 r=0.6 的相互关系平均值。随着我们从亚——亚症候群推进到亚症候群再推进到症候群，可以预料，相互之间关系的平均值将下降。这一变化我们可以称为症候群密集度的变化，而且即使仅仅是因为它向我们提供了一个有效的工具来检验临床观察的结果，我们也颇有理由强调这一概念。[①]

动力心理学的基本假设会产生这样的结论：能够并且应该互相联系的不是作为行为本身的行为，而是行为的意义，例如，并不是谦虚这一品质而是在它与有机体其他部分的关系中显现出来的完整的谦虚这一品质。另外，必须认识到，甚至连动力学的变量也未必沿着一条单一的连续统一体发生变化，而是可能在某一点突然剧变为完全不同的东西。在对爱的渴望所引起的后果中，可以发现这种现象的一个例子。如果我们将幼儿排列成从被完全接纳到被完全遗弃这样一个系列，我们就会发现，随着我们逐渐走向这一系列的低端，孩子们就会越来越热切地渴望爱，但是当

① 整体心理学家倾向于怀疑关联技巧，但是我感觉这是因为对这种技巧的用法碰巧无一例外都是原子论的，而不是因为其本质特征同整体论有冲突。例如，即使各种自我关联受到了一般统计学家的怀疑（仿佛指望有机体有别的东西！），如果考虑到某些整体性事实，它们也不必非受怀疑不可。

我们接近于最低端时——从一出生就被完全抛弃的孩子——我们发现的不是他们对爱的巨大渴望，而是完全的冷漠、丝毫没有得到爱的渴望。

最后，我们当然必须运用整体论的资料，而非原子论的资料，就是说，要运用整体分析的产物，而不是还原分析的产物。如此一来，单个的变量或部分就可以被互相联系起米，但却不会造成对有机体统一性的破坏。如果我们对要联系起来的各种资料适当地谨慎处之，并且如果使所有的统计数字都得到临床和实验知识的检验，那么相互联系的技巧就没有理由不成为整体方法论中极为有用的方法。

有机体内部相互联系的范围

在苛勒关于物理学格式塔的论著中，他反对过分地概括相互关联性，甚至到了不能在极度概括化的一元论和彻彻底底的原子论之间进行选择的程度。相应地，他强调的不仅是一个格式塔内部的相互关联性，而且还有各种格式塔之间的相互分离的事实。对他而言，他所研究的大部分格式塔都是（相对）封闭的体系。他将自己的分析仅仅进行到在格式塔内部分析的程度，他很少讨论各个格式塔之间的关系，无论是物理学格式塔还是心理学格式塔。

很明显，当我们研究有机体的资料时，境况就大不相同了。当然，在有机体内几乎没有封闭系统。在有机体内，每一件事都的的确确与另外的每一件事相联系，即使有时只是以极其微妙、

极其遥远的方式产生联系。此外，已经证明，被作为一个整体的有机体同文化、其他人的即刻出现、特定的情境、自然和地理因素等产生联系并从根本上相互依赖。到目前为止，我们至少可以说苛勒应该做却没有做的，是将他的概括局限于各种物理学格式塔和现象世界中的心理学格式塔，因为他的苛评当然并不是非常适用于有机体内部。

如果我们选择围绕这一问题进行争论，就可能超越这一最低限度的说法。实际上，围绕着整个世界从理论上讲有着内在联系这一说法，能够塑造一个绝佳的案例。如果我们从大量的关系类型中进行选择，就会发现宇宙的任何一个部分同所有其他部分都有着某种关系。只有在我们着眼于实用，或是只用一个语域而非所有语域作为整体的说法，我们才可以假设各个系统相对地彼此独立。例如，从心理学的观点来看，普遍的联系性发生了断裂，因为世界的某些部分并没有同宇宙的其他部分发生心理学上的关联，尽管它们之间可能有着化学、物理学或生物学上的关联。而且，世界的内在联系性也完全可能被生物学家或化学家或物理学家以一种完全不同的方式分裂。在我看来，目前最好的说法可能是：存在着相对封闭的系统，但这些封闭系统部分地是观察角度的产物。目前是（或者目前看来是）一个封闭系统，一年之后就可能不是，因为届时的科学手段有可能被改善得足以证明其存在着某种关系。如果有人回答说，我们应该加以证明的是掌握世界所有部分的实际物质过程，而不是它们之间更具理论性的关系，那么，回答就肯定是这样的：一元论哲学家们虽然谈论过许多其他类型的联系性，但是却从来没有宣称有这样一种普遍的、物质的联系性。然而，由于这并非我们阐述的要点，所以不必详述。将有机体内部的（理论上的）普遍联系性这一现象指出来就足够了。

各种症候群之间的关系

在这一研究领域，我们至少可以提供一个经过仔细研究的例证。它究竟是一个范例还是一个特例尚有待进一步研究确定。

从数量上讲，也就是说从简单的线性关系上讲，在安全感水平和自尊心水平之间有一种明确但细微的关系 $r \approx 0.2$ 或 0.3。在对正常人进行个别诊断的范围里，这两种症候群显然是两种几乎各自独立的变量。在某些群体中，两种症候群可能有特有的联系。例如，在犹太人身上（在 40 年代），有一种高自尊心和低安全感并存的趋势，而在天主教信女身上，我们经常可以发现低自尊心与高安全感相结合。在神经病患者身上，两者都一直趋于偏低水平。

比两种症候群的水平之间的这种联系（或缺乏联系）更为令人吃惊的是安全感（或自尊心）水平同自尊心（或安全感）性质之间的密切联系。通过比较两个都有很高的自尊心但在安全感方面却处于两极的人，就可以轻而易举地证明这一联系。甲（高自

尊心、高安全感）与乙（高自尊心、低安全感）有以极为不同的方式来表现自尊心的倾向。甲既有人格的力量又有对同类的爱，将会自然地以一种关怀、友善或保护的态度来运用自己的力量。乙尽管有着同样的力量，但却对同类怀有仇恨、轻蔑或恐惧的态度，他将更有可能把自己的力量用于伤害、支配或是减轻自己的不安全感。他的力量对于同伴而言肯定是一种威胁。因此，我们就可以说有一种高度自尊心的缺乏安全感特质，并可以将它同高度自尊心的安全感特质对比。同样地，我们也可以区分出低自尊心的缺乏安全感特质和安全感特质，即，前者是性受虐狂和拍马屁者，而后者是安静、甜美、或顺从、依赖的人。安全感特质的类似不同和自尊心水平的不同有联系。例如，缺乏安全感的人，依照他们自尊心水平的高低，要么是离群索居、不愿抛头露面，要么就是公开寻衅、好争好斗。有安全感的人，由于自尊心水平有从低到高的不同，可以是谦卑的或傲慢的，是追随者或者领导者。

人格症候群及行为

作为更具体分析的前奏泛泛而论，我们可以说症候群与公开行为的关系大致如下。每一个行为都趋于成为整体人格的一种表现形式。说得更具体一点，这意味着每一个行为都趋于由每一个症候群决定（除下文还要谈及的其他决定因素之外）。随着张三哈哈一笑对一个笑话作出反应，从理论上讲我们就可以从这单一行为的各种决定因素中梳理出他的安全感水平、他的自尊、他的精力、他的智力等各种情况。这样一种观点同早已过时的特质理论恰成对照，在那种理论中，典型的例证是一个单独的行为动作被一个单独的特质所完全决定。我们的理论性叙述可以在某些工作中找到最好的例证，这些工作，如艺术创作，被认为是“更为重要”。在创作一幅油画或一首协奏曲的过程中，艺术家明显地将自己的身心完全投入到这项工作中，相应地，它便成为他整体人格的表现。但是这样一个例子，或者可以说，对一个无结构情况的任何创造性反应——就像在罗夏（墨迹）实验中——都位于连续统一体的极端。在另一端则是同性格结构只有很少关系或者根本没有关系的孤立的、具体的动作。这种动作的例子有：对一个短暂情境的要求所作出的即刻反应（躲避一辆卡车）；对大多数人而言，早已丧失了心理含义的纯属习惯的、文化的反应（在女士进来时起立）；或者最后，条件反射行为。此类行为几乎根本没有向我们提供有关性格的情况，因为在上述情况下，其作为一个决定因素是可以被忽略的。在这两极之间，还有各种层次。例如，有趋于几乎是被仅仅一个或两个症候群所完全决定的行为。一个特别的善意行为比其他任何行为都更密切地与安全感症候群相关联。谦虚的感受主要是由自尊所决定的，诸如此类。

上述事实可能引起这样一个问题：如果存在这么多类型的行为——症候群关系，那么在开始时为什么要说行为一般是由所有

的症候群决定的?

显而易见，由于理论上的需要，整体理论必须从这样一种陈述出发，而原子论的方法则必须从选择出的孤立、游离的行为出发，这种行为同有机体的所有联系都被切断——例如一种感觉或条件反射等。在这里，只是一个“集中”的问题（从哪一部分是要被组织的整体这一视角来看）。就原子理论角度，最简单的原始资料是通过还原分析所获得的一个行为片段，即，一个同有机体其他部分的所有关系都被切断的行为。

也许更为中肯的是这样一种论点，即，第一种症候群——行为关系更为重要。孤立的行为往往都处于人生最关切问题的边缘。它们之所以被孤立，只不过是因为它们不重要，也就是说，同有机体的主要问题、主要解决办法或是主要目标毫无关系。的确，我的髌腱受击时小腿就会踢出去，或者我用手指抓橄榄吃，或者我不能吃煮洋葱因为我条件性地厌恶它。而下述当然不能说是比上文的更为确切：即我有某种生活哲学，我爱我的家人，或者我喜欢做某种实验——但后面的事实却远远重要得多。

尽管有机体的内在本质的确是行为的一种决定因素，它却不是唯一的决定因素。有机体在其中表现，并辅助确定了有机体的内在本质的文化背景也是行为的一种决定因素。最后，另外一组行为的决定因素可以被统统归于“直接情境”一类。而行为的目标和宗旨是由有机体的性质来决定的，通向目标的途径是由文化决定的，而直接情境却决定着现实的可能性和不可能性：哪一种行为是明智的，哪一种是不明智的；哪一个局部目标可以实现，哪一个不能实现；什么提供的是威胁，什么提供的是有可能被用于达到目的的工具。

以如此复杂的方式来设想一下，就很容易理解，行为为什么并不总是性格结构的有效指标。因为行为如果受外部情况和文化决定的成分与受性格决定的成分同样大，如果它只是三组力量之间的一个妥协构造，它就不太可能成为它们其中任何一个的完善的指标物。这同样也是一种理论性的陈述。操作上，通过某些技术手段①，我们可以“控制暂停”或消除文化和环境的影响，从而在实际运用中，行为有时可以是性格的有效指标。

据发现，性格和行为冲动之间可以建立起更为紧密的相互关联。的确，这种关系紧密得足以把各种行为冲动本身看作是症候群的一个部分。这些冲动所受的外界和文化的制约要比外部行为活动少得多。甚至可以说我们只不过是把行为视为行为冲动的一个指标而进行研究。如果我们研究的最终目的是理解性格，那它

---

① 例如，通过使作为行为决定因素的情境变得足够模糊，就可以将其抑制，正如在各种投射实验中一样。或者有时，有机体的要求是如此不可抗拒，如在疯狂状态中，以至于外部世界被拒绝、被漠视、文化被拒绝。部分地排除文化因素的主要方法是访谈融洽与心理分析移情。在某些其他的情境中，文化的强制作用可以被削弱，如在酩酊、狂怒或其他失控行为的例子中。同样，也有许多被文化忽略调节的行为，例如各种由文化所决定主题的非常微妙、下意识察觉到的变异，即，所谓的表现性动作。或者，我们也可以研究相对来说不受抑制的人的行为：在文化强制力仍然微弱的孩子身上，在它们几乎可以被忽略的动物身上，或者在其他社会中，如此一来我们就可以通过对照以排除文化的影响。这些为数不多的几个例子表明，一种精细的、在理论上站得住的行为研究能够告诉我们一些有关人格内部组织的情况。

如果是一个有效指标，就值得研究，如果不是就不值得研究。

症候群资料的逻辑和数学表达

据我所知，现有的数学和逻辑并不适于以符号的形式来表达和处理各种症候群资料。这样一个符号体系无论如何绝不是不可能的，因为我们知道我们能够建构数学和逻辑学以适应自己的需求。然而就目前而言，各种可供运用的逻辑学和数学体系都是建立于我们已经批判过的一般原子论世界观之上的，并且是这种世界观的表现形式。我本人在这方面的努力尚且不足以在此陈述。

由亚里士多德作为其逻辑学的基本原理之一所提出的 A 和非 A 之间的明显区别，已经被现代逻辑学继承下来，尽管亚里士多德的其他假设已被抛弃。这样，举例来说，我们在朗格（Langer）的《符号逻辑》一书中看到，这个被她描述为互补类别的概念，对她而言是一个不必被证明，而可以作为常识而被理所当然地接受下来的基本假设。“每一个类别都有一个补充物，类别及其补充物相互排斥并耗尽它们之间的全部类别。”

现在已经很明显的是，对于症候群资料来说，不可能将资料的任何部分从整体中坚决地切割下来，或任何一项单独的资料和症候群的其他部分之间也不可能有如此鲜明的区别。当我们将 A 从整体中割离开来，A 就不再是 A，非 A 也就不再同过去一样，将 A 和非 A 简单地相加当然也并不会还原给我们开始时那个整体。在一个症候群内部，症候群的每一个部分都同所有的其他部分相互交错。切割一个部分是不可能的，除非我们对这些交错状态毫不介意。而这种忽略是心理学家所不能承担的。互相排斥对于处在孤立状态的资料来说是有可能的。但如果它们处于上下文中，而在心理学中必定要有上下文，这种两分法就是相当不可能的了。例如，我们甚至都无法想象能够将自尊行为从所有其他行为上割离，因为道理极为简单：实际上几乎不存在只是自尊而不是其他任何行为的行为。

如果我们拒绝接受这种互相排斥的概念，我们所怀疑的就不仅是部分地基于这一概念之上的整体逻辑，而且还有我们所熟悉的大部分数学体系。现有的大部分数学和逻辑所涉及的世界，都是一个相互排斥的各种实体的聚集，就像一堆苹果一样。将一个苹果同苹果堆中的其他苹果分开既不能改变苹果的性质，也不能改变苹果堆的本质特征。但对有机体而言，情况就大不相同了。割掉一个器官改变了整个有机体，也改变了被割下的那一部分。

在加减乘除等基本的算术运算中，也可以找到另外一个例子。这些运算明显地采用了原子论数据。将一个苹果同另一个苹果相加是可能的，因为苹果的性质允许这样相加。人格的情况就不一样了。如果我们有两个都具有高自尊心但缺乏安全感的人，我们又使其中的一位增强了安全感（“加”安全感），那么，这一位就很可能会乐于合作，而另外一位则会趋于专横。一个人格中的高自尊和另一个人格中的高自尊并不是具有同样的性质。在那个被

加上了安全感的人身上，发生了两个变化，而并不仅仅是一个变化。他不仅获得了安全感，自尊心的性质也发生了变化——只不过是因为与高安全感相结合了。虽然这是一个牵强附会的例子，但是这也是能构想出的最接近于人格相加运算的例子。

显然，传统的数学和逻辑尽管有着无限的可能性，在实际上似乎只是为一种原子论、机械论的世界观服务的侍女。

似乎甚至可以这样说，数学在接受动力学、整体论方面落后于现代物理科学。物理科学理论的性质所发生的根本性变化，并不是由于改变数学的根本性质所造成的，而是由于扩展了它的应用范围，由于同它玩了把戏，由于尽可能地使它根本上的静止状态不发生变化。只有进行各种各样的“似乎”假设才能造成这些变化。在微积分中可以找到一个极好的例子，微积分声称是研究运动和变化的，但只是通过将变化转变为一系列静止状态而实现的。一条曲线下的面积是通过将它分割成一系列的长方形来测量的。曲线本身则被当作“似乎”是有着极小边的多边形。微积分行之有效，是一件极为有用的工具；这一事实证明：它一直是一个合理的运算过程，对此我们不能提出根本性的疑问。但不合理的是忘记它之所以行之有效，是因为有一系列的假设，一连串的回避或花招，一系列与心理学研究截然不同的不涉及现象世界的“似乎”假设。

下文的引用证明了我们有关数学有静止和原子论倾向的论点。据我所知，引文的主旨还没有受到其他数学家的诘难。

难道我们以前没有狂热地宣称我们生活在一个静止的世界之

中？难道我们没有求助于芝诺（Zeno）悖论，以详尽地论证运动是不可能的，飞矢实际上是静止的？对这种态度的明显转变，我们应该归因于何处呢？

此外，如果每一项新的数学发明都是建立在已有的基础之上，那岂能从静态代数和静态几何理论中提炼出一种新型数学以便解决涉及动态实体的难题？

对于第一组问题，并不存在观点的改变。我们仍然坚定地抱有这样一个信念：在这个世界里，运动和变化都是静止状态的特殊情形。如果变化意味着一个从质上与静止不同的状态，那就不存在变化的状态；被我们识别为变化的，只不过是我们所曾指出过的，在比较短的时间间隔中所察觉到的一系列诸多不同的静止图像。

由于我们在实际中看不到飞矢穿越它在飞行过程中的每一个点，于是就本能地相信一个运动物体的动作有连续性，这样就有一种势不可挡的本能想把运动的概念抽象为某种在本质上与静态不同的事物。但这种抽象是由于生理上和心理上的局限所造成的，逻辑分析决不会证实其正确性。运动是一种位置和时间的相互关联。变化只不过是函数的别称，是那同一种相互关联的另一方面。

至于其他问题，微积分作为几何和代数的产物，属于一个静态的家族，并未获得其父母所未曾有的特征。在数学中，突变是不可能的。因此，微积分便不可避免地带有与乘法表和欧几里得几何一样的静态特性。微积分只不过是对这个静止世界的另一种

解释，虽然得承认这是一种巧妙的解释。[①]

让我们再重复一遍，有两种观察各类要素的方法。例如，脸红可以是本质上脸红（一个分解成分），也可以是有上下文的脸红（一个整体成分）。前者涉及某种“似乎”假设，“似乎它在世界上是完全独立的，同世界的其他部分没有关系”。这是一种形式上的抽象，在某些科学领域可以有很大的作用。无论如何，只要记得它只是一种形式上的抽象，它当然就不会有什么害处。只有当数学家或逻辑学家或科学家在谈论本质上的脸红时忘记了他是在做一件人为的事情时，才会出问题；因为他当然得承认，在现实世界中没有什么脸红之类的事情不是人类做出来的，没有什么脸红不是有原因的。这种抽象或是运用分解还原元素的人为习惯一直颇有成效并已经如此根深蒂固，以至于要是有人否认这些习惯在经验上或现象上的有效性，抽象者和分解者往往会感到惊奇。他们逐渐使自己确信，世界实际上就是这样建构起来的，并且他们发现，可以很容易地忘记尽管是有用的，但却仍然是人为的、约定俗成的、假设性的——总之，它是一个被强加于一个处于变化状态、有着内部联系的世界之上的人造系统。这些有关这个世界的特殊假设只有为了论证方便，才有权公然蔑视常识。如果它们不再便捷，或者如果它们变成了累赘，则必须被摒弃。在世界上看到我们放进去的不是实际上就在那儿的东西，这是很危险的。让我们直截了当地说，从某一种意义而言，原于论数学或逻辑学

① 爱德华·卡斯纳、詹姆斯·纽曼，《数学与想象》，301–304 页。

是有关这个世界的一种理论，用这种理论对世界进行的任何描述，心理学家都可以因为不符合其目的而拒不接受。很显然，方法论思想家们有必要着手创建同现代科学世界的性质更为协调一致的逻辑和数学体系。①

本章所表达的结论是基于亚伯拉罕·哈罗德·马斯洛以下的论文和测试所得的研究资料。麦克里兰和他的同事们的研究虽然与此不相同，但也是相关且相似的。

支配驱动作为类人猿灵长类动物社会性和性行为的确定因素，I，II，III，IV［J］，遗传心理学杂志，1936（48）：261-277，278-309（与悉尼·弗兰兹鲍姆 Sydney Flanzbaum），310-338，1936（49）：161-198.

支配感、行为和地位［J］，心理学评论，1937（44）：404-429.

① 我们可以将这些讨论扩展到英语语言本身。这也势必反映出我们文化的原子论世界观。不足为奇的是，在描述症候群资料和症候群规律时，我们必须求助于最偏僻的类比、比喻和各种其他的歪曲以及拐弯抹角的说法。我们用“与（and）”这个连词来表达对两个分立实体的连接，但我们却没有一个连词来表达对两个并不分立、一旦连接起来就组成了一个单位而不是一种二元性的实体的连接。对于这个基本的连接词，我能想出来的唯一替代就是一个笨手笨脚的“有结构的与（structured with）”。有些其他语言同一种整体动力世界观更为和谐共鸣。在我看来，粘着语言比英语更适于反映一个整体的世界。另一点是，我们的语言同大多数逻辑学家和数学家一样，把世界组织成各种元素和关系，以及物质和对物质发生的事情。对待名词就好像它们是物质一样，对待动词就仿佛它们是物质对物质采取的行动一样。形容词更准确地描述物质的类别，副词更准确地描述行动的类别。整体——动力观点不会如此鲜明地一分为二。无论如何，单词即使在试图描述症候群资料时，也要被直线性地串起来。（多萝西·李《自由与文化》）

女性支配感、人格和社会行为 [J]，社会心理学杂志，1939（10）：3–39.

个体心理学与猴子和类人猿的社会行为 [J]，国际个体心理学杂志，1935（1）：47–59.

类人猿灵长类动物中的支配质量与社会行为 [J]，社会心理学杂志，1940（11）：313–324.

女性支配感（自尊）测试 [J]，社会心理学杂志，1940（12）：255–270.

心理安全感—不安全感动态变化 [J]，性格与人格，1942（10）：331–344.

女性自尊（支配感）与性欲 [J]，社会心理学杂志，1942（16）：259–294.

衡量心理安全感—不安全感的临床衍生测试 [J]，遗传心理学杂志，1945（33）：21–51（与埃莉莎·赫希 Elisa Hirsh、玛塞拉·斯坦 Marcella Stein、厄玛·霍尼曼 Irma Honigmann），由加利福尼亚州帕洛阿尔托市美国心理学家出版社于 1952 年出版.

对麦克里兰教授在 1955 年内布拉斯加州动机研讨会上发表的论文（M. R. 琼斯编辑）的评论，内布拉斯加林肯大学出版社，1955 年.

精神疗法中，猴子和幻想的父母的支配行为与性行为对比 [J]，神经和精神病杂志，1960（131）：202–212（与兰德 H. Rand、纽曼 S. Newman）.

自由派领导力与个性 [J]，自由，1942（2）：27–30.

权威性格结构 [J]，社会心理学杂志，1943（18）：401–411.